ゼロファイター列伝

零戦搭乗員たちの戦中、戦後

神立尚紀

Naoki Koudachi

講談社

目次

アッツ
キスカ
ダッチハーバー
樺太
千島列島
択捉
北海道
日本
東京
太平洋
小笠原諸島
硫黄島
ミッドウェー
ハワイ諸島
パールハーバー
オアフ
ウェーク(米)
マリアナ諸島
サイパン
グアム(米)
ヤップ
マーシャル諸島
マキン
タラワ
ギルバート諸島
カロリン諸島
トラック
ニューギニア
ニュー
ブリテン
ラバウル
サモア諸島
パプア
ソロモン諸島
ポートモレスビー
ガダルカナル
サンタ・クルーズ
トンガ諸島
ケアンズ
フィジー諸島
ヌーメア
クインズランド
ブリスベン
ニュー・サウスウェールズ

零戦が活動した地域

東はハワイ・パールハーバー。
西はセイロン(現スリランカ)。
北はアラスカ・ダッチハーバー。
南はオーストラリア北部沿岸
という広大な地域に及んだ。

序章

平成二十五（二〇一三）年四月、私はＮＨＫの零戦《ゼロせん》特集番組の取材のため、大東亜戦争（太平洋戦争）の激戦地であったパプアニューギニア独立国を、若き番組ディレクター・大島隆之《おおしまたかゆき》氏とともに旅した。

訪ねたのは、パプアニューギニアの首都で、かつて連合国軍の拠点だったポートモレスビー、日本陸海軍の拠点であったニューブリテン島ラバウル、そして日本海軍航空部隊の前線基地があったブカ島である。

土曜の晩、成田空港発、ニューギニア航空の直行便に乗れば、日曜の明け方、ポートモレスビーに着く。所要時間六時間半、ハワイに行くのとほぼ同じだ。日本との時差はプラス一時間。日本とパプアニューギニアを直接つなぐ空の便はこの一便だけだが、乗客はまばらである。パプアニューギニアに在留する日本人は、外務省によると二〇一二年十月現在で二百七十七名、同年現在の日本在留パプアニューギニア人は、法務省在留外国人統計によると四十八名に過ぎない。ポートモレスビーの街は治安が悪く、観光客を狙う強盗事件が多発しており、外務省の渡航情報を見ても不安をかきたてられるようなことしか書かれていない。いわゆる格安ツアーもない。戦跡めぐりやダイビングが目的の人ならいざ知らず、とくにこの地を訪ねようという人が多くないのも無理はない。

だが、大戦中、パプアニューギニアとその南東に位置するソロモン諸島には、軍人軍属あわせて三十万ともいわれる日本人がいて、空に陸に海に、アメリカ軍、オーストラリア軍を中心とする連合国軍との熾烈《しれつ》な戦いを繰り広げていた。

われわれを乗せた飛行機が着陸したジャクソン国際空港は、戦時中、市の中心部から七マイル離れたところにつくられた「セブンマイル飛行場」に隣接している。サバンナの緑が美しく、地上の治安とは無縁に、空は高く澄んでいて日差しがまぶしい。七十年前、まさにこの空を、日本海軍の零戦や一式陸攻が飛び、敵機と戦い、銃爆撃を繰り返していたのだと思うと、不思議な気がした。

ポートモレスビーから国内線に乗り換えて、ラバウルに向かう。七十人乗りの双発プロペラ機は、離陸するとほどなく、ニューギニア本島を南北に分断する形でそびえるオーエンスタンレー山脈の上空に差しかかる。山脈に沿って、日本では見られないような巨大な積乱雲が林立している。ここを越えた零戦搭乗員が口をそろえるように苦労を語る、天候の難所である。

やがて飛行機はダンピール海峡を過ぎ、ニューブリテン島上空に差しかかった。地図で見れば小さな島だが、実際には九州に匹敵する面積を持ち、そのほとんどが熱帯雨林に覆《おお》われている。高度六千メートル、ちょうど零戦隊のポートモレスビー空襲の復路を飛ぶ形になったが、眼下の、吸い込まれそうに深いジャングルを見ると、陸地とはいえここに不時着したのではまず助からないと実感できる。

時速七百キロ。零戦の巡航速度よりだいぶ速い。ポートモレスビーを離陸して二時間半。高度を下げ始めたと思ったら、左前方の雲の合間に、噴煙を高く立ち昇らせた火山が見えた。タブルブル山、通称「花吹《はなぶき》山《やま》」。これまで、写真で何度も見てきた通りの姿である。

「ラバウルだ!」

そのとき、七十年の時空を超えて、確かにいま、かつて零戦隊が飛んだ空にいるという実感が湧いてきた。着陸までの十数分、私はまばたきをするのも忘れ、ラバウルの風景にこれまで会った元零戦搭乗員たちの顔を重ねていた。多くは、いまや鬼籍に入っている。

零戦《れいせん》――昭和十二（一九三七）年、「十二試艦上戦闘機《じゅうにしかんじょうせんとうき》」として三菱重工の堀越二郎《ほりこしじろう》技師を設計主務者として開発が開始され、いまから七十五年前の昭和十五（一九四〇）年、制式採用された、日本海軍の主力戦闘機である。神武紀元二六〇〇年の末尾の〇《れい》をとって「零式《れいしき》艦上戦闘機」と名づけられたこの戦闘機は、当初、欧米各国の常識をはるかに上回る性能を誇った。

敵の予想もつかない長距離を飛んで神出鬼没に大空を駆け回り、強力な武装と軽快な運動能力で、立ち向かってくる敵機を次々と撃ち墜とした。少数精鋭で鍛え抜かれた搭乗員の技量も相まって、支那事変《しなじへん》（日中戦争）でのデビューから大東亜戦争緒戦にかけて、まさに世界最強の戦闘機だった。連合国軍パイロットたちは、零戦を「ゼロファイター」と呼んで畏怖《いふ》したと伝えられる。撃墜され、日本軍の捕虜となった米軍パイロットのなかには、零戦のことを"The angel of the hell to us"（地獄への使者）と呼ぶ者さえいた。

しかし大戦中盤になると、反攻に転じた連合国軍機と血みどろの戦いを繰り広げ、つぎつぎと繰り出される敵の新型機にしだいに押されるようになり、ついには後継機種に恵まれないまま、爆弾を抱いて敵艦に体当たり攻撃をかける特攻機として使われるにいたった。

――その戦いの軌跡は、まさに大東亜戦争の縮図と言って過言ではない。

私が、元零戦搭乗員をはじめとする戦争体験者の取材を始めたのは、戦後五十年を迎えた平成七（一九九五）年のことだった。それまで十年近く、写真週刊誌専属のカメラマンとして報道の最前線に立ち、事件、スポーツ、政治、経済、芸能から災害、暴動など、ありとあらゆる現場に身を置いてきたが、この年一月十七日に発生した阪神淡路大震災、そして三月二十日、東京で発生した地下鉄サリン事件に始まるいわゆるオウム事件の取材で休む間もなく飛び回っているうちに体を壊し、ハードな現場取材に堪えられない健康状態になっていた。

そんななか、体調の許す範囲で、企画取材としてできることはないかと探していたところ、世界で唯一、オリジナルの「栄《さかえ》」エンジンで飛行可能な零戦五二型がアメリカから運ばれてきて、日本の空を飛ぶ計画があることを知った。カリフォルニア州チノにあるプレーンズ・オブ・フェイム航空博物館が所有し、現地で開催されるエアショーの目玉になっている機体である。

じつはこの零戦、昭和五十三（一九七八）年から五十四（一九七九）年にかけても日本に里帰りしたことがあり、私は高校受験を間近に控えた五十四年一月、大阪の八尾《やお》空港でこの機体が飛ぶのを見たことがある。飛行機マニアだったわけではない。戦争を体験した大人がまだ身近に大勢いた時代、戦記物の書籍や少年向け漫画も多く出版され、子供たちは軍用機や戦車、軍艦のプラモデルづくりに熱中していた。私はそんな空気のなかで育った、ごく平均的な少年であったに過ぎない。

ともあれ、あのとき見た零戦がふたたび日本の空を飛ぶのだ。懐かしく思って企画書を編集部に提出し、イベントの主催者に取材を申し込んだ。戦後五十年の節目の年の話題にはうってつけだろう、そんな思いもあった。

茨城県の竜《りゅう》ヶ《が》崎《さき》飛行場で行われたショーの当日、小さな飛行場の敷地は数万の観衆で埋め尽くされていた。零戦に関心を寄せる人がこんなにいるのかと、目を瞠《みは》る思いだった。零戦と、ともに来日した米戦闘機P－51ムスタングが滑走路に出る。零戦の操縦桿を握るのは、ピストンエンジン機の世界速度記録をもつベテランパイロット、スティーブ・ヒントン氏。

エンジン音がひときわ高くなり、二機が一緒に離陸滑走を始める。わずか二、三百メートルも滑走したとみるや、零戦がふわりと離陸した。零戦の二倍近い滑走距離で、P－51も離陸。このことだけ見ても、零戦の身軽さがよくわかる。

旧《ふる》い機体なのでフルパワーを発揮しての飛行は無理なようだったが、それでも茨城の空を縦横無尽、見応えのある飛行ショーだった。観衆はただ無心に、上空で繰り広げられる名機の飛行に見とれている。

ふと地上に目をやると、ところどころに七十歳代とおぼしき年配の男性が、感慨深げに空を見上げていた。なかには錨《いかり》のマークが入った旧海軍の白い艦内帽を被《かぶ》っている人、おそらく孫であろう、小さな子供と手をつないだ人もいる。

私がここに来た目的は「零戦」だけではなく、零戦を通じて「戦後五十年」を取材することだから、何人かに声をかけてみた。

「失礼ですが、もしかして、零戦に乗っておられたのですか？」

という問いに、

「そうなんですよ、懐かしくてね……」

と答えてくれた人もいれば、

「申し訳ありません、死にぞこないですから」

と、ふかぶかと頭を下げて口をつぐんでしまう人もいた。

私は胸を衝かれた。そうだ、この人たちは若き日に戦争を戦い、さらに平和になったこの日本で、戦後五十年を生きてきたのだ。価値観が一変した世の中で、焦土となった国土を復興させ、生活を取り戻すには、戦争中とはまた別の意味での凄絶《せいぜつ》な戦いがあったに違いない。

私のなかで、零戦搭乗員の生きた戦中、戦後のことをもっと知りたい、という思いが急に大きく膨《ふく》らんできた。

長野県在住の原田《はらだ》要《かなめ》さんを訪ねたのはその夏のことだった。零戦搭乗員の消息についての手がかりを得ようと、たまたま入った古書店で、偶然手に取った『海軍八志会（昭和八年、海軍に志願で入った人たちの会）名簿』にその名を見つけた。以前に読んだ本を通じて、原田さんが元零戦搭乗員であることは知っていたので、さっそくインタビュー依頼の手紙を出したところ、快諾《かいだく》の返事が届いた。原田さんは生まれ故郷の長野市内で、幼稚園を経営しているという。ゼロファイターと幼稚園、その対比に興味をもって訪ねてみると、原田さんは、この人が零戦を駆って戦っていたとはにわかに信じられないほど温厚で、やさしさが年輪となって刻まれているような人だった。

「戦争のことは思い出したくもないから、これまでほとんど人に話してこなかった。でも、戦後五十年の節目ということで、自分が体験したことを伝えなければいけないと、意識が変わってきたんです。だからあなたはタイミングがよかった」

原田さんは七十九歳、曾孫《ひまご》が生まれたばかりだという。

海軍を志願した動機、支那事変での初陣。結婚、そして空母「蒼龍《そうりゅう》」に乗り組んで迎えた真珠湾作戦。破竹の印度洋《いんどよう》作戦を経て、大敗を喫したミッドウェー海戦では還る母艦を失い、長時間、海上を漂流したこと。ガダルカナル島上空で敵機と刺し違え、重傷を負って不時着、ジャングルをさまよい歩いたこと――。

きれいごとではない、真実の重みに、時間の経つのも忘れて聴き入った。原田さん夫妻の人柄、心のこもったもてなしにも深く感じ入るものがあった。

「またいつでもいらっしゃい」

夕暮れどき、玄関に立って見送ってくれた原田さんの姿を見て、私は、このテーマをなんとしても完結させようと誓った。

続いて私は、原田さんに紹介されて、JR蒲田駅前、グランタウンビルの三階にあった「零戦搭乗員会」の事務局に、小町定《こまちさだむ》さんを訪ねた。小町さんは元海軍飛行兵曹長、原田さんが大分海軍航空隊で戦闘機操縦の教員(海軍では、准士官以上を教官、下士官を教員と呼んだ)を務めていたときの教え子だという。真珠湾作戦以来歴戦の零戦搭乗員で、いまはこのビルのオーナーである。

小町さんは七十五歳、堂々たる体軀《たいく》に圧倒的な迫力をみなぎらせていた。あらかじめ電話で用件は伝えてあったが、いきなり、「何しに来たの?」と言われて面食らった。

「取材に来る人が多いんだけど、人の言うことを聞かずに自分の考えで書く人が多い。元零戦搭乗員の誰某に会った、というアリバイだけ作ればいい、みたいにね。それでずいぶん嫌な思いもしてきたし、だから最近は、基本的に取材は受けないことにしている」

それでも、元教員の原田さんの紹介で来た私を無下《むげ》にはできないのか、自身の体験をポツリ、ポツリと話してくれた。口調《くちょう》はぶっきらぼうだが、亡き戦友への思いがこもっていることが察せられ、私は、〈この人、苦手じゃない。大丈夫だ〉と感じた。そして二時間。

「ありがとうございました。今後ともよろしくお願いいたします。またお邪魔してよろしいでしょうか?」

腰を浮かせて挨拶《あいさつ》すると、小町さんは、「もう帰るのか。来なくていいよ、話すことなんかないから」と言った。

さらにその一週間後、私は、原田さんに声をかけてもらい、長野県松本市の温泉旅館で催された「零戦搭乗員会長野支部」の集まりに参加した。

車を飛ばして教えられた温泉旅館に着くと、ホールにはすでに大勢の老紳士が集まっていて、総会が始まろうとする時間だった。原田さんはこの会の会長でもある。挨拶に立った原田さんは、本題に入る前に、

「実は今日、われわれの話を聞いて本にしたいという若者が来てくれました。皆さん、どうか、彼に協力してやっていただきたい」

と話してくれた。

この集いには、長野県だけでなく他県からも、多くの元零戦搭乗員が集まっていた。なかでも強い印象を受けたのが羽切松雄《はきりまつお》さんである。髭《ひげ》をピンと張った独特の風貌《ふうぼう》から「ヒゲの羽切」と呼ばれ、支那事変では敵飛行場に強行着陸、焼き討ちを試みたり、ソロモンの航空戦では右肩を機銃弾が貫通するほどの重傷を受けながら終戦まで戦い抜いたりと、数々の武勇伝で知られる人だ。

羽切さんは八十二歳、耳が遠くなっているようで両耳に補聴器をつけていたが、眼光するどく、近寄りがたい雰囲気を小柄な体軀から発していた。耳が遠いので、どうやら先ほどの原田さんによる私の紹介は聞こえていないらしかった。

私は緊張しながら羽切さんの前に進み出ると、意を決して、

「命がけで戦われた戦闘機パイロットの皆さんの、ありのままの思いを若い世代に残そうと思い、取材を始

めました。ぜひお話を聞かせてください」

と、大きな声で言った。羽切さんは黙っている。その表情を見ながら私は、「これはダメかなた。羽切さんはしばらく私の目を見つめていたが、やがて口を開いた。」と観念し

「ありがとう！」

大きな声だった。

賑《にぎ》やかな宴《うたげ》は、夜が更《ふ》けても続いた。ここに集う七十歳代、八十歳代の人たちの人生の時間軸で考えると、海軍時代、なかでも戦闘機搭乗員であった時間というのは、ほんのひとときに過ぎない。なのに彼らをここまで結びつける「共通の思い」とは何だろう、とふと考えた。

数日後、ふたたび小町さんの事務所に行く。もちろん、あらかじめ連絡はとってある。

「あんた誰？　なにしに来たの？　俺は忙しいんだ」

事務所のホワイトボードのスケジュール表にちらりと目をやると、日程のほとんどは空白で、今日の欄に〈神立氏来訪〉と書いてある。事務員の伊東恵美子《いとうえみこ》さんが、私にお茶をすすめながら、「社長はああ言ってますけど、ほんとは若い人が来てくれるのが楽しみなんですよ」と小さく耳打ちした。素直にいらっしゃいとは言わない。これが小町さんの、照れ隠しに似た挨拶だったのだ。

「ところであんた、志賀《しが》さんにまだ会ってないだろ。零戦乗りの取材をするんだったら、志賀さんに会わなきゃ駄目《だめ》だ」

志賀淑雄《よしお》さんは元海軍少佐で、いまは零戦搭乗員会の代表世話人（会長）を務めている。真珠湾攻撃に空母「加賀《かが》」戦闘機分隊長として参加、以後、機動部隊の零戦隊を率いて戦い、新鋭機「紫電改《しでんかい》」で編成され

た第三四三海軍航空隊飛行長として終戦を迎えた。それまでに会った元零戦搭乗員の言葉の端々からも、いかに志賀さんが慕《した》われ、尊敬されているかが伝わってきていた。小町さんはさっそく、志賀さんに電話をかけてくれた。

「明後日の朝八時、会社でお待ちします」

というのが、その返事だった。

「会社」とは、志賀さんが会長を務めるノーベル工業株式会社である。詳《くわ》しいことは知らなかったが、警察装備全般を扱う会社のようだった。五反田駅から教えられた道順をたどり、約束の時間に会社に着く。ドアを開け、近くにいた人に来意を告げると、左奥の机に手をついて新聞を広げていた男性が、そのままの姿勢で私を一瞥《いちべつ》すると、

「よう！」

と、いとも気軽な調子で右手を上げた。濃紺のスーツの上にブルーの作業衣を羽織《はお》ったその人が、志賀さんだった。当時八十一歳。

「あなたのように若い人が、海軍戦闘機隊に興味を持ってくれるのはありがたいこと。取材に協力は惜しみません。ただ、巷《ちまた》でよく見かけるように、特定の個人を『エース』とか『撃墜王』とかいって英雄視することはやめてほしい。『海軍戦闘機隊にエースはいない』というのが、われわれ海軍戦闘機隊の総意です。

エースというのはもともと、第一次世界大戦のとき欧州で生まれた称号で、日本においてはない。初めからよその国の話なんです。支那事変初頭には、空戦といえば一騎打ちのような戦いが主流だったこともあり、搭乗員個々の撃墜機数というのがわりあいはっきりしていた。新聞にも『撃墜王』の文字が躍《おど》り、そこ

から、片翼帰還で有名になった樫村寛一《かしむらかんいち》など、エース的な者が出てきた。持ち上げられて、なかには天狗《てんぐ》になるのもいるし、功を逸《はや》って敵機を深追いし、逆に撃墜される者も増えてきた。

これではいけないと、昭和十四年度に海軍航空本部が監督し、聯合艦隊《れんごうかんたい》と大村海軍航空隊の合同で行われた『航空戦技』とその研究会で、海軍戦闘機隊は今後、編隊協同空戦を旨《むね》とすることが決められ、『エースという考え方は日本ではとらない』という意思統一が図られたんです。

それなのに、戦後、エースという言葉が広く使われるようになって歪曲《わいきょく》されてきた。あれはなんだ、『商売』で勝手にやっていることだ。そうしなければ本が売れないのだろうが、それではいけない。なかったことを、さもあったことであるかのように既成事実を作られると困る。『エース列伝』のような形で本が世に出るのは迷惑千万である。

強《し》いて言えばそういうものとは別の本を、あなたに期待しています」

もとより私には、特定の誰かを英雄扱いする気などない。だがこのとき、それまで読み、親しんできた市販の戦記本の多くが、当事者から見て噴飯《ふんぱん》ものであると知らされたことは、少なからず衝撃的であった。

戦後五十年、零戦に関する本はそれこそ数えきれないほど出ていて、いまさら私ができることなど多くないと危惧《きぐ》していたが、どうやらそれは杞憂《きゆう》のようだった。

原田さんや小町さん、そして志賀さんが、どうして私にこれほど肩入れしてくれたかはわからないが、いま伝わっている零戦や搭乗員の姿に、当事者が満足していないことだけは確かである。私は、うわべだけの「エース列伝」などではなく、彼らの思いをこそ形にしたいと、強く思うようになっていった。

それから二十年──。私は、生き残り零戦搭乗員のインタビューを続け、『零戦の20世紀』(スコラ)、『零戦　最後の証言I/II』(いずれも光人社)をはじめ、零戦と搭乗員に関する何冊かの本を上梓《じょうし》した。

戦争で戦った当事者の、戦中戦後の姿を並べ、それぞれの人生航跡をたどるというスタイルの本は、類書がなかったためか大きな反響があり、タイトルや編集手法もふくめて模倣《もほう》、後追いが相次いだ。『〜最後の証言』というタイトルの本は、少なくとも戦争体験者を扱ったノンフィクションとしてはこれ以前に一冊も存在していなかった。のちにベストセラーとなり、映画化のさいには私も監修に加わった百田尚樹さんの小説『永遠の0』の、参考文献にもなった。フィクションの参考にされるのは必ずしも本意ではないが、一人の元零戦搭乗員にも会わずに書かれた小説が、多くの読者にリアリティをもって読まれたというのは、心中複雑ながら我が意を得た思いもする。

その間、私に最大限の便宜《べんぎ》を図ってくれた「零戦搭乗員会」は、会員の高齢化で事務局の維持が不可能になったことを理由に、平成十四(二〇〇二)年に解散。その継承団体として、元搭乗員を若い世代がサポートすることで慰霊祭などの活動を維持する「零戦の会」が発足する。会長には、志賀淑雄さんの後を継いだ元海軍大尉《だいい》・岩下邦雄《いわしたくにお》さんが就《つ》き、私は行きがかり上、副会長となった。「零戦の会」は平成十九年、東京都知事より特定非営利活動法人(NPO法人)の認証を受け、同二十一年、岩下会長が高齢を理由に勇退すると、指名されて私が会長に就いた。

戦後五十年の平成七年、全国に千百名いた零戦搭乗員が、「零戦搭乗員会」解散の平成十四年には八百名となり、戦後七十年を迎えた平成二十七年六月現在、約二百名にまで減少している。私の出会った多くの人たちがあの世へと旅立ってしまい、現存最高齢は、大正五年生まれ、九十九歳になる原田要さん、最年少は昭和三年生まれの八十七歳である。

ここへきて、私が彼らの証言を再構築する決心をしたのは、『零戦最後の証言』出版から十六年が経ち、それ以後の状況の変化や、新たに判明した事実が多いことを考えると、よりブラッシュアップした「完結編」をつくらねば、という思いが強くなったためである。


私の取材に、初めて自らの戦争体験を語ってくれた人は多い。当事者の体験を、本人に代わって文章にするのが、縁あってこの人たちの晩年をともに過ごした私の役目、そう思って書いてゆく。七十年も前の話、しかし、「祖父たち」の生きた時代ととらえれば、それほど遠い昔のことではない。

戦争の惨禍を、「忘れてはならない」とか、「後世に伝えたい」という言葉をしばしば耳にするけれど、「忘れない」にしても「伝える」にしても、その前提になるのは、現実にあったことを正確に「知る」ということだ。

「知る」ことを抜きにしては「忘れる」ことさえできないし、知識がいくらデータ的に正しくても、たとえば零戦搭乗員を「何機撃墜のスコアをもつエース」などと、まるでゲーム感覚のような無神経さで、当事者の真情と大きくかけ離れた取り上げ方をしていては、やはり歴史を正しく「伝える」ことはできない。

まずは、彼らの言葉に耳を傾けていただきたい。そこには必ず、現代と未来を生きる上でのヒントがあり、若い世代への道標がふくまれているはずだ。

第一章・三《み》上《かみ》一《かつ》禧《よし》

「零戦初空戦」で撃墜した宿敵との奇跡の再会

昭和13年、21歳の頃の三上さん

飛行機操縦の優劣は、訓練時間の長さではなく、もって生まれた勘《かん》の力に左右される

昭和十五（一九四〇）年九月十三日金曜日――。

この日、中国大陸重慶《じゅうけい》上空において、日本海軍に制式採用されて間もない零式艦上戦闘機（零戦）十三機が中華民国空軍のソ連製戦闘機、ポリカルポフE15、E16（正しくはИ《イー》15、И16だが、日本海軍、中国空軍両軍ではこう呼んだ）あわせて約三十機と交戦、うち二十七機を撃墜（日本側記録）、空戦による損失ゼロという一方的勝利をおさめた。

新鋭戦闘機にふさわしい、華々しいデビュー戦であった。

中国空軍の旧式戦闘機に対し、性能で遥《はる》かにまさる零戦隊は、優秀な搭乗員の技倆《ぎりょう》もあいまって、逃げ回る敵機を赤子の手をひねるように次々と撃墜していった……というのが、当時の新聞記事から始まり、戦後に刊行された戦記本を通じて定着した、この空戦についてのイメージだが、ほんとうのところはどうだったのか。

「とんでもない、彼らはただ逃げ回っていたわけではありません」

と、零戦隊の一員としてこの日の空戦に参加した三上一禧さんは言う。

「中国空軍の戦いを見ていると、孫子の兵法が空でも生きているように感じました。チームワーク、操縦技倆、射撃技術、いずれも零戦隊と比べて数等まさっていました。すばらしい戦闘機隊であったと思っています。われわれの一方的勝利に終わったというのは、単に飛行機の性能差のせいに過ぎません」

その後、大戦をはさんで七十五年もの歳月が経ち、十三名の搭乗員のうち、九名がのちに戦死、三名が戦後、病没し、本稿執筆時点（平成二十七年一月）で存命なのは、三上さんただ一人である。

私は、この日の空戦の零戦隊指揮官・進藤三郎《しんどうさぶろう》さん（平成十二年歿《ぼつ》）、岩井勉《いわいつとむ》さん（平成十六年歿）にも詳細なインタビューを行ったが、同じ空戦に参加してもその感想は各人各様である。ここでは、三上さんの人生航跡をたどりながら、零戦のデビュー戦を中心に振り返ってみたいと思う。

とはいえ、ほんとうのところ、三上さんははじめ、戦争体験を語ることに乗り気ではなかった。私の取材依頼に対して、

「私に、零戦のことをいま話せと言われても何も言えません。憶《おぼ》えていません。忘れるために大変な努力をしたものですから。過去は一切合財《いっさいがっさい》捨てて、戦後を生きてきたんですよ」

と、一度は断っている。その三上さんが過去を語ってくれたのは、零戦初空戦にまつわる、ある再会があったからだった。


三上一禧さんは大正六（一九一七）年、青森県弘前《ひろさき》市に生まれた。

子供の頃から飛行機に憧《あこが》れ、旧制弘前中学校（現・県立弘前高校）二年のときに海軍予科練習生を受験し

ようとするが失敗。その後、海軍内部から飛行機搭乗員になる道があることを知り、中学四年のとき一般兵として海軍を志願する。当時、小学校長を務めていた父は猛反対するが、三上さんは父の印鑑を無断で持ち出して同意書を偽造し、受験。昭和九（一九三四）年六月一日、海軍四等水兵として横須賀海兵団に入団した。

海兵団に入団後、すぐに航空兵への転科希望者の募集があり、これに応じて海軍四等航空兵となる。ただし、この「航空兵」は搭乗員を意味しない。のちに「飛行兵」と「整備兵」とに分離されるまでは、この両者をあわせて航空兵と称していた。

海兵団での四ヵ月の基礎訓練を経て三等航空兵に進級、千葉県の館山《たてやま》海軍航空隊に配属される。ここでの仕事は整備員の補助だったが、航空隊での勤務を通じて、搭乗員になることが生《なま》やさしいことではないことを実感したという。

部内選抜の操縦練習生になるには、一度の失敗も許されないという覚悟がいる。試験の途中、あるいは練習生となって訓練の途中であっても、「搭乗員不適」と判断されれば容赦《ようしゃ》なくふるいにかけられ、原隊に帰されてしまうからだ。一般に下士官兵社会は閉鎖的で、一度、それまでの配置を捨てて自分から外へ出ようとした者が帰ってきても、元いた場所であたたかく迎えられることはまずなかった。そこで三上さんは、まずは機銃や爆弾といった航空兵器の勉強をしようと、操縦練習生よりは難度が低かった普通科兵器術練習生（三期）に進み、昭和十（一九三五）年十一月、同教程を卒業すると、兵器員として青森県の大湊《おおみなと》海軍航空隊に配属された。

「それまでにも、搭乗員になるために、できることはなんでもやりましたよ。航空隊で運動会があれば、陸上競技の四百メートル走に手を挙げるとか、柔道、スキーなんかも一生懸命にやって人には負けなかった。それが、自分を売り込むというか、上官の目に留まるいい機会になりました。そうしているうち、ある日、分隊長から、『お前、操縦練習生に行く気はないか』と言われ、待ってました、と」

昭和十一（一九三六）年十二月、三上さんは第三十七期操縦練習生（操練）として茨城県の霞ケ浦《かすみがうら》海軍航空隊に入隊、ここでようやく、念願の搭乗員への第一歩を踏み出した。訓練中も、同期生が次々と罷免《ひめん》され、原隊に帰されていく。そんななか、三上さんの操縦適性は抜群で、昭和十二（一九三七）年七月、二十一名中二番の成績で、操練を卒業している。

同じ月の七月七日、中国大陸では、北京《ペキン》郊外の盧溝橋《ろこうきょう》で日中両軍が激突、北支《ほくし》事変が勃発《ぼっぱつ》。翌八月十三日、戦火が上海《シャンハイ》に飛び火し、第二次上海事変が始まると、日本海軍は陸上戦闘を支援するため、台北《たいほく》、大村（長崎県）、済州島の各基地から双発の新鋭機、九六《きゅうろく》式陸上攻撃機（陸攻《りっこう》または中攻《ちゅうこう》〈中型陸上攻撃機〉と通称）を発進させ、南京《ナンキン》、杭州《こうしゅう》、揚州《ようしゅう》、蘇州《そしゅう》などの中国軍拠点を爆撃した。これは、当時としては画期的な長距離爆撃であり、「渡洋爆撃《とようばくげき》」としてセンセーショナルに報道される（北支事変、第二次上海事変は、のちに合わせて「支那事変」と改称される）。

九六陸攻は、空気抵抗を減らすため、日本の軍用機としてははじめて引込脚《ひきこみきゃく》を採用した単葉機で、従来、日本海軍の主力戦闘機であった複葉機・九〇《きゅうまる》艦戦よりも速度が速く、戦闘機で撃墜するのは困難と考えられた。このため、海軍ではにわかに「戦闘機無用論」が台頭し、新たに配備される陸攻搭乗員を確保するためもあって戦闘機搭乗員の養成が減らされていた。だが、三上さんはあくまで、自分一人の力を試せる戦闘機乗りを熱望、念願かなって戦闘機専修に選ばれ、同期生四名とともに大分県の佐伯《さいき》海軍航空隊で訓練を受けることになる。

昭和十三（一九三八）年四月、晴れて戦闘機搭乗員となった一等航空兵の三上さん（五月、三等航空兵曹に進級）は、南支《なんし》（中国南部）方面作戦のため新たに編成された第十四航空隊に配属され、五月、マカオ南方の三灶島《さんそうとう》基地に進出した。ここでの使用機は、低翼単葉固定脚の九六式艦上戦闘機である。三上さんは、十月十二日、広東《カントン》攻略のための陸軍三個師団を基幹とする部隊のバイアス湾上陸作戦の支援を中心に、のべ十七回におよぶ空襲に参加している。

「はじめて敵地上空に差しかかったときには、体がガタガタ震えて困りましたが、慣れるにつれ、平常心で臨めるようになりました」

ただ、半年におよぶ十四空での勤務で、実戦に出た時間は限られたもので、あとは連日、訓練に明け暮れていた。戦闘機の機銃は前方に向けて装備されているので、相手機の後方についた方が勝ちとなる。格闘戦の空戦訓練ではいかに相手の後ろに回り込むかを競うことになるが、そのためには少しでも小さな円を描いて旋回《せんかい》、あるいは宙返りする技術が求められる。宙返りの頂点で操縦操作に工夫を加え、小さく回る「ひねり込み」と呼ばれる操縦法を搭乗員一人一人が編み出し、それぞれ「秘伝」とも呼べる技を誇っていた。

十四空には、十年におよぶ戦闘機の操縦経験をもつ森田平太郎空曹長《くうそうちょう》をはじめ、多くのベテラン搭乗員がいたが、新米の三上さんは、単機同士で戦う一騎打ちの空戦訓練、吹流しを的にした射撃訓練とも、誰にもひけをとらなかった。

「それは、東北の厳しい自然のなかではぐくまれて、自分を守る本能というか、勘が研ぎ澄まされていたからじゃないでしょうか。目立たないけど決められた任務はきちんと果たす、そんな東北人は搭乗員に向くんですよ。しゃべると言葉の訛《なま》りを笑われるから、黙々とやるのがわれわれ東北人のスタイルでした」

技倆を見込まれた三上さんは、昭和十三年の末、横須賀海軍航空隊（横空《よこくう》）に転勤を命ぜられた。横空は海軍でもっとも古い歴史をもつ航空隊で、新型機の実用実験や航空戦技の研究を主任務にしており、その性格上、各機種ともに海軍航空隊選りすぐりの搭乗員たちが集まっていた。

当然、戦闘機隊にも単機空戦の名手が揃っている。なかでも、昭和十二年十二月九日、第十三航空隊に所属して参加した南昌《なんしょう》空襲で敵戦闘機と空中衝突、乗機九六戦の左翼の半分を切断されながらも帰投した「片翼帰還」で有名な樫村寛一《かしむらかんいち》、「ヒゲの羽切」で知られる羽切松雄、三上さんよりも操縦歴の長いこの二人の下士官搭乗員はよきライバルだった。

「樫村さんと空戦訓練をやるときは、まさに火花が散って、お互いに死力を尽くして戦いましたが、それでも制することができた。羽切さんともいい勝負でしたが、負けませんでした。空戦中は大きなG（重力加速度）がかかり、まさに体力の限界が試されます。

私は最初から、空中戦闘に関しては、どんな先輩にも負けなかった。あれは自分でも不思議でしたね。だから、生意気だと憎まれました。負けず嫌いで協調性もなく、あまり好かれる方ではなかったと思います。ただ一人だけ、私よりずっと若い搭乗員と単機空戦の訓練をやったとき、後ろにつかれてどうしても振り離せなかったことがあります。彼は天才的だった。奥村武雄《おくむらたけお》という男でした。

一つはっきりと言えるのは、空を飛ぶことの基本は誰でも身につけることができる。しかし、勘は一様には備わっていない。これは天性のものですね。飛行機の操縦は、年数や飛行時間じゃないんです。

それと、私の戦闘機乗りとしての姿勢は、吉川英治《よしかわえいじ》の『宮本武蔵』に教えられたものが大きかった」

新型戦闘機は、一見、絶世の美女。乗ってみるととんでもないじゃじゃ馬

昭和十四（一九三九）年春、横空に一機の新型戦闘機の試作機が配備された。低翼単葉、従来の九六戦よりも二回りほども大きいが、九六戦にはなかった引込脚を装備、風防も密閉式で、機銃も、機首の七ミリ七（七・七ミリ）機銃二挺《ちょう》に加えて、戦闘機の武装としては従来にない、二十ミリという大口径の機銃を両翼に一挺ずつ、計二挺を装備している。何よりそのスマートな姿が印象的だった。

十二試艦上戦闘機（Ａ６Ｍ１）、のちの零戦の原型である。このときから、実用化に向け、一年以上におよぶ苦難の道がはじまる。

「一目見たとき、すごい美人の前に出たときに萎縮《いしゅく》してしまうような感じを受けました。これはすごい、美しいと。ところが、実際に乗ってみるとこれがとんでもないじゃじゃ馬で、これでよく実用実験に回ってきたな、と思うほどでした」

と、三上さんは言う。

「まず、高度四千メートルまで上昇すると、突然、エンジンがストップしてしまう。私も三、四回止まってしまい、そのたびにやっと飛行場にすべり込みましたが、東山市郎《ひがしやまいちろう》一空曹はエンストして飛行場手前の海に突っ込み、重傷を負ったことがありました。それは、タンクからエンジンに燃料を送るパイプの問題でしたが。

それから、十二試艦戦では、戦闘機としてはじめて、プロペラが油圧による可変ピッチになったんですが、プロペラの軸《じく》の先からオイルが漏れて風防が真っ黒になってしまう。あとは、エンジンの筒温過昇《とうおんかしょう》、二十ミリ機銃弾が暴発しやすい、フラッター（翼がはばたくような振動）の問題その他、次から次へとトラブルが続き、数え上げたらきりがないほどです。

問題を一つ一つ解決していって、あとは格闘戦や航続力のテスト、電話のテストなど。高高度実験や最高速実験もやりました」

最高速実験は、その飛行機が出せる極限のスピードを出し、機体はもちろん、搭乗員の身体《からだ》がどういう状態になるのかを確かめるのが目的である。

「操縦桿《そうじゅうかん》を突っ込んで、降下しながらスロットルを全開にし、スピードを上げていくと、ジュラルミンでできた主翼がフラッターを起こして、表面に皺《しわ》が寄って大きく波打つんですよ。それでスピードを緩《ゆる》めると、サーッと波が引くように元に戻る。空中分解したら助からないし、あれは覚悟が要《い》りましたね」

一万メートルの高高度実験はまだ未知の分野だった。それまで、こんな高度まで上昇できる戦闘機がなかったためである。

「低温が機体に与える影響などを見るんです。高高度実験は昭和十五（一九四〇）年の七月中旬でしたが、この日は実にいい天気で、高度一万九百メートルまで上がりました。そこまで行くと、機首が上を向いてもそれより上がっていかない。ほんとうの上昇限度です。空気が希薄だから、ちょっと操縦ミスがあるとストーンと高度が下がってしまう。

高空に上がると人間の能力も低下して、持っていった小学生の算数の問題も解けません。上を見ても下を見ても同じような青色で、後ろを振り返ると、まるで白煙が渦を巻いているかのような飛行機雲を曳《ひ》いている。はるか眼下に、三浦半島が小さく箱庭みたいに見える。ちょうど三宅島が噴火していて、噴煙が上がっているのが見えました。目を北に転じれば日本海まで見渡せ、その向こうには朝鮮半島が見える。日本は狭いな、と思いました。一人で高空を漂《ただよ》っていると、自分が生きているのか死んでいるのかもわからないような、妙な気分でしたよ。

気温は氷点下四十度ぐらいでしょうか、操縦装置も凍ってきて、操作も意のままにならなくなってくる。吐く息で飛行服の胸元まで凍りつき、意識も朦朧《もうろう》としてきます。それで、一応目的も達したので降下に移りましたが、ときどき水平飛行に戻して冷えたエンジンを暖めてやらないと止まってしまうので、上昇よりもずっと時間がかかりました。

それで、着陸しようとすると、飛行場に『着陸待テ』の信号が出ていて驚きました。見ると、消防車や救急車が駆けつけてくる。何か、操縦席からは見えない機体の損傷があるのかと思い、『着陸セヨ』の合図を待って着陸したら、そのまま救急車で横須賀海軍病院に運ばれ、三日間にわたって精密検査を受けさせられました。身体に異常はありませんでしたが、高度一万メートルを超える環境が人体におよぼす影響は医学的にほとんど未知の分野で、いわば実験台にされたんですね。

消防車は、万一の凍結による機体の損傷に備えたものとあとで聞かされました。このときは、そんな危険な実験なら、なぜ先に言ってくれないのかと腹が立ちました……」

三上さんら横空戦闘機隊が十二試艦戦のテストに明け暮れていた昭和十五年六月末、大村海軍航空隊分隊長の横山保《よこやまたもつ》大尉《だいい》が、臨時横須賀海軍航空隊附となって横空にやってきた。これは、横山大尉本人も着任するまで知らなかったことだが、十二試艦戦で一個分隊を編成し、中国大陸に進出するためであった。

支那事変も四年めを迎えようとしていた。日中両軍の戦いは泥沼化し、日本軍に南京を追われた蔣介石《しょうかいせき》を国家主席とする中国国民政府は、四川《しせん》省の重慶に首都を移して根強い抵抗を続けていた。

日本海軍航空隊は漢口《かんこう》を拠点に、昭和十五年四月十二日を皮切りに九六式陸上攻撃機をもって重慶への空襲を繰り返していたが、片道四百三十浬《カイリ》（約八百キロ）もの長距離飛行となるため、航続距離の短い従来の九六戦（進攻可能距離片道三百七十キロ）では掩護《えんご》に同行できなかった。

中国空軍の戦意は旺盛《おうせい》で、護衛戦闘機をもたない陸攻隊の犠牲は大きかった。重慶空襲作戦開始以来、七月までに七機の未帰還機を数えている。陸攻には一機あたり七名の搭乗員が乗っていて、日本海軍にとって、この損失はけっして小さなものではなかった。敵戦闘機による陸攻の被害を防ぐため、長距離進攻に同行できる新型戦闘機の、一日も早い投入が待ち望まれていた。

十二試艦戦に対する海軍の期待は大きく、まだ制式採用もされておらず、問題が山積している状態であったにもかかわらず、試作機のまま急遽《きゅうきょ》、漢口へ進出させることを決めたのだ。

七月に入ると、漢口の第十二航空隊からも、分隊長・進藤三郎大尉が、数名の搭乗員をつれて、やはり十二試艦戦を領収するため横空に出張してきた。

まず準備のできた六機を横山大尉が率いて、七月十五日、漢口基地の十二空に向け出発する。さらなるトラブルに備えて、航空技術廠《しょう》から飛行機部の高山捷一《たかやましょういち》造兵大尉、兵器部の卯西《うにし》外次技師が同行した。

七月二十四日、十二試艦戦は晴れて海軍に制式採用され、この年、昭和十五年が神武紀元二千六百年であったことから、末尾の〇をとって零式一号艦上戦闘機（A6M2）と名づけられた。略称は、はじめ「零《れい》式《しき》」と呼ばれたが、すぐに「零戦《れいせん》」が一般的になる。

七月二十三日には、第二陣として進藤大尉の率いる七機が横空を出発、九州の大村、中国の上海で燃料を補給し、二十六日、上海で故障の見つかった一機をのぞく六機が漢口に到着した。さらに八月十三日、横空分隊長・下川万兵衛《しもかわまんべえ》大尉を空輸指揮官として七機が進出、計十九機（十八機説もあり）の陣容がととのった。

三上さんは、下川大尉とともに漢口に降り立った。

「横空を朝九時に出発、大村基地で燃料補給の上、漢口基地に到着したのは午後六時頃だったと記憶しています。中国大陸の、無限にひとしいとも思える大地の地平線に、いままさに真っ赤な太陽が沈む直前でした。そのあまりの美しさに、一瞬、戦場であることも忘れてしまうほどで、ただあるのは呆然《ぼうぜん》たる感動のみでした」


疲労困憊《こんぱい》した初空戦。実戦能力に優れていた中国軍パイロット

八月十九日、零戦による初の出撃の日はやってきた。

横山大尉、進藤大尉が率いる零戦二個中隊合計十二機は、陸攻隊五十四機を護衛して重慶空襲に出撃。しかし中国空軍は、新型戦闘機の出撃を察知したのか一機も飛び上がってはこなかった。

三上さんは、この日の搭乗割（編成）には残念ながら加わっておらず、

「この日のために、これまで零戦を育ててきたのに、と悔しくて、腹が立ってしようがありませんでした。

敵機に遭遇《そうぐう》しなかったと聞いて喜んだぐらいです」

と言う。

三上さんの零戦による初出撃は、その翌日、八月二十日のことだった。伊藤俊隆大尉、山下小四郎《やましたこしろう》空曹長が率いる二個中隊十二機がふたたび陸攻隊とともに重慶に向かうが、この日も敵機と遭《あ》うことはなかった。

その後、しばらくは悪天候のため出撃の機会がなく、零戦隊がようやく三度めの出撃ができたのは、九月十二日のことである。横山大尉、白根斐夫《しらねあやお》中尉の率いる二個中隊十二機は、陸攻隊の爆撃後も一時間にわたって重慶上空にとどまったが、またもや敵機は現れず、飛行場を銃撃しただけで還ってきた。

しかし帰投後、重慶上空を監視していた偵察《ていさつ》機より、重要な情報がもたらされる。

零戦隊が引き揚げた後、敵戦闘機約三十機が重慶上空に飛来、約二十分にわたって上空を旋回していたというのである。敵は交戦を避け、零戦がいなくなるのを見計らって、あたかも日本機を撃退したかのようにデモンストレーション飛行を行っているものと考えられた。

ならば、明日はその逆を衝《つ》けばよい。戦機は熟した。


九月十三日金曜日。進藤大尉、白根中尉の率いる零戦二個中隊十三機は、支那方面艦隊司令長官・嶋田繁太郎《しまだしげたろう》中将じきじきの見送りを受け、八時三十分に漢口基地を発進。九時三十分、中継基地の宜昌《ぎしょう》に着陸、燃料補給ののち十二時に離陸し、高度二千メートルで誘導機の九八式陸上偵察機（機長・千早猛彦《ちはやたけひこ》大尉）と合流した。

午後一時十分、爆弾を搭載《とうさい》した鈴木正一少佐指揮の九六陸攻二十七機と合流、零戦隊は高度を七千五百メートルにとり、陸攻隊の後上方を掩護《えんご》しつつ重慶上空に到達。すさまじい対空砲火のなか、一時三十分に爆撃が終了すると、引き返したと見せるため、陸攻隊とともに反転、帰投方向に針路をとった。

約二十分後、待ちに待った偵察機からの電信（モールス信号）が、レシーバーを通して指揮官・進藤大尉の耳に届く。

〈B区高サ五〇〇〇米《メートル》戦闘機三〇機　左廻リ　一三五〇（注：十三時五十分）〉

進藤大尉は陸攻隊に手を振ると、ただちに反転、零戦隊は高度六千五百メートルでふたたび重慶上空に取って返した。

午後二時、指揮小隊三番機の大木芳男《おおきよしお》二空曹が、高度五千メートル付近を反航してくる敵機編隊（ソ連製複葉機Ｅ15、単葉機Ｅ16の、戦闘機計約三十機）を発見、バンク（主翼を左右に傾けること）と機銃発射の合図で進藤機に知らせると、進藤大尉はただちに、より有利な態勢で敵機に攻撃がかけられるよう、接敵行動を開始した。進藤機が空気抵抗になる増槽《ぞうそう》（落下式の燃料タンク）を投下すると、各機それに倣《なら》う。三上さんは、白根中尉が率いる第二中隊、第二小隊（小隊長・高塚寅一《たかつかとらいち》一空曹）の二番機である。

三上さんの回想——。

「進藤大尉は、感情をもろに出すタイプの横山大尉とはちがって、口数は多くないし目立つ人じゃありませんが、胆《きも》の据《す》わった頼りになる指揮官でした。いつも飄々《ひょうひょう》としていて何があっても表に出さない。腕もいいし、空の指揮官として一級の人でしたよ。

そして、進藤機を先頭に敵編隊に攻撃をかけて、一撃めは奇襲になったから全部で七機ぐらいは墜《お》とせたと思うんですが、敵はすぐに編隊を立て直し、きちっと編隊を組んでしまったんです。それがぐるぐる左旋回しながら、容易に崩せる態勢じゃないんですよ。一機を攻撃すると、すぐさま別の敵機が反撃してくる。それで敵は回りながら、どんどん奥地の方へとわれわれを誘い込もうとする。こちらは手を出しきれないままそれについて行かされる。見事なチームワークでした。飛行機の性能こそこちらが圧倒的にまさっていましたが、搭乗員の実戦的レベルは中国軍の方が優れていたんじゃないでしょうか。

こんなことをしていたら、燃料がなくなって帰れなくなってしまう。敵は、こちらが帰ろうとするところを狙って攻撃してくるに違いない――そう思って私は、意を決して敵機の輪の中に飛び込み、暴れまわって編隊をかき回したんです。するとようやく、敵の隊形が崩れ、味方機が攻勢に転じることができました」

一機を仕留めた三上さんが、味方は、と思って見渡すと、増槽の投下を忘れている者、増槽は投下したが、燃料コックの切り替えを忘れ、ガソリンを噴きながら飛んでいる者などさまざまだった。この日の日本側の搭乗員は、腕に覚えはあるとは言え、空戦経験のない者が過半数を占めている。数少ない経験者も、ひさびさの空戦、しかも慣れない新型機ということもあって、最低限の戦闘準備動作も忘れていたのだ。

空戦中に使える無線電話はないので、零戦同士の意思の疎通《そつう》はバンクか手信号によるしかない。三上さんは、燃料を噴いている機に近づくと、バンクを振って注意を引き、自分の口を指さす動作で燃料関係のトラブルを知らせた。

敵味方が高速で飛び交う空戦は、搭乗員にとっても短距離走のような無酸素運動であると言われ、その勝敗は数分で決するのがふつうである。ところが、この日の空戦は三十分以上にわたって続いた。それだけ、中国空軍も死力を尽くして戦ったのだ。

はじめ、五千メートルだった高度が、戦ううちに五百メートル付近にまで下がっていた。敵影もまばらになった頃、三上さんは前下方を単機で飛ぶE15を発見した。高速で追尾して至近距離から一撃を浴《あ》びせると、敵機は白い煙を吐《は》いて降下していった。

「もう大丈夫、と思ったら、そいつが機首を持ち上げてこちらに向かってきました。距離は二百五十メートル。この距離で撃たれても当たるもんかとタカをくくっていたら、それが、カンカーンというすごい音とともに、操縦席をはさんで左右の主翼に二発ずつ、命中したんです。ゾッとしましたよ。見事な射撃の腕前でした」

両翼にある燃料タンクを射抜かれていたなら、帰投はおぼつかない。三上さんはとっさに自爆を決意したが、不思議なことに風防に母の顔がちらつき、よし、飛べるところまで飛ぼうと思い直した。

下方を見ると、いまの敵機が、力尽きたように降下するのが見えた。ふたたび追尾して地面すれすれで銃撃を加えると、敵機は黒煙を吐いて田んぼに突っ込んだ。

三上さんは撃墜した敵機の上を二、三回旋回したが、この恐るべき腕前のパイロットに、とどめの銃撃を加える気にはならなかった。三上さんは、七ミリ七（七・七ミリ）の機銃弾を、狙いをわざと外して敵機の近くの土手に撃ち込むと、そのまま単機で帰途についた。

「被弾していたから、不安でしたよ。いまにも燃料がなくなってエンジンが止まるんじゃないか、と。後で調べてみたら、二本ある燃料パイプの間に命中していたんです。それで幸い、燃料漏《も》れもなく、中継基地の宜昌に帰り着き、超低空で飛行場上空に進入して、そのまま一回宙返りしてから着陸しました。

ほんとうに疲れた。しばらく操縦席でぼんやりしていたら、基地の人たちが心配して、搭乗員どうした？

と駆け寄ってくる。こりゃいかんと思い、気を取り直して飛行機から降りました。三時四十五分、私の他にはまだ誰も還《かえ》ってきていませんでした」
やがて、二機、三機と零戦が還ってくる。四時二十分、十三機めの機影が見えたとき、進藤大尉は小躍りして喜んでいたという。

燃料補給の間に進藤大尉が十三名の搭乗員を集め、戦果を集計すると、報告された撃墜機数は、遭遇《そうぐう》した敵機の機数よりも多い撃墜確実三十機、不確実八機にのぼった。三上さんも、不確実一機をふくむ四機を撃墜していた。零戦隊の損害は被弾四機、また、高塚一空曹機が引込脚のトラブルで、宜昌に着陸したさい転《てん》覆《ぷく》、機体は大破した。

進藤大尉はとりまとめた戦果に、自身が上空から見た結果を加味し、空戦でありがちな戦果の重複も考慮に入れて、二十七機撃墜確実と判断、早速司令部に報告の無電が打たれた。

〈二十一基地（注：宜昌基地）機密第二三七番電　十三日　一六四〇
確実撃墜機数二十七機　零式艦戦一脚破損　残十二機飛行可能〉
〈支空襲部隊機密第二八番電　十三日　一七三〇
本日重慶第三十五回攻撃ニ於テ我ガ戦闘機隊（零戦十三機）ハ敵戦闘機隊（二十七機）ヲ敵首都上空ニ捕捉其ノ全機ヲ確実撃墜セリ〉

当時の新聞記事では、山下小四郎空曹長が五機、白根中尉が一機撃墜、などと各自の撃墜機数が記されているが、進藤さんによると、

「部隊として二十七機撃墜確実、と報告したのであって、それを個人の戦果に割りふった覚えはありません。海軍から発表された時点で作られた数字が、一人歩きしてるんでしょう」

という。たとえば白根中尉は、二十ミリ機銃弾を早々に撃ち尽したのち、七ミリ七（七・七ミリ）の機銃故障で戦果なし、と戦闘詳報に記載されているが、新聞では、「白根中尉は初陣の若武者で、内閣元書記官長白根竹介《たけすけ》氏の令息《れいそく》である」云々と書かれていて、一機、花を持たせる形で発表したということは考えられる。

では、ほんとうに中国空軍の戦闘機は、零戦の登場を察知して逃げていたのか。

三上さんは、

「いや、あれは戦術としての空中退避でしょう。こっちが攻めていくときは出てこない、引くと攻撃してくる。まさに兵法の極意ですよ。しかも彼らはデモンストレーションをやって地域住民には宣伝効果を挙げているわけだから、こちらとしては歯がゆくて」

と言う。

ここに一人の中国空軍パイロットが登場する。

徐吉驤《じょきちじょう》（戦後、徐華江《かこう》と改名）中尉。

第四大隊のパイロットとしてこの空戦に参加し、撃墜されながらも生還した。徐さんは、

「零戦が現れたことを、中国側では全然知らなかった。戦闘機の航続力では重慶まで来られるはずがないと信じていました。日本機は、爆撃機と偵察機しか重慶に来ないと思っていたから、パイロットも油断してい

ました。空戦の前日、九月十二日にも出撃しましたが、敵機と遭《あ》わなかった。十三日も、あくまで日本機と戦うために発進したから、それまで零戦と遭遇しなかったのは、空襲警報と出撃命令の連携がうまくいかなかったからだと思います」

と言い、日本側の見方を真っ向から否定する。

徐さんは、一九一七年、現在の中国、黒龍江省《こくりゅうこう》で、学者の家に生まれた。空軍士官学校を卒業後、中国空軍の名門である第四大隊に配属され、このときまでに日本機との空戦で十五機を撃墜したという。

九月十三日、中国空軍は、空軍第四大隊長鄭少愚《ていしょうぐ》少校（少佐）がE15十九機、楊夢清《ようむせい》上尉（大尉）がE16九機を指揮、さらに第三大隊の雷炎均《らいえんきん》上尉が率いるE16六機が加わっていた。うち一機は故障で引き返し、空戦に参加したのは三十三機である。

徐中尉は、この日の空戦について、詳細な手記を書き残している。

〈われわれは十一時四十二分（日本時間午後一時四十二分）、重慶の空に到着した。遠くに日本の爆撃機を発見、そのときは遠くてよくわからないが、戦闘機群のような小さく光る点々が見えた。日本機の編隊が重慶上空を二周ほど旋回するのが見えたが、そのとき、地上指揮所から、「奉節《ほうせつ》県付近で敵機九機が西に向かう。ただちに遂寧《すいねい》に戻れ」と命ぜられた。

そして遂寧に向かおうとした十二時頃、突然、敵戦闘機約三十機（注：実際には十三機）がわれわれに襲いかかってきた。

敵機は、私たちの編隊の上方に回り込み、攻撃をかけてきた。別の一機は、私の飛行機の後下方、距離千メートルぐらいから攻撃してきた。敵はそのまま急接近してきて、私の飛行機の腹の下の死角から撃ち上げてきた。そいつはさらに高速で前方に飛び去り、あっという間にこちらの弾丸の届かないところに行ってしまう。

日本機のほうがはるかにスピードが速く、われわれは編隊の外側から包囲され、どうすることもできない。みんな左旋回で逃げようとするが、敵は簡単についてくる。有利な態勢から攻撃してくる。私たちにはなすすべもない。

日本機はわが方の飛行機よりスピードは倍も速く、火力も強力だった。わが軍は敵の力を見誤っていた。ただ、わが軍には「地の利」がある。一般的に、戦闘機の航続力は大きくない。空戦になるとエンジンの全力を出すから、なおさら燃料を消費する。私は、敵はガソリンがなくなれば帰るはずだから、「以逸待労」(逸《いつ》を以《もっ》て労を待つ。敵が疲れたところで攻勢に転じる、中国の「兵法三十六計」で古くから伝えられる戦法)の戦術をとろうとしたが、甘かった。目の前の現実に、自分の認識の遅れを感じざるを得なかった。

最初の十分間で五、六回攻撃され、潤滑油タンクに穴をあけられた。漏れ出したオイルでガラスが汚れ、前が見えなくなった。仕方なく、横から顔を出して応戦したが、まもなく油で飛行眼鏡も見えなくなり、眼鏡をかなぐり捨てて戦い続けた。

——突然、主翼の張線が音を立てて次々と切れ始めた。防弾板が撃たれ、機体は大きく振動した。私は、弾片で頭と両足に傷を負った。さらに十分後、排気管から黒煙が出て、焦げたような臭いが鼻をついた。味方機を探したがもはや一、二機しか残っておらず、頭上を飛ぶのはすべて日本機であった。

戦場を離脱しようと思ったがもう遅い。敵機が二機、追尾しながら撃ってくる。私はふたたび戦う決心で戻ろうとしたが、もうエンジンに力が残っていなかった。眼下に、高い山の頂上が見える。まだ相当高度はある。降下しながら西の方へ飛んで、猛烈な回避運動をする。次第に高度は低くなった。前方にはまだ山が一つ、その下に小川がある。川を越えると平らな地面がなかった。もう一度引き起こして回り込み、田んぼに突っ込んだ。飛行機は壊れたが、神のご加護か、私は無事であった〉

上空を一機の零戦が、勝ち誇ったように旋回していた。徐さんはしばらく壊れた飛行機の陰に隠れて様子を見ていたが、その零戦は、近くの土手に機銃弾を浴びせると、東の空へ飛び去った。――この零戦が、三上さんの乗機だった。三上さんと徐さんは、この空戦から五十八年後の平成十（一九九八）年、東京で奇跡的な再会を果たす。

零戦がいなくなったのを確かめて、徐さんは持っていたカメラ（ドイツ製レチナ）で、愛機の残骸《ざんがい》を撮影した。徐さんの手記は続く。

〈私は田んぼに墜ちたので、味方の損害がどの程度か知らなかった。三日後、重慶白市駅《はくしえき》飛行場に戻ると、隊には留守番が一人だけいて、第四大隊は成都《せいと》に移ったとのことだった。私は治療のため黄山《こうざん》の空軍病院に移ったが、そこで聞かされた大勢の戦死者のニュースに驚き、悲しんだ。同僚たちの情報を聞いて、魂が抜けたような気持ちだった〉

この日の中国側の損失は、残された記録によると、十三機が撃墜され、十一機が被弾損傷、パイロット十名が戦死、八名が負傷した。

病をえて入院中に対米英開戦。一旦海軍を去るが、負け戦のなか、死を覚悟して復帰

初空戦での華々しい戦果を土産《みやげ》に、脚故障による着陸事故で一機欠けた十二機の零戦隊は、意気揚々《いきようよう》と漢口基地に引き揚げてきた。嶋田司令長官をはじめ、ほとんど総員が出迎え、大戦果に基地は湧き立った。三上さんは、このとき、漢口の空は美しい夕焼けに染まっていたことを憶《おぼ》えている。基地では、大戦果の興奮がさめやらず、祝宴は夜通し続いた。

この空戦のことは、内地の新聞でも、

〈重慶上空でデモ中の敵機 廿 七《にじゅうしち》を悉《ことごと》く撃墜――海鷲《うみわし》の三十五次爆撃〉

〈帰ったゾ偉勲《いくん》の海鷲　機体諸共《もろとも》胴上げ・敵機廿七撃墜基地に歓声〉（ともに、昭和十五年九月十四日付朝日新聞西部本社版）

〈重慶で大空中戦廿七機全機撃墜　きのふも爆撃海鷲の大戦果〉（九月十五日付大阪毎日新聞）

〈世界戦史に前例のない敵廿七機完全撃墜　わが海鷲不滅の戦果〉（九月十七日付中国新聞）

いずれも軒並みトップ記事の扱いで大きく伝えられた。

ただ、新聞記事では「零戦」について、大阪毎日新聞だけが「わが新鋭戦闘機」という書き方をしているものの、他紙は単に「戦闘機」または「精鋭部隊」という表現で、「零戦」の名称や性能については各紙ともまったく触れていない。

従軍記事には軍による検閲《けんえつ》があり、零戦に限らず、兵器や任務についての軍事機密に触れる事柄は、発表

を許されなかった。「零戦」という名が初めて国民に公表されるのは、驚くべきことにこのときから四年以上が経ち、米軍の重爆撃機・B－29による日本本土爆撃が始まった昭和十九年十一月二十二日のことである。

零戦初空戦の翌九月十四日、漢口基地では、十二空の主要幹部と出撃搭乗員による戦訓研究会が行われた。

搭乗員側から出された意見は、①増槽の落とし忘れや燃料コックの切り換え間違いが多い。②風防が密閉式のため後方視界が悪い。また、操縦席前方左右に装備された七ミリ七（七・七ミリ）機銃の硝煙《しょうえん》がコックピットにこもる。急降下すると気温の急激な変化で風防の内側が曇《くも》る。③過速に陥《おちい》りやすく、速力がつきすぎると舵《かじ》の利《き》きが重い……など、これまでの九六戦とは次元の異なる新型戦闘機に対する不慣れに起因するものが多い。④それまでの単座戦闘機では考えられなかった長距離進攻で、搭乗員の疲労がはなはだしい。座席クッションの改善やリクライニング可能にするなどの対策が急務である。……との切実な訴えに対しては、その後も最後まで、有効な対策がとられることはなかった。

また、性能の近い単葉戦闘機E16に対しては、比較的楽に戦えたが、複葉の旧式機E15に対しては、スピード差がありすぎる上に敵機のほうが小回りがきくので、意外に苦戦を強いられたという声が上がった。単機同士の格闘戦に持ち込んだ搭乗員も、どうしても敵の後ろに回り込めなかったと報告している。これによって得られた戦訓所見は、

〈（零戦の）旋回圏大ナルヲ以テ劣性能ノ敵機ニ対シ之ニ巻キ込マレザル様戒心ヲ要ス。急上昇急降下ノ戦

法適切ナリ〉

つまり、小回りのきく敵機に対しては、格闘戦を避け、ズーム・アンド・ダイブによる一撃離脱戦法で戦えと言っているのだ。また、単機ごとに敵機を深追いする者が多かったことから、編隊協同空戦の必要性にも繰り返し言及されている。

奇《く》しくもこれらは、二年後、零戦の格闘戦性能に手を焼いた米軍が、零戦に対抗する手段として打ち出した戦法と酷似している。戦闘機の性能は、相手となる敵機との相対的な比較で評価されるという好例だろう。

九月十三日を境に重慶の空から姿を消した中国空軍は、さらに奥地の成都に後退して戦力の回復に努めたが、零戦隊は十月四日、五日と成都を空襲、所在の中国空軍主力をふたたび壊滅させた。なかでも十月四日には、九月十三日の空戦に参加できなかった搭乗員を中心に、横山大尉以下八機の零戦が出撃し、うち四機が太平寺飛行場に強行着陸、指揮所や飛行機に焼き討ちを図《はか》るなど大暴れをしている。三上さんは十月五日、飯田房太《いいだふさた》大尉の指揮下、成都空襲に参加したが、そのときにはもう、めぼしい敵機は空中におらず、地上銃撃で敵機を炎上させたのみであった。

以後、三上さん（昭和十六〈一九四一〉年五月、一空曹に進級、六月、一飛曹に階級呼称変更）は、昭和十六年夏まで、漢口進出以来、約一年にわたって十二空で活躍。度重なる奥地空襲にも参加したが、過労と夏の猛烈な暑さのため体をこわし、内地に送還されてしまう。ここで肺浸潤《はいしんじゅん》と診断され、軍医に飛行禁止を言い渡された。

呉《くれ》海軍病院に入院中の十二月八日、日本はついにアメリカ、イギリスに宣戦を布告。海軍機動部隊によるハワイ・真珠湾攻撃を皮切りに、フィリピン、マレー半島と日本軍の快進撃が伝えられた。三上さんは戦闘機乗りとして、この大戦争に参加したかったと言うが、病身では如何ともしがたく、この年の暮れ、切歯扼腕《せっしやくわん》の思いで海軍を去った。このとき、三上さんは二十四歳だった。

それから約二年。開戦当初こそ勝利を収め続けた日本陸海軍だったが、昭和十七（一九四二）年六月のミッドウェー海戦で機動部隊の主力空母四隻を一度に失い、また同年八月に始まった、ソロモン諸島ガダルカナル島攻防戦にも敗れ、反攻に転じた連合国軍と血みどろの戦いを繰り広げていた。三上さんは、故郷・弘前や樺太《からふと》で過ごしていたが、ニュース映画で旧知の戦友の姿を見たりするうちにいてもたってもいられなくなり、もう一度、死を覚悟して、海軍に復帰を申し出る。

そして身体検査を受け、昭和十八（一九四三）年末、海軍航空技術廠《しょう》にテストパイロットとして復帰を果たした。応召ではなく、自分の意思で戻ったのである。

「二年のブランクは全然影響ありません。はじめは不安がありましたが、飛行機に乗って、離陸滑走するまでの間に勘は戻りましたね。その後、霞ケ浦の第一航空廠に移り、戦地行きの飛行機のテストをするのが主な仕事になりました。

いや、大変でしたよ。その頃の飛行機は出来が悪くて、理論的に起こるはずのないようなトラブルを起こすんですから。飛行中、いきなり操縦桿が利《き》かなくなったり、危険な目に何度も遭いました。

零戦も、戦争末期には質が悪すぎて、危なくて飛べたもんじゃなかった。メーカーに送り返したり、直させる方が多いぐらいでしたよ。横空時代、あれだけ苦労して育て上げた零戦も、元の木阿弥《もくあみ》になっていましたね。

あとは、ガソリンが不足して、アルコール燃料のテストを赤とんぼ（九三式中間練習機）でやったり――あれはエンストの事故が多くて危なかったですが――とにかく物資はなくなるし、空襲があっても邀撃《ようげき》に上がるな、と言われるぐらいで、どうしようもない」

昭和十九（一九四四）年十月には、爆弾を搭載した飛行機もろとも敵艦に体当たり攻撃をかける「特攻」が始まっている。三上さんは意を決して、工廠長に特攻志願を申し出た。「馬鹿を言うな！」工廠長の大喝《だいかつ》が響いた――。

「局地戦闘機雷電《らいでん》を操縦して、霞ケ浦から静岡県の藤枝飛行場まで飛んだのが、私の最後の飛行になりました。途中、東京上空を通りましたが、一面の焼野原を見て涙が出ましたよ。あまりにも酷《むご》い、あまりに無策だと思いましたね……」

そして、昭和二十（一九四五）年八月十五日。

「空襲が激しいので第一航空廠が青森県の三沢基地に移転することになり、私は三沢に行く汽車のなかで終戦を迎えました。終戦のことを知らずに三沢の旅館に入ったら、玄関で女中さんたちが『商売やめた！』などと大騒ぎしてるんですよ。何ごとか、と聞いたら、戦争が終わった、と。

私はブランクがあったせいか、意外に冷静でした。明日からどうなるかはわからないが、まあ、これで一つの勤めが終わった、という感じ。しかし、戦争からはなにも残らない。空《むな》しさだけが残りましたね。宿から三沢の町に出てみると、アメリカ兵の捕虜《ほりょ》が、後ろ手に縛られて歩いていました」

三上さんは、そのまま隊にも入らず故郷に帰った。弘前の町は、幸い空襲の被害を受けておらず、以前と変わらない姿であった。

戦後は陸前高田市で教材会社を。そして、九十歳を越えて直面した東日本大震災

その後、職を求めて青森に出た三上さんは、しばらく炭鉱で働き、昭和二十二（一九四七）年、社会党の片山内閣が次々と公団をつくったときには配炭公団に就職。しかし政権が代わると配炭公団は解散し（昭和二十四年）、三上さんも退職する。その後、北海道の炭鉱の出先機関に職を求めたが、エネルギー革命で固体燃料そのものが落ち目になると、その仕事もうまくゆかなくなる。

「これじゃ駄目《だめ》だ。情勢が変わるたびに仕事が替わるようなことではいけない。何かやらなくては。誰も知らない、未知のところへ行こう、自分の力を試してみよう」

と、昭和二十七（一九五二）年に結婚した妻と、二人のまだ小さい息子をつれて、岩手県陸前高田の駅に降り立った。昭和三十三（一九五八）年のことである。

陸前高田に本拠を定めた三上さんは、まず、以前から関心のあった教材販売の仕事に手をつけることにした。戦争体験を通じ、教育の重要性、教養を身につけることの大切さを痛感したこと、それに、教育者であった父の影響も大きかった。

「なにか教育に関係する仕事を、と考えて、教科書は決められているが教材は任意のものだから、教材販売をやってみようと。ところが、そうやって気持ちを決めたものの、学校では教材をどのように選定するのかもわからない。それで、学校に聞きに行きました。

見本を見せてもらい、借りてきて、作っているところを調べました。まずは粘土です。はじめて品物を学校に売り込みに門を入るとき、これは戦争の方がよっぽど気が楽だと思いましたよ。

一袋三十円の、石膏《せっこう》のような粘土を持って、まずはある中学校に行ってみましたが、『いまごろ来たって、もう買うところは決まっている。お前のところから買うものは何もない』と、つっけんどんな応対でした。それで私は、『ああそうですか。申し訳ございませんが、持って来たものを作る時間を私にくださいませんか』と、その石膏のようなのを水に溶いて、あっという間に一つの形を作ったんです。

そして、『ありがとうございました』と帰ろうとしたら、先生も見てないふりをして見てるんですね、『おい、待て。それいいな。俺の学年に一つずつ持って来い』と、それが最初でした。こんな彫塑《ちょうそ》の材料なんて、その頃はまだあまり知られてないし、ましてやそれを実演できる人はいなかった。そして、同じ方法で小中学校をまわると、これが売れるんですよ。それで何とかなると思いましたね」

「三上教材社」の誕生である。


三上さんはその後、教育にかける熱意と真摯《しんし》な姿勢で、地元の学校、教育機関の信頼を集めていった。方々から講演を依頼されるようにもなり、昭和四十五（一九七〇）年に岩手県で開催された第二十五回国民体育大会（みちのく国体）では、岩手県の民意をまとめようと、自らが中心になって『岩手国体の歌』を作るなど、地域社会全体に貢献《こうけん》してきた。

「教科書にはない大切なことを子供に教える。これが、私が教材の仕事をする大きな目的なんです。教科書が主食なら教材は副食物、間違えると大変なことになりますからね」

しかし三上さんは、戦闘機乗りであった自らの過去については、ある日、長男が、空戦記の本に父親の名前を見つけて騒ぎ出すまで、家族にさえも語ったことはなかった。


零戦初空戦から五十数年を経た平成八（一九九六）年六月、元中華民国空軍パイロットの徐華江さんは、東京で開かれた「特空会《とっくうかい》」の慰霊祭に列席した。特空会は、旧日本海軍航空隊の、下士官兵出身者の集まりである。この会には、台湾出身の元日本海軍整備員も参加していて、徐さんはその縁で招待されたのだ。

徐さんは、ソ連製戦闘機Ｅ15で零戦に撃墜された後は、アメリカ製戦闘機・カーチスＰ－40やノースアメリカンＰ－51を駆《か》って日本軍と戦い、日本との戦争が終わると、こんどはジェット戦闘機に乗って中国共産党軍と戦った。複葉のプロペラ機からジェット機までの連続した実戦経験を持つ戦闘機パイロットは、世界でも稀《まれ》であろう。軍の要職を歴任、空軍少将で退役したのちも、国会にあたる国民大会代表などを務めた。

靖国《やすくに》神社に詣《もう》でた徐さんは、九段下のホテルで開かれた懇親《こんしん》会に臨んだ。撃墜王を自任していた徐さんにとって、自分を撃墜した零戦の搭乗員を探し出すのは長年の宿願だった。話を聞いて、

「坂井三郎《さかいさぶろう》さんに聞けば、何かわかるかもしれない」

と、誰かが知恵を出した。徐さんは、日本海軍の整備員だった陳亮谷《ちんりょうこく》さんに案内されて、東京・巣鴨の坂井三郎さん宅を訪ねた。坂井さんはこの空戦に参加していないが、参加した十三人の搭乗員のことはよく知っている。徐さんの話を聞くと、どうも以前、三上さんに聞いた話と重なるようだった。

その場で、坂井さんは三上さんに電話をかけた。

「あなたが撃墜した中国空軍のパイロットが、いま私の家にいる」

三上さんは耳を疑った。電話口に徐さんが出たが、もちろん言葉は通じない。二人はその後、手紙のやり取りを通じて、互いの記憶の糸を手繰《たぐ》り始めた。徐機の墜落の状況が、三上さんの記憶、日本側に残された記録とピッタリ重なった。

零戦初空戦から五十八年が経った平成十（一九九八）年八月十五日。東京、霞《かすみ》が関《せき》ビルで、かつて重慶の空で雌雄《しゆう》を決した日中二人の搭乗員は、奇跡的な「再会」を果たした。

「やっとお会いできましたね」

「よかった、ほんとうによかった」

あとは、言葉にならなかった。同年同月生まれの、ともに八十一歳の二人の老紳士は、目に涙を浮かべてガッチリと抱き合った。

「三上さんは、重慶上空で戦火を交《まじ》えたときは敵でした。しかしいまや、私たちは素晴らしい友人になれたのです」

という徐さんに、三上さんも、思いを同じくして語る。

「個人的に何の恨みもない者同士が殺し合う、こんな愚かなことはありません。この愚行を二度と繰り返してはならない、ほんとうにそう思いますよ」

再会に際して、徐さんは三上さんに一幅《いっぷく》の書を贈った。「共維和平」――ともに手を携《たずさ》え、平和のために尽くしましょう、という意味である。

その後も、二人の友情は、二〇一〇年に徐さんが亡くなるまで続いた。

翌平成十一（一九九九）年三月には、三上さんが台湾に徐さんを訪ねている。このときは私も、二人の再会に尽力した静岡県在住の医師・菅野寛也《すがのひろや》さんとともに同行している。

高雄《たかお》に到着、自動車で台南、台中、嘉義《かぎ》と、かつて日本軍の航空基地のあった中華民国空軍の拠点をともに巡り、台北から帰国するという強行軍だった。三上さんは行く先々で歓迎を受け、移動のときはいつも、して徐さんと肩を並べて歩いていた。言葉はよくは通じないが、互いにベストを尽くして戦ったライバル同士として、の、尊敬と慈しみの気持ちが後ろ姿からもにじみ出て、それが見ていて気持ちよかった。

零戦の初空戦に参加した十三名の零戦搭乗員のうち、九名がその後、戦死。四名が生きて終戦を迎えたが、三上さんをのぞく三名はすでに鬼籍に入っている。

重慶、成都上空で零戦と戦った中国空軍第四大隊は、対日戦初期の英雄、高志航《こうしこう》の名をとって別名・志航大隊とも呼ばれ、現在も台湾の中華民国空軍の主力戦闘機隊として、その伝統を受け継いでいる。

平成二十三（二〇一一）年三月十一日、東日本大震災で陸前高田市街地のほとんどが津波に流された。私は、三上さんに電話を試みたが、まったく繫《つな》がらない。ニュース映像を見る限り、三上教材社のあたりは瓦礫《がれき》となっていて、さすがの三上さんも無事ではなかろう、と不吉な思いがした。安否不明の不安なときが過ぎ、ようやく連絡がとれたのは、二週間後の三月二十五日のことだった。

三上さんは、奇跡的に家族とともに無事だった。

電話口に出た三上さんは、

「いやいや、声が聞けて涙が出ますよ。心配くださってる皆さんに宜《よろ》しく。頑張るよ」

と、途中、感極まられたのか涙声になったが、力強い言葉だった。

あの日、三上さんは、予定の外出先に出るのが遅れ、偶然、高台の自宅にいて難を逃れたのだという。三上教材社の社屋は流されたが、ほどなく、自宅敷地内で業務を再開した。

かつて三上さんは、

「人生に対し、死ぬまでファイティングポーズでありたい」

と、私に語ったことがある。大震災のあと、三上さんの無事な声を聴き、この言葉を思い出したとき、「不死鳥」の三文字が、零戦の雄姿とともに、ふと頭をよぎった。

三上一禧（みかみ　かつよし）
大正六（一九一七）年、青森県生まれ。昭和九（一九三四）年、海軍四等水兵として横須賀海兵団入団。昭和十二（一九三七）年七月、操縦練習生三十七期を卒業後、第十四航空隊の一員として南支作戦に参加。その後、横須賀海軍航空隊で十二試艦上戦闘機（のちの零戦）の実用実験に従事する。昭和十五（一九四〇）年九月十三日、重慶上空における零戦の初空戦で活躍。以後、昭和十六（一九四一）年八月まで大陸奥地進攻に従事するが、病気のため同年末、海軍を退役。昭和十八（一九四三）年、志願して海軍に復帰、テストパイロットとして終戦まで飛び続けた。終戦時、海軍少尉。戦後は、岩手県で教材販売会社を経営、学校教育の発展に貢献した。平成十（一九九八）年、零戦初空戦で撃墜した中国空軍パイロット・徐華江氏と奇跡の再会を果たす。

昭和15年、十二空時代。三上さんが操縦する零戦と三上さんの写真を、部隊の暗室で三上さん自身が合成、プリントした一枚

昭和15年9月13日、初の空戦から漢口基地に帰還し、整列する搭乗員たち。周囲に人の輪が広がっている

「零戦初空戦」に参加した搭乗員たちと十二空の幹部。前列左から光増政之一空曹、平本政治三空曹、山谷初政三空曹、末田利行二空曹、岩井勉二空曹、藤原喜平二空曹。後列左から横山保大尉、飛行長・時永縫之助中佐、山下小四郎空曹長、大木芳男二空曹、北畑三郎一空曹、進藤三郎大尉、司令・長谷川喜一大佐、白根斐夫中尉、高塚寅一一空曹、三上一禧二空曹、飛行隊長・箕輪三九馬少佐、伊藤俊隆大尉

愛機、ポリカルポフE15の前に立つ中華民国空軍の徐吉驤（華江）中尉

零戦との空戦で撃墜された徐中尉の乗機の残骸

平成10年8月15日、三上さんと徐さん、かつての宿敵が奇跡の再会を果たす（著者撮影）

平成11年3月、三上さんが台湾に徐さんを訪ねる。嘉義の空軍軍官学校で（著者撮影）

第二章・羽切《はきり》松雄《まつお》

被弾して重傷を負っても復帰して戦い続けた不屈の名パイロット

昭和13年頃、25歳の羽切さん

殴られ通しの機関兵に辟易《へきえき》し、飛行機搭乗員に。零戦実用実験に携わる

昭和十五（一九四〇）年九月十三日、重慶上空での中国空軍戦闘機との初空戦で一方的勝利をおさめた零戦隊は、続いて十月四日、五日と、こんどは成都《せいと》の敵飛行場を急襲、所在の敵機を壊滅させた。

この十月四日の戦いで、零戦隊のうち四機が、討ち漏らした敵機や指揮所の焼き討ちを企図《きと》して、成都太平寺飛行場に強行着陸を敢行、このことは「破天荒《はてんこう》の快挙」（読売新聞）として内地でも大きく報道され、子供向け絵本の題材にもなった。

言うまでもなく、戦闘機は空中で戦ってこそ、その威力を発揮する。いかに零戦が強く、仮に中国軍が弱かったとしても、敵兵が防備を固める飛行場の真っただ中に着陸するとは、大胆不敵と言うべきか、蛮勇《ばんゆう》と捉《とら》えるべきか。

このとき、敵飛行場に着陸した四名の零戦搭乗員のうち、唯一《ゆいいつ》、戦争を生き抜いたのが羽切松雄さんである。

羽切さんは、髭《ひげ》をピンと張った独特の容姿から「ヒゲの羽切」と呼ばれ、対米戦が始まってからも、激戦

地ソロモン諸島や本土上空で活躍。敵の機銃弾に肩を射抜かれるほどの重傷にも屈せず、最後まで戦い抜いた。闘志と腕と度胸、そして頭脳を兼ね備えた名パイロットとして、海軍航空隊で知らぬ者はいなかった。

羽切さんは大正二（一九一三）年十一月五日、風光明媚《ふうこうめいび》なことで知られる静岡県田子浦村《たごのうら》（現・富士市）で、半農半漁を営む羽切家の次男として生まれた。田子浦村は肥沃《ひよく》な土地と温暖な気候に恵まれ、水産資源も豊富で豊かな村であったが、大正末期から昭和のはじめの大不況の時代、家は長男が継ぐので村にいても居場所がなく、仕事もない農家の次男、三男はこぞって陸海軍を志願した。

羽切さんも、高等小学校を卒業して家業を手伝っていたが、昭和七（一九三二）年、満十八歳のとき、海軍を志願、同年六月一日、横須賀海兵団に入団する。国民皆兵、成年男子はひとしく兵役の義務を負う時代だったが、海軍の志願兵は狭き門で、この年、田子浦村から応募した十二名のうち、試験に合格したのは三名のみだった。内訳は、少年航空兵（予科練）一、水兵一、機関兵一で、羽切さんは、海軍で技術を身につけて将来の就職につなげようと、機関兵を選んだ。

海兵団での基礎教育を卒《お》え、三等機関兵に進級した羽切さんは、巡洋艦「摩耶《まや》」乗組を命ぜられる。「摩耶」は、「高雄《たかお》」型重巡洋艦の四番艦で、昭和七年六月に竣工《しゅんこう》したばかりの最新鋭艦である。海軍の花形ともよべる艦だったが、機関科での若年兵に対するしごきは想像を絶するものだったという。

「殴られ通しに殴られて、ほとほと機関兵が嫌になり、当時『摩耶』に搭載《とうさい》されていた二機の水上偵察機の雄姿に魅了されて、いつしか飛行機搭乗員を志すようになりました」

周囲の嫌がらせに耐えながら操縦練習生試験を受け続けた羽切さんは、何度めかの試験にやっと合格。昭和十（一九三五）年二月、第二十八期操縦練習生として、晴れて霞ケ浦海軍航空隊の門をくぐった。

「六ヵ月の過密スケジュールによる訓練は厳しいものでしたが、機関兵の勤務の厳しさと比べれば、何ということはありませんでした。古賀清登《こがきよと》、黒岩利雄《くろいわとしお》といった戦闘機の名パイロットが教員を務めていて、その指導のおかげで戦闘機専修に選ばれたんです」

昭和十年八月、操縦練習生を卒業、千葉県の館山海軍航空隊で、戦闘機搭乗員としての訓練を受けることになる。館山空は、当時、各機種混成の延長教育部隊で、ここで一緒に訓練を受けたなかに、海軍兵学校五十九期の横山保《よこやまたもつ》中尉がいた。

のちの零戦隊の名指揮官として名高い横山中尉は、操縦はあまりうまくなかったという、いくつもの証言がある。だが、華があって戦場で部下を惹《ひ》きつける、不思議な人間的魅力があった。この横山中尉との出会いが、羽切さんのその後を決定づける、運命的な出来事だった。

昭和十年十一月、青森県の大湊海軍航空隊へ転勤。大湊空は、海軍における飛行機の耐寒、耐雪の実験および訓練を行う唯一の航空隊である。飛行場に降り積もった雪を圧雪し、車輪の代わりに橇《そり》をつけた飛行機を飛ばすが、圧雪には、旧式の三式艦上戦闘機の両翼を切り取り、脚に畳八畳分ほどのフライパンのような鉄板をくっつけた「新鋭圧雪機」を使った。雪深い辺境の地の勤務は、周囲からは気の毒がられたが、恐山《おそれざん》でのスキー大会、夏の大湊祭、遠泳競技など、羽切さんにとっては楽しくも平和な青春の一コマだったという。

大湊で約二年を過ごすうち、昭和十二（一九三七）年七月七日には盧溝橋《ろこうきょう》で日中両軍が激突、これをきっかけとして支那事変がはじまる。

昭和十二年十月、三等航空兵曹になっていた羽切さんのもとへ、新造の空母「蒼龍《そうりゅう》」への転勤命令が届いた。はじめての実戦部隊である。当時は、大湊から「蒼龍」飛行機隊のいる長崎県大村基地まで、急行に乗っても三日がかりの旅だった。前もって家に電報をうって連絡をとり、富士駅で途中下車するつもりだったが、富士駅のホームに降りた羽切さんは、思わぬ光景に度肝《どぎも》をぬかれる。小学生から青年団、たすき掛けの婦人会会員、軍服姿の在郷軍人、そして一般の村人にいたるまで、数百人もの人々が万歳を叫んで、羽切さんを出迎えたのだ。

まだ具体的な戦地行きが決まっているわけでもないのにこの興奮。おかげで家族や友人とゆっくり話すこともできないまま、混乱を避けるため出発を早めて、またも万歳の声に送られながら、次の汽車で故郷を発つことになった。


「蒼龍」戦闘機隊の使用機は九六戦で、横山保大尉が分隊長として着任していた。羽切さんはさっそく、横山大尉の二番機として搭乗割が組まれ、この固有編成は「蒼龍」での二年間、変わることはなかった。またこの頃、同じ昭和七年海軍入団の同年兵、羽切、深沢等《ひとし》、小畑高信の各三空曹が、申し合せたように髭をたくわえ、自慢し合うようになった。はじめは、隊長、分隊長も苦い顔をしていたが、それでも伸ばし続けるうち、それも「個性」と、公認されるようになったという。

「ヒゲの羽切」の誕生である。

昭和十三（一九三八）年五月、「蒼龍」飛行機隊は南京大校飛行場に進出。南京市街の上空哨戒《しょうかい》や、六十キロ爆弾二発を搭載しての陸戦協力など、休む間もない任務についた。羽切さんは六月末、基地に来襲した中国空軍のソ連製ツポレフSB爆撃機（エスベー爆撃機と通称された）を東山市郎一空曹と協同撃墜、初戦果を挙げている。横山大尉の二番機として、三番機・大石英男三空曹と三機で出撃、敵地上空で編隊宙返りをやってのけたこともあった。

昭和十四（一九三九）年十二月、二空曹になっていた羽切さんは、横須賀海軍航空隊（横空）に転勤を命ぜられた。当時の横空戦闘機隊は、飛行隊長・花本清登《きよと》少佐、分隊長・下川万兵衛大尉以下約二十名からなり、下士官搭乗員にも元岡村サーカスの新井友吉、「片翼帰還」の樫村寛一、輪島由雄、東山市郎、そして三上一禧と、海軍きっての名パイロットが揃っていた。各々が「ひねり込み」など、独自の技を競い合っていたが、なかでも、羽切さんは、空戦訓練でしばしば手合わせをした樫村兵曹の空戦技術が忘れられないという。

また、民間から献納された「報国号《ほうこくごう》」の命名式の祝賀飛行など、日頃鍛えた技倆《ぎりょう》のありったけを披露する場にも恵まれ、羽切さんにとってはまたとない修練の場だった。

「報国号の命名式は月に一、二回は東京・羽田、名古屋、伊丹《いたみ》のどこかで行われ、その都度、横空から飛行機を空輸して式に参列しました。当時の羽田飛行場は、まだ民間の旅客機もおらず、いまでは想像もつかないほど狭隘《きょうあい》な飛行場でした。

早朝に空輸された報国号が飛行場の真ん中に並べられ、紅白の幕が張り巡らされる。式場の周囲は黒山の人だかりですが、式典には献納側から会社の役員や家族など十数人、海軍側から航空本部長代理以下十数人、総勢二十人から多くて三十人ほどが参列しました。神式に則《のっと》った儀式に続いて双方の挨拶が終わると、搭乗員への花束贈呈。続いて、軍楽隊が、軍歌や戦時歌謡をしばらく演奏します。最後の「海ゆかば」が終わると、いよいよわれわれが搭乗して、ページェント飛行に出発します。

三機編隊で離陸して、その三機が交互に式場めがけて急降下、地面すれすれから急上昇横転など、見学者の様子まではわかりませんが、じつに戦闘機乗り冥利《みょうり》に尽きるひと時でした。羽田のときは、飛行が終わるとそのまま横空に着陸しますが、名古屋や伊丹のときは、燃料補給にもう一度着陸するので、そのとき何千人もの歓呼の声に迎えられるのには感激しました。伊丹では五機編隊で特殊飛行を披露したこともありましたよ」

ちょうどその頃、のちの零戦の原型、十二試艦上戦闘機試作一号機が横空にあった。羽切さんは、三上一禧さんと同様、この飛行機の実用実験に携わった。

はじめて操縦した十二試艦戦の印象について、羽切さんは、

「振動は多少、気にかかりましたが、上昇力は抜群で、『これは速いなあ』と思った。上下や左右の運動には安定感があり、乗り心地《ごこち》は最高でした」

と回想する。新時代の戦闘機としての資質を備えた機体であることを、テストパイロットたちは肌で感じていた。ただ、引込脚、可変ピッチプロペラ、二十ミリ機銃搭載など、新機軸を満載したゆえのトラブルは多く、ときに人命にかかわるような事故も起きた。

昭和十五（一九四〇）年三月十一日には、海軍を除隊して、航空技術廠《しょう》（空技廠）でテストパイロットを務めていた奥山益美工手《こうて》が操縦する十二試艦戦試作二号機が、横空上空で空中分解、奥山工手は脱出したものの落下傘から体が離れ、墜死するという痛ましい事故が発生した。奥山工手は、急降下中のプロペラの過回転状況を調査するため、テスト飛行をしていたもので、急降下中、衆人注視のもとで突然、空中分解を起こしたのだ。

一部始終を目撃していた羽切さんは語る。

「突然、キューンとするどい金属音が聞こえ、続いてパーンと、ものすごい炸裂《さくれつ》音がして、みんないっせいに上空を仰ぎました。

『空中分解だ！』

エンジンらしい黒いかたまりがすごい勢いで落ちてゆき、続いて機体がバラバラになって部品が飛び散る。その瞬間、投げ出されたようにパッと落下傘が開きました。

よかった、搭乗員は無事だったかと思いましたが、よく見ると様子がおかしい。鉄棒にぶら下がったように、ときどき両足をバタバタ振っている。両手でつかまっているんだ、と直感しました。もう少しだ、頑張れ、と心のなかで叫びながら見守るうち、高度百メートル足らずだったと思いますが、ついに力尽きて体が落下傘から離れてしまったんです。

しばらくして、殉職《じゅんしょく》した搭乗員は、昭和七年に海軍を志願した私の同年兵、奥山君であることがわかりました。下士官あがりのため、『工手』などという肩書でしたが、気風のいい男で、誰にも負けない操縦技倆の持ち主でしたよ」

空中分解した十二試艦戦二号機の部品は、そのほとんどが拾い集められ、空技廠飛行機部第三工場に並べられて、さっそく事故原因の調査が始まった。

調査にあたった空技廠の松平精《まつだいらただし》技師によると、事故の原因は、「水平尾翼の後縁に取り付けられた昇降舵が、速度が上がることでフラッターを起こすのを防ぐためのマスバランス（左右の昇降舵を結ぶパイプに取り付けられた錘《おもり》）が、事故発生までの離着陸のショックで折損していたために起きた『昇降舵フラッター』」であった。部品強度の不足と、金属疲労が合わさって起きた事故と考えられ、解決策として、すぐに部品の補強が行われた。

戦意高揚の宣伝材料となり、「ヒゲの羽切」の名を高めた敵中着陸

昭和十五年三月、羽切さんは、周囲のすすめで遠縁にあたる文子さんと結婚。六月末、旧知の横山保大尉が、横空に転勤してきた。十二試艦戦で一個分隊を編成し、戦地に送り出すためである。横山大尉は慣熟飛行の傍《かたわ》ら、戦地行きの搭乗員の編成を進めた。そのことを知った搭乗員や整備員は、われ先にと戦地行きを希望したという。横空の下川大尉も横山大尉の要望を全面的に受け入れ、横空戦闘機隊のベストメンバーを横山分隊に譲った。七月に入ると、空技廠から送られてくる機数も増えて、他機種の実験は棚上げされ、テスト飛行の全力が十二試艦戦に注がれるようになった。七月十五日、横山大尉率いる六機が漢口《かんこう》基地の第十二航空隊に向け出発する。二十四日、十二試艦戦は海軍に制式採用され、零式艦上戦闘機（零戦）となっ

た。

羽切さんが、下川大尉の指揮下、漢口に進出したのは、八月十三日のことだった。八月十九日、零戦の重慶初空襲のときは、羽切さんは横山大尉の二番機として出撃。しかしこの日は敵機と遭遇《そうぐう》せず、むなしく帰投した。九月十二日の第三回出撃のときも参加したが敵を見ず、飛行場を銃撃して建物を炎上させたのみであった。

「そして翌十三日、進藤三郎大尉が発案した特殊な戦法（いったん引き返したと見せかけて、ふたたび敵地上空に舞い戻る）で敵を捕捉し、二十七機撃墜の大戦果を挙げたわけですが、これはもう、何としても悔しかったですね」


重慶の空から姿を消した中国空軍は、さらに奥地の成都に後退して戦力の回復に努めていた。十月四日、零戦八機をもって、集結しつつある成都の敵戦闘機を撃滅《げきめつ》することになり、横山大尉以下、前回の出撃で選に漏れた搭乗員を中心に、搭乗割が組まれた。

「重慶上空の一番槍は逃してしまいましたが、こんどは成都への一番乗り。よし、敵を徹底的にやっつけるぞ、と心に期するものがありました」

と、この日、横山大尉の二番機として参加した羽切さんは回想する。

出撃前夜。漢口の搭乗員宿舎で、四人の搭乗員がひそかに話し合いを持っていた。この宿舎は、日本軍による占領前は監獄として使われていた建物で、雑居房ごとに数名の搭乗員が起居している。酷暑の漢口で、窓のない監獄部屋は暑くてたまらず、毎日、冷房用の大きな氷柱が支給されている。この夜、集まったのは東山市郎空曹長、羽切松雄一空曹、中瀬正幸一空曹、大石英男二空曹。いずれも横空から十二空へ、零戦とともに転勤してきた搭乗員たちである。羽切さんは語る。

「十二空の零戦の搭乗員は、主に横空から来た十二名を中心としたA班、十二空の現地で編成されたB班と分かれていたわけですが、初空戦では主にB班の連中が戦果を挙げたわけだから、われわれA班としては、試作一号機からテストをしてきた誇りがあるから面白くない。横山大尉も同じ気持ちだったろうと思います。それで、出撃の前の晩にこの四人が集まって、よし、明日は成都一番乗り、徹底的にやろうじゃないかと話し合いました。大石が、『もし撃ち漏らした敵機があったら、飛行場に着陸してやっつけよう』と言い出し、皆、即座に賛成しました。そして、着陸時にもし転覆《てんぷく》したりしたら、二人で尾部を持ち上げたら助けられるという約束までしていました」

同じ宿舎にいた岩井勉さん（当時・二空曹）は、

「私もこの出撃に参加したくてたまらず、血判を押して横山大尉に提出しましたが、『お前は重慶でいいことをしておきながら（初空戦に参加したことを指す）、また成都へ行かせろとは虫が良すぎる』と叱《しか》られ、しぶしぶ引き下がりました。私は、予科練で一期先輩の中瀬一空曹と同室でしたが、その晩、東山分隊士（分隊長の補佐。中尉、少尉あるいは准士官の兵曹長が務める）がやってきて、『おい、明日はやるぞ。マッチとぼろ切れと拳銃を用意しておけ』と言って出て行った。中瀬さんは落ち着いたものでした。当時、十二空ではいくつかのグループがあって、特に彼ら横山グループは、よくひそかに集まって、賭け麻雀などやっていました（海軍では麻雀は禁止されていた）。宿舎が元監獄で、音が外に漏れないから都合がいいんです。

敵中着陸の件も、麻雀をやりながら相談したんではないかな」

という。そういえば、四人である。

肝心の横山大尉がこの計画を知っていたかどうか、羽切さんは、

「相談はわれわれ四名だけでやりましたが、おそらく東山分隊士が横山大尉に相談していたと思います。たぶん知っておられたんじゃないでしょうか」

と、横山大尉の関与をほのめかす。敵中着陸のアイディア自体は、昭和十三年七月十八日、南昌攻撃で艦爆隊の小川正一中尉、小野了三空曹らが敵飛行場に着陸、地上にあった敵機を焼き払った例があり、羽切さんたちも成功を信じて疑っていなかった。

「上空は味方機が制圧しているし、敵の戦意は乏しいし、よし、行ける、と思っていました」

十月四日午前八時三十分、漢口基地を出撃した零戦八機は、途中宜昌で燃料を補給、成都に向かった。この日は高度三千メートルほどのところに雲が層をなしており、零戦隊は偵察機の誘導のもと、雲の上を飛行した。

午後二時十五分、成都上空に到着。横山大尉は空中に敵影なしと判断して地上銃撃に入ったが、そのとき、羽切さんは、ふと左前方に敵機、ポリカルポフE16を発見した。

「敵機だ！　と、間髪をいれずにそれに突進しました。距離二百メートルまで肉薄して、敵機をＯＰＬ照準器に捉え、ダダダーッと一連射。命中！　敵機はたちまち火を吐いて墜《お》ちていきました。二十ミリ機銃の威力はすごい、と思いましたね。あとで横山大尉が、『いやあ、羽切、あれはうまく墜としたなあ』と絶賛してくれましたよ」

この調子ならだいぶ獲物にありつけそうだ。「あるなら出て来い、お代わり来い」と心の中でつぶやきながら、羽切さんは上空を見渡したが、もう敵機はいなかった。作戦通り、温江《おんこう》飛行場を偵察したが、そこにも敵機はいない。機首を転じて太平寺飛行場上空に突入すると、そこには一目で囮《おとり》ではないと判別できる、本物の飛行機が約二十機、翼を並べていた。

零戦隊はそれぞれの目標に向かって、入れかわり立ちかわり銃撃を加えた。零戦の二十ミリ機銃は、こんな地上銃撃の際にも絶大な破壊力を発揮した。

「ふと下を見ると、飛行場に零戦が一機、スーッと降りていくのが見えました。私はそのとき、戦闘の興奮で昨夜の約束のことなど、すっかり忘れていました。こりゃいかんと思って、飛行場上空を一周して着陸しましたが、大石、中瀬に続いて私は三番目でした」

羽切さんは、飛行場の真ん中に飛行機を停めると、風防を開いて地面に飛び降り、拳銃を手に、引込線に向かって脱兎《だっと》のごとくに走った。燃え上がる敵機からの火の粉があたり一面に降りそそぎ、熱気が飛行服を通して肌が焼けるように感じられた。

「約百メートル、時間にしたら三十秒ほどでしょうか。やっとの思いで敵機に取りついてみると、それは巧みに偽装された囮機でした。えい、いまいましい、と、他の獲物を探そうとしたら、周りをバン、バンと狙い撃ちの曳痕《えいこん》弾が飛んでゆく……と思ったが、いま思えば、燃える敵機の機銃弾が弾《はじ》けて飛んでいたのかも知れません。敵兵の姿はまったく見えなかったですから」

身の危険を感じた羽切さんは、やおら立ち上がって愛機に向かって全力疾走、離陸したのは一番最後になった。攻撃後は高度三千メートルで集合の約束になっていたので高度をとると、三機の機影が見えた。

「脚が出たままの姿だったので、『敵飛行場に着陸した仲間が、脚を入れるのを忘れてやがる』と思いながら近づいてみると、それは味方機ではなく、敵のＥ16戦闘機でした。よしきた！　と思いながら、敵が気がつかないのを幸い、死角の後下方から四、五十メートルの距離まで接近し、右端の二番機に一撃すると、そいつはあっけなく左に傾いて墜ちていきました。残る二機も、二対一なのに逃げるばかりで向かってこない。それを追いかけて三、四撃して、ようやく田んぼのなかに一機を撃墜しましたが、私にとっては思いがけない戦果となりました。結局、単機で、一番最後に基地に戻りました」

この日の戦果は撃墜六機、地上炎上十九機に達した。

漢口基地で横山大尉が、十二空司令・長谷川喜一大佐に戦闘状況を報告する。はじめは上機嫌で聞いていた司令が、敵中着陸のくだりになると、とたんに顔色を変えた。

「指揮官たる者の思慮が足りない！　敵飛行場に着陸するなど戦術にあらず、蛮勇である！」

と、横山大尉を怒鳴《どな》りつけた。

司令には怒られたが、横山は、まったく悪びれることなく、

「『撃滅せよ』との命令を果たそうとしたまで。部下たちの行動の全責任は、指揮官たる私にあります」

と言い切った。

羽切さんたち四名の敵中着陸は、海軍による戦意高揚の恰好《かっこう》の宣伝材料として、結局、追認される。新聞紙上でも大きく報じられ、「ヒゲの羽切」は一躍、全国にその名を轟《とどろ》かせることとなった。羽切さんの話。

「新聞では針小棒大、敵機を焼き払ったことになっていますが、実際にはそこまではできなかった。目的は半ばで達せられなかったけども、でかいことをやり遂げたという、満足感は大きかったですね。横山大尉

も、ようやったとご満悦でしたよ」
東山空曹長、中瀬一空曹の二人は敵指揮所に放火したとも伝えられるが、戦闘詳報にはそれに該当する記録はなく、定かではない。
この敵中着陸については、後年、戦史家からは批判の声も上がっている。
なかでも、海軍兵学校七十一期出身の戦闘機搭乗員（終戦時・大尉）で、特攻兵器「桜花《おうか》」で編成された第七二一《ななふたいち》海軍航空隊分隊長を務めた湯野川守正《ゆのかわもりまさ》さん（戦後、航空自衛隊空将補）は、「独断専行」と題した論考（『海軍戦闘機隊史』零戦搭乗員会・原書房）のなかで、
〈中には、敵飛行場に降着し、敵機の焼き討ちを企図した暴挙といわれる筋合いの行動（昭和十五年十月四日）もあるが、それさえも、賞揚《しょうよう》されるという結果が出たことがある。
本行動が命令によるものか、着陸した四人の独断専行によるものかは不明瞭《ふめいりょう》である。（中略）
もしも、命令であったとしたら、最新式兵器である零戦が、被弾又は搭乗員の死傷によって再離陸できない場合も考慮に入れるべきであり、本命令は適切を欠いたものであろう。命令によらない行動とすれば、本件は独断専行ではなく、独断専恣《せんし》に属する行動であったと考えられる〉
と、厳しく指摘している。だが、羽切さんは、
〈この頃は過ぎたる独断専行や蛮勇も、失敗しない限りむしろ奨励《しょうれい》された時代であった。決して軽挙妄動《けいきょもうどう》とは思わない〉
と、遺稿となった手記の中で反論している。
「独断専行」については、のちの稿でも触れることになるが、現地の指揮官が予期せぬ状況の変化に遭遇し

た場合、上級司令部ならどう考えるかを判断し、それに沿った行動を独断でとるのが「独断専行」、自分一人の勝手な判断で、上層部の意に反した行動をとるのが「独断専恣」と、言葉の上ではっきりと区別されていた。

敵中着陸の翌十月五日、零戦隊は飯田房太《いいだふさた》大尉の指揮で重ねて成都を攻撃、地上銃撃で十機を炎上させ、ふたたび中国空軍主力は壊滅した。

十月三十一日になって、九月十三日の重慶空襲、十月四日の成都空襲における十二空戦闘機隊の活躍に対し、支那方面艦隊司令長官・嶋田繁太郎中将より感状が授与された。十月四日の敵中着陸については、後世の目はともかく、のちに感状まで授与されているので、上層部から「独断専行」と認められたと考えて差し支えはないだろう。

人体の限界を超える重力加速度に耐えた「海軍一の強心臓」

零戦隊の中国奥地に対する出撃は、昭和十六（一九四一）年になっても続き、その都度、一方的な戦果を挙げ続けた。漢口に、また暑い夏がやって来た。

この頃、敵の反撃に力がなく、搭乗員も整備員も気が緩《ゆる》んでいたのか、十二空では小さなミスによる怪我や、記録に残らないような破損事故が頻発していた。この一年で、搭乗員の多くが新人と入れ替わり、零戦初登場の頃の不安や緊張を知る者が少なくなっている。零戦が強いのは当然、といった態度で、はじめから戦争を舐《な》めてかかっている者も少なからずいる。前年からいる歴戦の搭乗員たちは、弛緩《しかん》した空気をこのまま放置すれば、いずれ大事故になるのでは、と危惧《きぐ》していた。

七月のある晩、漢口の元監獄の宿舎で、先任搭乗員の羽切さん（一等飛行兵曹。六月一日より下士官兵の階級呼称が変更され、航空兵、航空兵曹→飛行兵、飛行兵曹となる）と次席の三上一禧さん（同）が、下士官兵搭乗員総員に整列をかけた。

「お前たち、敵が弱いからといって気を抜くな。敵は自分たちの心の中にも潜んでいるんだ。油断するな！　これから気合を入れてやる！　足を開け、ケツを出せ」

と、野球のバットで、並んだ搭乗員たちの尻を、何発も、力の限りに殴った。

練習生の頃ならともかく、第一線の航空隊で、一人前の搭乗員を相手にこのような制裁が行われることは、きわめてまれなことである。

「飛行機の事故は即、死につながる。お前たちをつまらんことで死なせたくないんだ。勘弁しろよ」

羽切さんは、心の中で叫びながら、殴り続けた。羽切さんの髭面は、涙でくしゃくしゃになっていた。羽切さんも三上さんも、長い戦闘機搭乗員としての経歴のなかで、部下を殴ったのは後にも先にもこのときだけだった。

八月十一日、成都攻撃が、真木成一《まきしげかず》少佐の指揮下、行われることになった。第二中隊長は鈴木實《すずきみのる》大尉。だが、出撃の前日、鈴木大尉は試飛行を終えて着陸する際、車輪が回転せず、そのまま つんのめる形で転覆、頸椎《けいつい》骨折の重傷を負う。事故の原因は、車輪の部品の錆《さ》びつきによるものと考えられた。黄砂の付着が腐蝕《ふしょく》を早めたのかもしれないが、整備不良であることは明らかである。羽切さんや三上さんの抱いていた危惧が、的中した形になってしまった。

中国大陸での海軍航空隊の作戦は終わろうとしていた。昭和十六年九月十五日、零戦隊は内地に引き揚げることになる。これは、来るべき対米英戦争に備えるためであった。

前年九月十三日の初空戦からの一年間で、零戦隊の挙げた戦果は撃墜百三機、地上撃破百六十三機に達していた。損害は、昭和十六年二月二十一日、十四空の蝶野仁郎《ちょうのじろう》空曹長が昆明《こんめい》で、五月二十日、十二空の木村美一《みいち》空曹が成都で、六月二十三日、十二空の小林喜四郎一飛（一等飛行兵）が蘭州《らんしゅう》でと、計三機がそれぞれ、敵の地上砲火に撃墜されたのみ。空戦で敵機に撃墜された零戦は一機もなかった。

内地に帰還した羽切さんは、戦闘機搭乗員の教育部隊である筑波《つくば》海軍航空隊の教員になった。約十ヵ月足らずの教員生活の間に、ついに大東亜戦争が始まった。練習生の訓練にもいっそう気合が入ったが、昭和十七（一九四二）年四月一日付で羽切さんは准士官である飛行兵曹長（飛曹長）に任官。同時に進級した角田《つのだ》和男《かずお》飛曹長とともに准士官学生を命ぜられ、筑波空を去った。准士官学生では、将校としての基礎訓練、分隊長を補佐する分隊士として必要な、人事関係や戦闘報告の書類のつくり方などの勉強をするが、戦争がはげしくなるとこのような悠長なことはやっていられなくなり、このときを最後に実施されていない。

昭和十七年八月、羽切さんはふたたび横須賀海軍航空隊に復帰する。この頃にはもう、羽切飛曹長と言えば、剛勇無双、しかも緻密《ちみつ》な頭脳をもった理論派として、また、髭をピンと張った独特の容貌から、海軍では知らぬ者のない名物搭乗員となっていた。

横空では、超低空を高速で飛んで爆弾を投下、海面に反跳《はんちょう》させて敵艦の舷側《げんそく》に命中させる「反跳爆撃」

や、空中で炸裂《さくれつ》して敵機を撃墜する「三号爆弾」のテスト、零戦の各種改良型、局地戦闘機雷電の実用実験など、多忙な日々を送るが、なかでも圧巻は、昭和十八（一九四三）年はじめに行った、零戦による荷重実験だった。

空母「瑞鶴《ずいかく》」に搭載された零戦が空戦中、機体を前上方攻撃から引き起こし、後下方攻撃に移ろうとした際に補助翼がガタガタになり、空中分解寸前で帰還したことから、横空ではただちにその原因を究明するための実験を行うことになり、羽切さんがこの実験を担当した。

「体の限界までプラスG（重力加速度）をかけてくれ」との命令のもと、事故機と同じ零戦三二型で高度五千メートルより急降下、時速三百二十ノット（約五百九十三キロ）の高速で強引に引き起こし、羽切さんは完全に失神したが、数秒後、かろうじて意識を回復し、無事着陸することができた。機体に異常はなかった。

荷重計を見ると、なんと八・六G（自分の体重の八・六倍の重力が頭上にかかる）を示していた。通常、宙返りなどの特殊飛行でかかるのは五G程度で、七Gともなると、視界が暗転し、一瞬、目が見えなくなる「ブラックアウト」と呼ばれる現象が起きる。八・六Gは、ほとんど人体の限界と言ってよかった。飛行実験の翌日、空技廠の航空医学の専門家が、羽切さんの精密検査にやってきたという。このとき、羽切さんは「海軍一の強心臓」であるとの伝説が生まれた。

ときに羽切さん三十歳。心技体ともに充実し、まさに絶頂の時期である。

ただ、名パイロット羽切さんにも苦手とすることがあった。それは、無線電信である。

羽切さんが卒業した部内選抜の操縦練習生は、すでに基礎訓練を修了した一人前の下士官兵のなかから選ばれるので、いきなり操縦訓練が始まる。そのため、無線の機械や通信技術を学ぶカリキュラムはほとんどなかった。いっぽう、はじめから飛行兵になることを前提に海軍に入隊する予科練習生（予科練）は、コースによるが、基礎教育の一年から三年の間に、じっくりと無線電信の訓練も行われる。

予科練の訓練では、一分間にモールス符号で八十五字以上とれることが求められているから、それをマスターしている搭乗員は、音声の電話の感度が悪くて電信《トンツー》になっても困ることはない。逆に操練出身者で、モールス符号が不自由なくとれるのは、通信兵から転科してきた人ぐらいである。

教育課程を修了すると軍服の左腕に「特技章」がつくが、これも操練が鳶《とび》の羽根をかたどったシンプルなデザインであるのに対し、予科練を経て飛行練習生を卒《お》えた者は鷲《わし》のマークで、操練より格が一段上にみなされる。進級も、操練より予科練出身者のほうがずっと早かった。

腕で知られた羽切さんも、横空で基地からの無線誘導で邀撃《ようげき》に上がる訓練をするとき、予科練出身の搭乗員がすばやくモールスを了解して次の動きに移れるのに、羽切さんはモールスの速さについてゆけず、ずいぶん悔しい思いをしたという。

戦闘機同士の音声による無線電話がどうやら使い物になったのは、敵機による日本本土空襲が激しくなった大戦末期のことである。

昭和十八年七月、羽切さんは、第二〇四《ふたまるよん》海軍航空隊（二〇四空）に転勤を命ぜられ、ようやく前線に出ることになった。二〇四空は、前年ラバウルに進出した第六航空隊が改称されたもので、以来、約一年にわたってラバウル、ソロモン諸島方面の主力戦闘機隊として活躍したが、四月十八日、聯合艦隊司令長官・山本《やまもと》五十六《いそろく》大将が目前で戦死、六月十六日には零戦隊きっての名指揮官と謳《うた》われた宮野善治郎《みやのぜんじろう》大尉も戦死し、苦しい戦いを強いられていた。七月当時の飛行隊長は、かつて重慶上空で零戦初空戦の指揮をとった進藤三郎少佐である。

その頃の模様を、二〇四空の一員だった大原亮治《おおはらりょうじ》さん（当時・二飛曹）は、

「ヒゲの羽切分隊士来たる、の知らせに、先輩たちは手を取り合って喜んでいました。私は初対面でしたが、ほんとうに心強く思ったものです」

と回想する。

羽切さんが着任してみると、二〇四空の主力は最前線のブーゲンビル島ブイン基地に進出していて、ラバウルには、副長・玉井浅一《たまいあさいち》中佐以下の留守部隊がいるのみだった。

生え抜きの戦闘機乗りである玉井中佐は、羽切さんに、

「羽切君、君が横空から出てくるようでは、内地にはもう、古い搭乗員は残っていないんだろうなあ」

と、しんみりした調子で声をかけた。

羽切さんが飛行場を見渡すと、留守部隊なのに零戦が二十数機も並べられていた。内地で、前線では飛行機が足りないと聞かされてきた羽切さんは、不審に思って玉井中佐にたずねてみた。

「うん、内地から整備済みで送られてくるんだが、振動が多くて使えないんだよ。そうだ、羽切君。君は横空から来たんだから、しばらく試飛行でもやりながら、早く戦場に慣れてくれ」

羽切さんは、さっそくその日から零戦の不調の原因解明にとりかかった。長年の経験にのっとってテスト飛行を重ね、ついに原因は燃料の混合比の濃すぎと判明する。高温の南方では、内地よりも空気が薄いこと

がその原因だった。

特殊な原因による二、三機のほかは、ほとんどこれで解決し、数日のうちに二十機以上を前進基地のブインに送ることができた。

玉井中佐は、

「さすがベテラン！　たいしたもんだ」

と感心しきりであったが、羽切さんはこれだけで、敵機数十機撃墜に匹敵する働きをしたことになる。


空戦で重傷を負うも、驚異の精神力でリハビリに励み、前線復帰

羽切さんのラバウル方面での初陣は、七月二十五日のレンドバ島邀撃戦だった。

この日、八機を率いて出撃、敵の舟艇《しゅうてい》群を銃撃して帰途についたが、基地に着陸してはじめて、二機いなくなっていることに気づいた。

「二機がいつやられたかわからず、改めてソロモンの空の戦いの激しさを思い知らされました。支那事変とは戦争の質が全然違ったですね。

ぼくが着任した頃には、敵も相当研究していて、けっしてこちらのペースに乗ってきませんでした。なかなか、一度に二機も三機も撃墜できるものじゃない。ぼくは一回に一機撃墜して、それで無事に帰ってくるのを目標にしていました」

羽切さんは、二〇四空の戦闘記録を見ると、よくも体がもったと思えるほど、連日、中隊長として列機を率いて出撃している。この頃の乗機は零戦二二型。三二型の強力なエンジンと二一型の優美な主翼をあわせたような型で、羽切さんは歴代の零戦各型のうち、この二二型が一番バランスがよく、好きだったという。

中隊長は本来、大尉か中尉が務める配置だが、士官搭乗員の相次ぐ戦死で指揮官が足りなくなり、この頃になると羽切さんのような准士官（飛曹長）や上飛曹、ときには一飛曹がその任につくことさえあった。ふたたび、大原亮治さんの回想――。

「羽切さんは眼光するどく、顔は笑っていても目は笑っていなかった。あたりを払う迫力がありましたが、反面、じつに人情味のある、細やかな心遣いの人でした。出撃するとき、一緒に編隊を組んで、風防のなかのあの髭を見ただけで、よし、今日も大丈夫だ、という安心感が湧いてきたものでした」

物量にものをいわせて攻めてくる米軍部隊に対し、一日に数回の出撃を強いられることもめずらしくなかった。羽切さんは、八月十五日、ベラベラ島の敵上陸部隊攻撃で三度も出撃し、三度めに〝最愛の列機〟、渡辺清三郎二飛曹を失ったことが忘れられない。渡辺二飛曹は昭和十五年、志願して海軍に入り、昭和十七年、操縦練習生の後身である部内選抜の丙種予科練三期を経て戦闘機搭乗員になった。これまで約一年、この最前線にいて、二〇四空の戦闘機搭乗員のなかでは最多の出撃が、四機の撃墜（うち一機は不確実）とともに記録されている。

「三度めの出撃を引き受けて、搭乗員休憩所に行ってみると、渡辺はマッサージを受けながら、『また行くんですか』と疲れ切った表情でした。

『そうなんだ。明日はたっぷり休ませるから、今日はもう一度頑張ってくれ』そう言って励ましてはみたものの、何か心に引っかかるものがありました」

ベララベラ島へは高度八千メートル以上で進入したが、突然、上空から十数機の敵戦闘機に奇襲される。羽切さんはとっさに一機を追って急降下したが、その後ろに敵機が二機、ピタリと追尾していた。その後ろには羽切機の急を救おうと、渡辺機。そのまた後方にもたくさんの敵機。危ない！　と思ったとたん、渡辺機が火を噴いた。

「新潟出身でまだ若かったが、戦場慣れした優秀な渡辺は、ぼくがもっとも頼りにしていた男でした。ぼくのミスが彼を死なせてしまったことに、いまも責任を痛感しています」

約二ヵ月間、二〇四空の先頭に立って戦い続けた羽切さんも、ついに九月二十三日、ブイン上空で被弾、重傷を負ってしまう。

この日、早朝から空襲警報で発進した零戦二十七機が、ブイン西方で敵戦闘機約百二十機と激突。たちまち激しい空戦が繰り広げられた。羽切さんはいつもの目標を越え、二機を撃墜して三機めを攻撃しようとした瞬間、ものすごい衝撃を感じた。

「一瞬、操縦席が真っ暗になり、竜巻に放り込まれたようでした。機は海面めがけて墜落してゆく。操縦桿をいくら引き起こしても機首が起きない。

とっさに操縦桿に目を向けて驚きました。一生懸命引き起こしているはずの操縦桿に右腕はなく、勝手に座席の右下で汽車のピストンのように激しく上下している。『やられた！　右腕だ！』……やっと気づいて、私は左手で右手を持ち上げると、両手で操縦桿をぐっと引き起こすと同時に、エンジンのスイッチを切りました」

右肩の後方からグラマンＦ４Ｆの十二・七ミリ機銃弾が貫通、鎖骨、肩甲骨を粉砕する重傷で、二度と操縦桿は握れない、という軍医の診断だった。

羽切さんは内地に送還されることになり、十月十日、病院船「高砂丸《たかさごまる》」でラバウルをあとにした。ラバウルを離れるその日、南東方面艦隊の航空参謀になっていた横山保少佐が、わざわざブインから見送りに来てくれた。

「羽切、もう戦闘機乗りはあきらめて、内地で療養に専念して、一日も早く元気になって後輩の指導をしてくれ。頼むぞ」


しかし、内地に帰った羽切さんは、驚異的な精神力でリハビリに励み、肩より上には絶対に上がらないと言われていた右腕を、棒を使って上げる訓練を一日何千回となく繰り返した。そして、ついにはふたたび操縦桿を握れるまでに回復し、わずか半年後の昭和十九(一九四四)年三月には三たび横空附となり、大空に復帰した。

「大きな怪我をすると後方に下がる人が多いなか、羽切さんだけは最後まで、戦わんかなの気迫を失わなかった。毎日、竹刀をもって黙々とリハビリに励み、飛行長が搭乗割を書かなくても、『おい、飛べる飛行機はないか』と飛び上がって行った」

二〇四空時代から引き続き、横空でも羽切さんと一緒になった大原亮治さんの述懐である。

戦後、この負傷のことで、役場から傷痍《しょうい》軍人恩給の申請を勧めてきたことがあったが、羽切さんは、この通り、腕は動くからいりません、と言ってことわってしまったという。

そんななか、ラバウルから帰還した直後の十一月十八日に長女・由美子さんが病死、羽切さんは、娘が、重傷を負った自分の身代りになってくれたような気がしてならなかったという。また、米軍の大型爆撃機B－29の本土空襲が激しくなっていた昭和二十（一九四五）年三月二日には、妻・文子さんが熱病で、二十六歳の若さで急死、プライベートでは重ねての不幸に見舞われた。

文子さんが亡くなったときには、空襲の激化で車の手配がつかず、居を構えていた金沢八景の借家から汐入《しおいり》まで、折からの雪が降り積もった約七キロの道のりをリヤカーをひいて、遺体を火葬場に運んだという。だが、羽切さんはそんなそぶりを微塵《みじん》も見せず、当時、横空で一緒にいた隊員たちは誰もそのことを知らなかった。生き残った戦友たちが、羽切さんが戦いのさなか、妻子を喪《うしな》っていたことを知るのは、戦後数十年が経ってからのことである。

その後も羽切さんは、数次の本土防空戦で、押し寄せる敵機と戦い続けた。

昭和二十年二月十六日には、関東上空に飛来した米機動部隊艦上機の大編隊との空戦で、新鋭機・紫電改《しでんかい》に搭乗してグラマンF6Fヘルキャット一機を撃墜。

「F6Fは胴体がずんぐり太く、いかにも強そうな戦闘機でした。三浦半島の先で敵編隊を発見すると、私は一機を狙って優位な態勢から一撃をかけました。が、敵はすぐさま立て直して前下方から撃ち上げてきた。私は強引にこの敵機の腹の下にもぐり込んで、死角の後下方から二十ミリ機銃四挺を発射、胴体から白煙を引きはじめたのを見て三撃め。数十発は命中したと思いますが、こんどはどす黒い煙を吐いて、地上めがけて墜ちていきました。さらに次の敵機を狙いましたが、すかさず反撃されて射撃ができない。ふと後方を振り返ると、別の敵機が私めがけて攻撃してくる……。F6Fは、ソロモンで戦ったグラマンF4FやボートシコルスキーF4U、ロッキードP－38やカーチスP－40などより空中性能も段違いによく、戦意も旺盛《おうせい》で、弾丸が命中してもなかなか火を噴《ふ》かない。これは手ごわい相手だと感じました」

この空戦で、零戦で出撃した羽切さんの三番機・山崎卓《たかし》上飛曹は、空戦中に被弾、操縦が不能となったので横浜市杉田付近の山林に落下傘降下したが、傘体が木の枝にひっかかり、宙づりになっているところを、駆け付けた地元警防団に米軍パイロットと間違われ、撲殺《ぼくさつ》されるという悲劇が起こった。

空襲で殺気立っている民間人としては、落ちてくるのは全部、米兵だと信じてしまっていたのかもしれない。山崎上飛曹は、ラバウル以来歴戦の搭乗員で、横空では下士官兵搭乗員の総元締めである先任搭乗員を務めていた。

「部下のなかには、杉田を銃撃に行ってやろうかと息巻く者もいました。もちろん、そんなことするはずがありませんが。山崎君は、惜しみても余りある戦死だった。このような悲惨な事故を二度と繰り返さないよう、以後、海軍航空隊では、飛行服や飛行帽に大小いくつかの日の丸を縫いつけて、味方識別のマークにすることになりました」

羽切さんは、三月には零戦でB－29一機を撃墜、四月十二日には、テスト中の二十七号ロケット爆弾を両翼に搭載した紫電改を駆《か》って、B－29の大編隊を邀撃している。

二十七号爆弾とは、従来、爆撃機との戦闘に使われていた空対空爆弾、「三号爆弾」をロケット爆弾としたもので、発射すると、あらかじめ定められた秒時ののち、時限信管により発火、炸裂する。炸裂すれば、黄燐を使用した135個の弾子が60度の角度で敵機を包み込むというものである。

「江の島上空で情報を待っていると、『敵大編隊、大島通過』、次いで『下田上空』との無線電話が入りました。全速力でそちらへ向かうと、B－29の大編隊が見えました。その数、約百機。その上空には、無数の敵戦闘機が見える。一番機の塚本祐造《つかもとゆうぞう》大尉機は、敵の真正面に針路をとり、静かにバンクして『攻撃開始』を下令しました。B－29に対して、浅い前下方攻撃。みるみる敵機は近づいてくる。敵の防禦《ぼうぎょ》放火が、大小無数の曳痕弾となってあたり一面に飛び交います。距離五百メートル、ここだっと思ってロケット弾の発射ボタンを力いっぱい押したんですが、どうしたことか、反応がない。畜生！ 肝心なときに不発か、と思っても、もう間に合わない。あっという間にB－29の巨大な機体が眼前に迫り、すかさず左フットバーを蹴って急反転しました。その瞬間、バリバリッと背中で音がしたかと思うと、身体全体に砂利を投げつけられたような衝撃を感じました。

機首をめぐらして離脱、エンジンを切って足元に目をやると、右膝あたりの飛行服が破れていて、急に痛みを感じました」

敵弾の弾片で、右膝の皿を砕かれる重傷だった。結局、これが羽切さんの最後の飛行になる。

羽切さんは入院を余儀なくされ、海軍病院として使用されていた熱海の古屋旅館で、八月十五日、終戦を告げる玉音放送を聴いた。

四ヵ月におよぶ療養中に気持ちも落ち着き、終戦を知ってもとくに動揺はなかった。いったん、横空に帰って残務整理をしたのち、八月二十三日には故郷に復員した。信頼していた戦友に、海軍の退職金を持ち逃げされるアクシデントはあったが、やるだけやったとの思いから、さばさばした心境だったという。羽切さんは満三十一歳だった。

「ぼくは政治家であるより、戦闘機パイロットであった」

復員した羽切さんは、しばらく家業の半農半漁の仕事を手伝って過ごしたが、昭和二十一（一九四六）年、請われて田子浦の青年団長となる。終戦の混乱で青年団が犯罪集団と化していて、それをまとめて正常化するには、死線を越えてきた羽切しかいない、と、当時の船山啓次郎村長に白羽の矢を立てられたのである。

「村祭りの日、対立するグループ同士が、棒きれや鋤《すき》、鍬《くわ》を手に広場に集まってくる。ぼくはその真ん中で、腕組みをして立ってる。ときどき、誰かが動きそうになると睨《にら》みつける。ぼくになにか言いたそうな顔をしているやつもいるが、なにも言ってこない。そうしているうち、互いに手を出しあぐねたのか、いなくなりました。そんなことが何度か続いて、約三年がかりで、青年団を正常な状態に戻すことができました」

そのことがあって、昭和二十九年、町村合併で富士市が誕生したとき、第一回富士市議会議員選挙にかつぎ出され、思いがけず地方政治の道に進むことになった。その間、昭和二十二年には貞子さんと再婚、二十八年には弟らとともにトラック会社（富士トラック株式会社）を創業している。

市議会議員を十二年半、務めた後、昭和四十二（一九六七）年には自由民主党から静岡県議会議員に立候補して当選。以後、四期十六年間にわたって県議を務めることになる。

昭和五十五（一九八〇）年、三十数年ぶりにかつての隊長・横山保中佐と再会したが、いつから歩行困難になったのか、付き添いの人の肩につかまってようやく歩く姿に愕然《がくぜん》とし、疎遠になっていたことを詫《わ》びたという。横山さんは、羽切さんの議員バッジに戸惑いを感じているようだったが、その日は戦後の話はまったく出ず、昔話に花が咲いた。横山さんが亡くなったのは、その翌年のことだった。

昭和五十八（一九八三）年の選挙でまさかの落選。それを機に政治からは手を引き事業に専念。静岡県トラック協会会長を八年間にわたって務めた。

「ぼくは思い返してみるとね、戦後三十何年というもの政治に没頭して、戦争のことを考えたり、戦友会に出席したり、ほとんどしてこなかったし、する暇もなかった。もったいないことをしたと思っています。

政治家として二十八年半、海軍は十三年でそのうち戦闘機に乗っていたのが約十年。しかしその十年がね、言うに言えない充実感があった。欲も得もなく純粋に一生懸命に生きて、苦しいこと、楽しいこと、いつまで経っても忘れられない思い出がたくさんあります。海軍の頃は、自分自身の働きについても満足しているし、誇りにも感じています。

ところが政治家ということになるとね、なにかこう、駆け引きをしてだね、大言壮語してはったりを言ってみたり、同志でありながら足の引っぱり合いをしてみたり。嫌でも汚い金に手を染めざるを得ないようなこともありました。

自分自身にも不信感がありましたしね。地元にはそれなりに貢献できたと思うけれども。

政治の仲間はその後のお付き合いはできないが、海軍のほうはいまもなつかしい友達が、どこへ行っても残っています。

やはり、人生振り返って、ぼくは政治家であるより戦闘機パイロットであった、そのことのほうに重みと誇りを感じています」

羽切さんは、私が出会った平成七（一九九五）年にはすでに、癌《がん》におかされていた。家族には前立腺癌で手遅れ、と宣告されていたが、本人には告知されていなかったという。

富士市の羽切さん方に何度か赴き、インタビューにこたえてもらったが、最後に羽切さんと会ったのは、平成八（一九九六）年五月、熱海で開かれた二〇四空会（二〇四空の戦友会）のときだった。温泉で、羽切さんの右肩に残る、グラマンF４Fの十二・七ミリ機銃弾によるすさまじい貫通銃創の傷跡を見たとき、私は思わず息を吞んだ。宿を発つ日の朝、ほかの元隊員の人たちと一緒に羽切さんの部屋に挨拶に行くと、羽切さんはまだ浴衣《ゆかた》姿のままだった。

そこで、おそるおそる、

「肩の傷跡の写真を撮らせてください」

と頼むと、羽切さんは気軽に「あいよ」と、浴衣を脱いでくれた。

羽切さんの具合が悪く、入院したらしいと聞かされたのは、それからほどなくのことである。あわてて出した手紙に、羽切さんからの返事は、「近ごろ体調が悪く、気力も衰えてきています」というものだった。気力の権化のような羽切さんのこと、これはよくないと思い、重ねて手紙を書いたが、それに対しての返事はなく、かわりに自宅の畑で採れた梨が送られてきた。

羽切さんが亡くなったのは、年が明けて間もない平成九（一九九七）年一月十五日のことだった。享年《きょうねん》八十三。
戒名は、静興院大乗日松居士。
八・六Gに耐え、敵の機銃弾さえものともしなかった肉体も、病魔には勝てなかった。
いまでは数少なくなった、「男の中の男」と呼ぶにふさわしい人だった。

羽切松雄（はきり　まつお）

大正二（一九一三）年、静岡県に生まれる。昭和七（一九三二）年、海軍四等機関兵として横須賀海兵団に入団。飛行機搭乗員を志し、昭和十（一九三五）年八月、操縦練習生を二十八期として卒業。昭和十五（一九四〇）年八月、第十二航空隊の一員として漢口基地に進出。十月四日の成都空襲では敵飛行場に強行着陸するという離れ業を演じる。以後、横須賀海軍航空隊で各種の飛行実験に従事したのち、昭和十八（一九四三）年七月、第二〇四海軍航空隊に転じ、ソロモン諸島方面に出動。九月二十三日、ブイン上空で被弾、重傷を負い、内地に送還されるが、再起後、横須賀海軍航空隊で飛行実験と防空任務につく。「ヒゲの羽切」と呼ばれ、腕と度胸と頭脳を兼ね備えた、海軍戦闘機隊で知らぬ者のいない名パイロットであった。終戦時、海軍中尉。戦後は運送業を手がけ、富士トラック株式会社社長。また、富士市議会議員を十二年、静岡県議会議員を十六年務めた。平成九（一九九七）年一月歿。享年八十三。

昭和13年、空母「蒼龍」時代。九六戦とともに。25歳

揚子江上空を飛ぶ、十二空の零戦一一型

昭和15年8月19日、零戦による初の出撃。漢口基地で、支那方面艦隊司令長官・嶋田繁太郎中将の見送りを受ける。搭乗員前列左から横山保大尉、羽切松雄一空曹、東山市郎空曹長、進藤三郎大尉、北畑三郎一空曹、白根斐夫中尉

昭和17年4月、准士官（飛行兵曹長）任官

昭和15年、漢口基地で

昭和18年夏、二〇四空時代。
ブイン基地にて

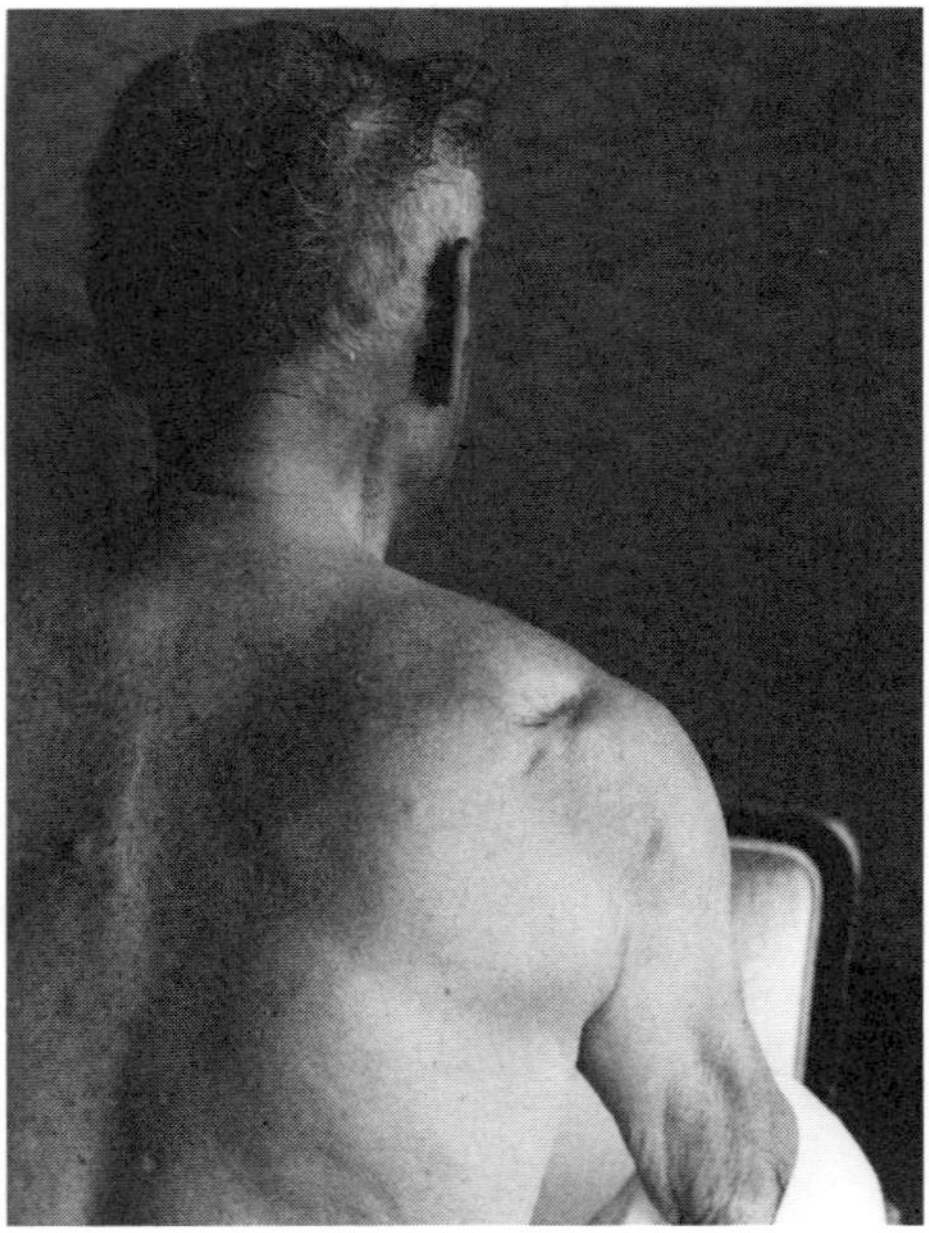

ブイン上空の空戦で被弾、
肩に残った機銃弾の痕

第三章・原《はら》田《だ》要《かなめ》

幼児教育に後半生を捧げるゼロファイター

昭和16年、大分海軍航空隊時代

戦争体験を語り始めたきっかけは、湾岸戦争のニュース映像だった

日本海軍機動部隊によるハワイ・真珠湾奇襲攻撃から六十周年となる平成十三（二〇〇一）年十二月七日（米時間）、私は、「零戦搭乗員会」が主催する慰霊旅行に参加して、真珠湾を望むオアフ島の式典会場にいた。

この旅行には、旧日本海軍の飛行機乗りを中心に約五十名が参加し、八日間の日程で真珠湾攻撃ゆかりの戦跡をめぐった。さらに、日米の戦没者を追悼し、また、互いに戦火を交えたアメリカのベテラン（退役軍人）たちとの交流を行い、双方の体験者があの戦争を振り返るシンポジウム、パネルディスカッションなども活発に催された。

米陸軍博物館の売店では、本人たちには無断で、日本側元搭乗員の、六つ切り（八×十インチ）に引き伸ばされた飛行服姿の写真が一枚六ドルで売られ、飛ぶように売れていた。米側の要望でサイン会もしばしば開催され、その都度、数百人ものアメリカ人が無邪気に列をつくった。

ただ、ちょうど同年九月十一日に発生した同時多発テロ事件の直後で、警備は厳重を極め、われわれ一行

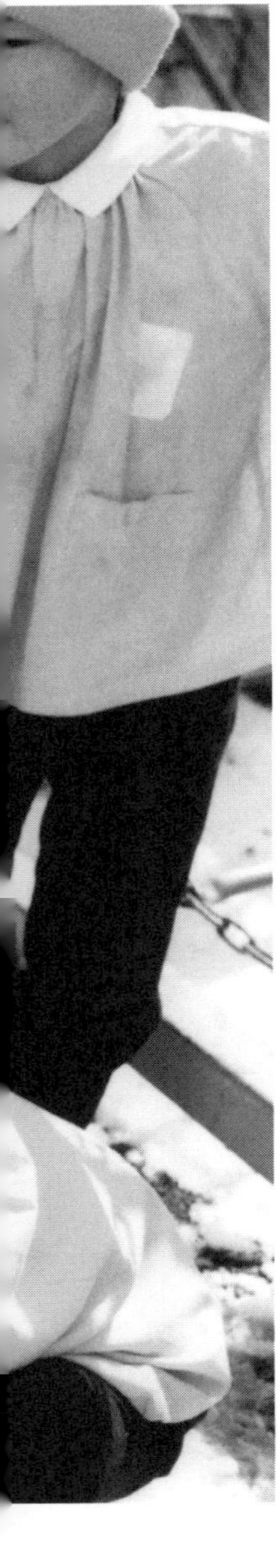

の乗ったバスの前後には、つねにＦＢＩの車両が警護のために随伴している。

真珠湾作戦に参加した搭乗員は、「零戦搭乗員会」の調べで、各機種あわせて七百七十七名とされている。大半がその後の戦いで戦死あるいは殉職《じゅんしょく》し、生きて終戦を迎えたのは約百五十名。六十周年の時点で、存命が確認されているのは三十数名にすぎない。

そのうち、元零戦搭乗員の原田要さん（終戦時・中尉）、元九七艦攻搭乗員の丸山泰輔《たいすけ》さん（同・少尉）が、この慰霊旅行に参加した。別の団体で、元九九艦爆搭乗員の阿部善次さん（同・少佐）、そして、第二航空戦隊（空母「蒼龍《そうりゅう》」「飛龍《ひりゅう》」）司令官・山口多聞《たもん》少将の三男、山口宗敏さんもハワイに来ていて、シンポジウムのときなど、しばしば顔を合わせている。

このとき、一連の記念行事に記者を派遣した日本のマスコミは一社もなく、現地の通信員からのレポートを数紙が掲載したのみである。フリーランスのジャーナリストとしても日本人でその場にいたのは私だけだった。


真珠湾と、高台にある国立太平洋墓地で行われた記念式典には、同時多発テロの際に活躍したニューヨーク市の消防士や警察官、犠牲者の遺族らも招かれ、計約五千名が参列する大規模な式となった。攻撃が開始された午前七時五十五分、参列者全員で、平和を願って黙禱が捧げられる。

式典の前後には、日米の元軍人が恩讐を超えて肩をたたきあう姿があちこちで見られた。

原田要さんは、空母「蒼龍」に乗り組み、機動部隊の上空直衛として真珠湾作戦に参加、その後、昭和十七（一九四二）年六月のミッドウェー海戦では乗艦が撃沈され、九死に一生を得る。原田さんは、式典会場で、ミッドウェー海戦で戦火を交えたアメリカ海軍の元雷撃機パイロット、ロバート・H・オームさんと再会を果たした。

オームさんは、真珠湾攻撃の当日、地上の基地でその惨状を目の当たりにし、空母乗組のパイロットとして参加したミッドウェー海戦では、乗機が原田さんら母艦上空直衛の零戦によって撃墜され、長時間、海面を漂流したのちにようやく救助されたという。原田さんも、敵機五機を撃墜したのち、母艦が沈められたため海上に不時着、四時間にわたって漂流し、救助されている。

戦場で直接、命のやりとりをした当事者同士の心情は想像するしかないが、似通った互いの境遇に親しみも増したのか、すっかり意気投合、

「会えて本当によかった」

「I like you!」

と固い握手を交わした。

原田さんは戦後、幼稚園を経営、幼児教育に後半生を捧げた。

「この子たちに戦争の悲惨さは二度と味わわせたくない、ほんとうにそう思います。戦争で死んだ仲間たちも、平和を望んで国のためにと死んでいったんです。みんな、本当は死にたくなかったんだからね……。新しい日本を担う子供たちが、社会の一員として幸せに活躍できる下地を作る、それが結局は平和につながっていくと自負しているし、戦友たちの遺志を受け継ぐことになるんじゃないかと思っています。――それ

と、相手を倒さなければ自分がやられる戦争の宿命とはいえ、自分が殺した相手のことは一生背負って行かなきゃならない。まったく、戦争なんて、心底もうこりごりですよ」


原田さんとの出会いは、戦後五十年を迎えた平成七（一九九五）年夏。

「戦争のことは思い出したくもないから、これまでほとんど人に話してこなかった」

と言う原田さんが、私のインタビューに応えてくれたのは、戦後五十年の節目ということが一つと、もう一つは、イラクによるクウェート侵攻を機に、国連が多国籍軍の派遣を決定、一九九一年一月十七日、イラク攻撃を開始した湾岸戦争のニュース映像を見た若い人が、

「ミサイルが飛び交うのが花火のようできれい」

とか、

「まるでゲームのようだ」

と感想を漏らすのを聞き、

「冗談じゃない、あのミサイルの先には標的にされた人がいる。このままでは戦争に対する感覚が麻痺して、ふたたび悲劇を繰り返してしまうのではないか」

と危機感を持ち、なんらかの形で戦争体験を語り伝えないといけない、と意識が変わったからだという。

「私は戦争中、死を覚悟したことが三度ありました。最初はセイロン島コロンボ空襲で、敵機を追うことに夢中になって味方機とはぐれてしまい、母艦の位置がわからなくなったとき。二度めはミッドウェー海戦で、母艦が被弾して、やむなく海面に不時着、フカの泳ぐ海を漂流したとき。そして三度めは、ガダルカナ

ル島上空の空戦で被弾、重傷を負い、椰子林《やし》に不時着してジャングルをさまよったとき。相手を倒さなければ、自分がやられてしまうのが戦争です。私は敵機と幾度も空戦をやり、何機も撃墜しました。撃墜した直後は、自分がやられなくてよかったという安堵感と、技倆《ぎりょう》で勝ったという優越感が湧いてきます。しかしそれも長くは続かず、相手も死にたくなかっただろうな、家族は困るだろうな、という思いがこみ上げてきて、なんとも言えない虚しさだけが残ります。私はいまも、この気持ちをひきずって生きているのです」

原田さんは大正五(一九一六)年八月十一日、長野県浅川村《あさかわ》(現・長野市)の農家に長男として生まれた。父・誠一さんは村会議員、消防組頭、在郷軍人会会長なども務める名士だったが、無類の酒好きで家庭を顧みず、母・操《みさお》さんの乳房は二歳年下の弟に独占されていて、物心ついたときから祖父母にかわいがられて育った。祖母は信心深く、いつも「南無阿弥陀仏」を唱え、幼い原田さんが病気になったときなど、何時間も根気よく神仏に祈り続けてくれたという。

当時はまだ日露戦争(一九〇四~一九〇五)の余韻が色濃く残っていて、子供の遊びも戦争ごっこばかり。軍人に憧れ、将来の夢は陸海軍の大将、そんな時代だった。いたずら坊主で人一倍闘争心が強かった原田さんだが、勉強の成績はよく、地元の名門・旧制長野中学校(現・県立長野高校)に進学する。ところが、

「入ってみたら周りはみんな勉強のできるやつばかりで、いつもビリのほうにいました。学問でだめなら、恵まれた身体と闘争心で運命を切り開こうと」

中学校を中退し、昭和八（一九三三）年、満十六歳で海軍を志願、四等水兵として横須賀海兵団に入団した。

「海軍を選んだのは、陸軍ってかっこ悪いんですよね、やぼったいような恰好をして。海軍のほうが服装がスマートで、いろんなところに行かれるかと思ったんですが、入ってみたらそんなのは夢のまた夢。寝ているとき以外はすべて分刻みの生活で、いつもおなかがすいて、殴られて、スマートとは程遠い毎日でした」

海兵団での基礎教育課程をおえると、昭和八年九月、駆逐艦「潮《うしお》」乗組。艦橋にある砲術指揮所の伝令を命じられた。この頃、海軍の飛行機をはじめて間近で見て、空に憧れをいだくようになる。

「飛行機というのが、なかなか華やかなんですね。給料は加俸がついてうんといいというし、食事も違うんですよ。牛乳や卵もついて、特別扱いなんです。これは魅力的でしたね。

しかも、搭乗員のマークをつけて町を歩くともてるんだ、若い女性に。これはもう、鉄砲を撃ってるよりそちらに行こう、と、まずは航空兵器の学校に行きました」

昭和十（一九三五）年四月、第三期普通科兵器術練習生として横須賀海軍航空隊へ。兵器術練習生での同期生には、のちに戦闘機搭乗員となり零戦初空戦に参加する三上一禧さんがいた。ここで生まれて初めて九《きゅう》〇《まる》式機上作業練習機に同乗し、離陸したときの感激が忘れられないと原田さんは言う。

「ところが、飛行機に乗れるのは、機上作業の訓練のときぐらいで、それ以外はもっぱら、機銃や爆弾の整備作業ばかりでした。これは思っていたのとは違うぞ、と」

半年の教程を経て、同年十一月、二等航空兵として空母「鳳翔《ほうしょう》」乗組となる。

「しかし、航空兵とは言え、兵器員では憧れの飛行機に乗せてもらえない。それなら、こんどは操縦練習生に進もうと思いました。搭乗員になるには親の同意書がいるんですが、私は長男だから危険なことは駄目だと、父が同意してくれない。やむなく、勝手に同意書をつくって受験しました。

全国の鎮守府から千五百名ほどが受験して、採用予定者として残ったのが百四、五十名。それをまたふるいにかけて、操縦練習生に採用されたのが五、六十名。そこからまた、ふるい落とされて卒業したのはたったの二十六名。でもこの頃、もっと搭乗員を養成しておけば、後になって学徒の人たちにかわいそうなことをしないで済んだんじゃないか、と哀惜の情にたえません」

操縦訓練では、操縦歴十年を超え海軍屈指の名パイロットと言われた江島友一空曹長の指導を受けた。

「操縦の神様みたいな人で、地上ではまことに温和な人格者でしたが、いったん空中に上がると、厳しい指導者に一変しました。特に、私の一挙一動に烈火のごとき罵声《ばせい》が浴びせられる。いつものように怒鳴《どな》られたある日、ほとほと自信がなくなって、『もうこれ以上、操縦に自信が持てません。練習生を辞めさせてください』と申し出たんですが、すると江島さんは、『お前の操縦は、将来期待がもてるから叱《しか》るんで、見込みのないやつは叱らない。叱られたら大きな望みがあると思え』と。それ以来、私は、叱られれば自分が期待されてるんだと思えるようになりました。これはいまでも、私の教育哲学になっています」

操縦訓練は八ヵ月にわたって続いた。昭和十二（一九三七）年二月、操縦練習生を卒業。成績は同期生二十六名中一位で、恩賜の銀時計を拝受した。このことは、郷里の地元紙・信濃毎日新聞にも、

〈原田一等兵首席で卒業　「海國信州」の誇り〉

と、二段見出しで報じられる。

選ばれて戦闘機専修となった原田さんは、大分県の佐伯《さいき》海軍航空隊で、九〇式艦上戦闘機で実用機の操縦訓練を受けたのち、昭和十二年十月には早くも実戦部隊である第十二航空隊に転属となり、中国大陸へ出征した。

「海軍に身を投じた者が戦地に赴く。当時の心境は最高でした」

と、原田さん。この年、七月七日、北京郊外盧溝橋で日中両軍が激突したのを機に、支那事変が勃発。日本軍は中国国民政府の首都・南京攻略をめざしているところであった。

日中両軍が対峙している上海に進出した原田さんは、十一月五日、日本陸軍による上海南方の杭州湾敵前上陸作戦の支援のため、九五式艦上戦闘機の両翼下に六十キロ爆弾を一発ずつ、計二発を搭載して出撃、初《うい》陣《じん》を飾る。その後も、南京攻略部隊を空から掩護するため、連日のように爆弾を積んで出撃した。

ところが、南京陥落前日の十二月十二日、思わぬ事件が起こる。

この日、中国兵が大挙して南京を脱出、揚子江を商船やジャンク（小型の木造帆船）に乗って逃走中、との情報に、海軍はただちに航空部隊を出撃させた。

この日、出撃したのは、十二空の潮田《うしおだ》良平大尉以下九五式艦上戦闘機九機、同じく小牧一郎大尉以下九四式艦上爆撃機六機、十三空の奥宮正武大尉以下九六式艦上爆撃機六機、村田重治大尉以下九六式艦上爆撃機三機。原田さんは潮田大尉の指揮下、これに参加していた。

南京の上流五十キロの揚子江上に、それらしき船舶四隻が多数のジャンクとともに航行しているのを発見、村田隊を先頭に、奥宮隊、小牧隊、潮田隊の順で攻撃を開始した。原田さんは語る。

「この日も九五戦に六十キロ爆弾二発を積んで行ったんですが、そのなかでいちばん大きな船を爆撃したら命中して、まもなく沈没しました。戦闘機の爆撃は、ぎりぎりまで肉薄するから案外よく当たるんです。爆撃のあとは、ジャンクに向かって機銃掃射を繰り返しました」

だが、攻撃隊が爆撃した船舶は中国軍の敗残兵が乗った船ではなく、交戦の当事国ではない米アジア艦隊の砲艦「パネー」およびスタンダード石油会社の所有船三隻（「メイピン」「メイシャ」「メイアン」）だった。アメリカはただちに、日本に対し厳重な抗議を申し入れ、一触即発の国際問題にまで発展した。「パネー号事件」と呼ばれる。

日本側は誤爆を認めアメリカに対して陳謝、二百二十一万四千ドル（当時のレートで約九百四十万円――日本銀行の統計による企業物価指数で換算すると、平成二十五年の約百六十六億円に相当する）の賠償金を支払い、四名の指揮官を戒告処分とすることでようやく事件は決着したが、原田さんも事情聴取を受け調書をとられた後、在隊わずか三ヵ月たらずで、昭和十三（一九三八）年一月五日付で、長崎県の大村海軍航空隊に転勤を命ぜられた。

「そうとは言われなかったけど、これは事件に対する処分であったと思っています。でも、内地に帰ったら、よくやった、あれで命中しなければかえって日本の名折れだった、と褒められました。その後、勲章ももらいましたしね。だからあれは、形だけの処分だったと思いますね」

話は前後するが、南京陥落直後、非番で上陸（外出）していた原田さんは、揚子江の河畔で、陸軍の兵隊が中国の便衣隊《べんいたい》（ゲリラ兵）を処刑している凄惨な現場に出くわした。

「トラックに大勢数珠《じゅず》つなぎに乗せて、つぎつぎ連れてきては、首をはねて胴体を川に蹴り落としていました。女、子供はおらず青壮年の男ばかりです。

普通の服を着ているので見分けがつきませんが、陸軍の兵隊が、これは便衣隊、海軍さんもやってみないですか、と言うので、とんでもない、とすぐにその場を離れました。

あれが、戦後言われるところの南京大虐殺だったかもしれませんが、日本軍が占領したときには中国人の多くは逃げ出していて、南京にはそんなに人は残っていなかった。中国が主張する三十万人という数字はあり得ないと思っています」

空中戦の射撃は、うまい、へたではなく、気の弱い方が負け

内地に帰った原田さんは、大村空を皮切りに、昭和十三年二月、佐伯空、十二月、筑波空（茨城県）、昭和十四（一九三九）年、百里空（同）、昭和十五（一九四〇）年十月、大分空と、教員配置を渡り歩き、多くの後輩搭乗員を育てた。

大分空にいた頃、郷里から結婚相手の紹介があり、許可を得て長野県に帰郷。昭和十六（一九四一）年一月一日、原田さんの生家で、満十七歳の精《せい》さんと結婚式を挙げた。二人は挙式のそのときが初対面だった。精さんは、原田さんが操縦練習生を首席で卒業したときの新聞記事を読んだことがあり、

「銀時計なんてなかなかもらえないのに、偉いことだわね」

と思っていたという。

結婚式を挙げたものの、事変下の戦闘機乗りの生活は多忙を極める。夜通しの宴会が明けると、翌日にはもう大分に戻る汽車に乗らなければならなかった。

「初対面の新妻を連れての旅は、なんとも照れくさくて、ほんとうに困りました」

と原田さん。精さんは、

「一言も口をきいてくれないので、私は退屈しちゃって、もう帰ろうかと思っていました」

と言う。二人が言葉を交わしたのは、もう旅も半ばを過ぎた頃だった。長野を発つとき餞別《せんべつ》にもらった水飴《みずあめ》の包みを網棚に載せていたところ、暖房の熱で溶けて流れ、前の席に座っていた男性の肩に落ちて汚してしまった。

「びっくりするやら申し訳ないやらで、慌てて謝ったり服を拭いたり……。でもその方はとっても親切な方で、怒りもせずに許してくださいました」

とは、精さんの回想。水飴騒ぎが落ち着いたとき、原田さんがはじめてホッとした笑顔を見せた。二人の距離が縮まった瞬間だった。

大分では、飛行場のすぐそばに借家を見つけ、そこで新婚生活がスタートした。朝、航空隊に出勤、訓練がはじまると、風向きによっては家の方向に離陸することになる。

「そうするとね、家内が二階に上がって見てるんですよ。お互いにはっきり顔が見えるんです」

「あなた、大分の空でよく宙返りしてたわね」

海軍のことをよく知らなかった精さんが、拍子抜けしたこともある。

「新聞に載るような偉い軍人さんと結婚したと思っていたら、もっと偉い上官がたくさんいらして。あらあらそうだったの、と思いました」

搭乗員の給与は、本俸のほかに、航空手当、危険手当など、本俸と同じくらいの加俸がつく。母艦や戦地勤務になると、さらに航海手当や危険手当がついた。海軍では、本俸と加俸は別の袋に入れて支給される。原田さんは、加俸があるなどとはおくびにも出さず、本俸を封も切らずに精さんに渡していた。残りは自分で使ってしまう。

「お給料を封も切らずに渡してくれて、なんていい旦那様だろう、全部渡してくれて大丈夫かな、と思っていました。加俸があるなんて知らなかったものね」

つかの間の平和な時間。しかし、大分での生活は長くは続かなかった。

昭和十六年九月、原田さんに第二航空戦隊の空母「蒼龍」への転勤命令がくだる。急いで家を片付け、精さんを長野に帰して、勇躍乗艦した原田さんは、ここではじめて零戦に乗ることになった。「蒼龍」戦闘機隊は、第五分隊（分隊長・菅波政治《すがなみまさはる》大尉）と第六分隊（同・飯田房太大尉）の二個分隊で、零戦の定数は十八機。原田さんに与えられた配置は、第五分隊の第三小隊長（三機編隊の長）である。

「訓練は航行中の母艦への着艦に始まり、空戦訓練や射撃訓練など。もとより腕のある搭乗員ばかりでしたから、みるみるうちに仕上がりました。そしてある日、母艦に着艦してみると、艦内が臨戦状態になっていて。可燃物は陸揚げされ、防寒設備がほどこされ、艦は一路北上しています。乗組員の間ではウラジオストクあたりの攻撃に向かうのでは、との噂がしきりに流れました。やがて錨をおろす音がしたので甲板に出てみると、小島が点在する湾内に、六隻の空母のほか、戦艦、巡洋艦などの機動部隊がところ狭しと入港していたんです。まるで日本海軍が勢ぞろいしたのかと思うような光景で、目を瞠《みは》りました」

機動部隊が入港したのは、択捉《えとろふ》島単冠《ひとかっぷ》湾だった。原田さんたち搭乗員には、ここで真珠湾奇襲作戦の全容が明かされる。

「ここで、奇襲当日の任務が割り当てられたんですが、私たちの小隊に命じられたのは、攻撃隊の護衛ではなく母艦の上空直衛でした。せっかくの大作戦に、攻撃隊で加われないのは情けない。私は隊長に、どうして攻撃隊で行かせてくれないんだとねじこみました。すると、攻撃してる間にこっちの母艦がやられたらどうするんだ、こっちの任務のほうが大切なんだと言われ——うまいこと言われたな、と思いましたが——仕方なく引き下がりました」

十二月八日、真珠湾攻撃。日本は米英と戦闘状態に入る。

「この日、私がいちばん最初に発艦しました。上空から見ていると攻撃隊が次々と発艦してきて、編隊を組んで真珠湾に向かう。くやしいから、途中までついて行きましたよ」

やはり搭乗員にとって、母艦の上空直衛という任務はおもしろくないものであったらしい。第五航空戦隊の空母「瑞鶴《ずいかく》」では、やはり上空直衛にまわされた戦闘機分隊士・塚本祐造中尉が不機嫌きわまりなく、攻撃から還ってきた搭乗員たちも手柄話を遠慮するほどだったと、当時「瑞鶴」庶務主任だった門司親徳《もじちかのり》主計中尉が述懐している。

戦闘機搭乗員たちが上空直衛の重要性やむずかしさを身をもって体験するのは、ずっと後のことであった。

「この日をもって、日本は悲惨な道をたどることになるわけですが、戦場にいる私たちには、日本がこの先どうなるんだろう、などと考える余裕もなく、ただ、お国や家族のために戦うのだという気持ちでいっぱいでした」

と、原田さんは言う。

真珠湾攻撃の帰途、第二航空戦隊の空母「蒼龍」「飛龍」の二隻は、ウェーク島攻略作戦に協力するため、機動部隊本隊を離れた。ウェーク島は、米本土とグアム、フィリピンを結ぶ線上に位置し、中部太平洋における米軍の重要拠点であった。この島を占領すべく、日本側は十二月八日の開戦と同時に、委任統治領であるルオット島を発進した陸上攻撃機をもって空襲をかけ、次いで上陸を試みたものの、陸上砲台からの砲撃で駆逐艦「疾風《はやて》」が撃沈され、また少数機が配備されていた米海軍のグラマンF4Fワイルドキャット戦闘機の爆撃によって駆逐艦「如月《きさらぎ》」が撃沈されるなど、予想外の敵の抵抗に、後退を余儀なくされていた。そこで、こんどは空母搭載の艦上機の掩護《えんご》を得て、再度上陸を試みようとしたのである。

十二月二十一日、第一次空襲。この日は敵戦闘機の邀撃はなく、零戦隊は拍子抜けして還《かえ》ってきた。

翌二十二日、第二次空襲が行われたが、記録によるとこの日は九七艦攻三十三機を零戦六機（「蒼龍」藤《ふじ》田怡与蔵《たいよぞう》中尉以下三機、「飛龍」岡嶋清熊《おかじまきよくま》大尉以下三機）のみで護衛していた。ただし、原田さんの記憶では原田小隊三機も出撃したという。

「爆撃隊が目標に向け針路に入った直後、グラマンが急降下で襲ってきました。すぐに機首をそちらに向けましたが、あっという間に、爆撃を誘導する嚮導機《きょうどうき》が被弾して火ダルマになりました。どうにも間に合いませんでした」

二機のグラマンは「飛龍」の岡嶋大尉、田原功三飛曹がそれぞれ撃墜したが、艦攻二機が撃墜された。そのうちの一機は、海軍一の水平爆撃（高高度を水平飛行しながら爆撃する）の名手として知られ、真珠湾攻撃でも第一次発進部隊水平爆撃隊の嚮導機をつとめた金井昇一飛曹の乗機だった。

「あのときは藤田さん、気の毒でした。艦長（柳本柳作《やなぎもとりゅうさく》大佐）に大目玉を食っちゃってね。本人は案外ケロッとしていたけども。

——でも、守り切れないですよ。相手が待ち構えているところに行って、一撃だけは防ぎきれないもの。一撃かけて逃げていくのは、まだ捕まえられますが……」

いったん内地に帰った機動部隊は、戦いの疲れを癒す暇もなく、昭和十七（一九四二）年一月中旬、南方作戦のためふたたび出撃した。飛行機隊は蘭印（現・インドネシア）セレベス島ケンダリー飛行場に進出、チモール海方面の偵察攻撃に従事し、さらにオーストラリア北西部のダーウィンをも爆撃した。

その後も東南アジア各地を転戦していた機動部隊は、三月二十六日にケンダリーを出港し、印度洋《インドよう》へ向かった。日本軍が占領したシンガポールより脱出した英国東洋艦隊を、印度洋から駆逐するためである。

四月五日、空母「赤城《あかぎ》」「蒼龍」「飛龍」「翔鶴《しょうかく》」「瑞鶴」を発艦した九七艦攻、九九艦爆あわせて九十二機と零戦三十六機の大編隊は、一路、英海軍の重要拠点であったセイロン島コロンボ港をめざした。

日本機の来襲を察知していたイギリス軍は、これを迎え撃つべく空軍のホーカー・ハリケーン戦闘機三十六機、海軍のフェアリー・フルマー複座戦闘機十機を発進させた。イギリス軍戦闘機は、日本側が爆撃を終了する頃になって戦場に到着、奇襲を受けた九九艦爆六機がまたたく間に撃墜される。

零戦隊はただちに空戦に入り、五十五機を撃墜したと報告したが、英側記録によると、この日の空戦による損失は、ハリケーン十四機、フルマー四機である。

原田さんもこの空戦で五機（うち不確実二機）を撃墜した。

「敵の飛行機は逃げ足が速くて、格闘戦どころではありません。全速で追いかけても逃げられるんだから。そういうときは、逃げていく先に七ミリ七（七・七ミリ機銃）を撃ちこんでやるんです。そしたら、敵機は曳痕弾にびっくりして回避する。少し距離が縮まる。それを繰り返して蛇行運動させて、近接して最後に二十ミリ機銃で墜とすんですがね。

私は射撃はあんまり得意じゃなかったんです。内地で訓練していた頃は、お前、目がすわってないからだと言われ、よし、それならばと酒を飲んで射撃訓練したこともありました。

でも、実戦になると、射撃のうまい、へたはあまり関係ありません。特に反航接敵になると、気の弱いほうが負けです。先に避けたほうがやられるんです」

原田さんは、この日の敵機をスピットファイアと記憶し、日本側の記録にもそのように記載されているが、液冷エンジンで形の似たハリケーンとフルマーを誤認したものらしい。

「撃墜を重ねて、つい深追いしてしまい、あらかじめ決められた集合点に戻ったときにはもう、味方機は引き揚げたあとでした。誘導機も何もいやしない。

さあ困った。艦攻や艦爆のように航法専門の偵察員が乗っているならまだしも、零戦には私一人しか乗っていない。単機での洋上航法にも自信がないし、母艦に還る燃料があるかどうかもわからない。仕方がないから敵の飛行場に戻って自爆しようかと思っていたら、零戦が一機、私の横にスーッと寄ってきて、見れば名前も知らない若い搭乗員で、指を三本立てて撃墜数を示しながら、ニコニコと編隊を組んできました。

私は、この若い搭乗員を死なせてはかわいそうだと思って、よし、それならば、と、自分なりの航法で帰ってみたら、奇跡的に母艦にたどり着いたんです。その若い搭乗員は、母艦が見えると喜んじゃって、ピューッと前に出てきて、一目散に自分の艦に帰っていきましたよ」

原田さんは四月九日にも、機動部隊攻撃に来襲したハドソン双発爆撃機二機を協同撃墜、印度洋作戦も一段落して内地に帰還し、ミッドウェー海戦を迎えることになる。

ミッドウェー海戦惨敗。敵機迎撃中に母艦が沈み、不時着水、漂流

聯合艦隊司令長官・山本五十六《やまもといそろく》大将は、早期の戦争終結をめざして、なおも積極的な作戦構想を抱いていた。日本本土と米海軍太平洋艦隊の拠点であるハワイの中間にあるミッドウェー島を占領、米空母部隊を誘い出し、これを一挙に撃滅しようというものである。

この作戦には、聯合艦隊の決戦兵力のほぼ全力が投入されることになった。日露戦争で、東郷平八郎《とうごうへいはちろう》司令長官率いる聯合艦隊がロシア・バルチック艦隊を撃滅した日本海海戦より三十七年目の「海軍記念日」にあたる昭和十七年五月二十七日、空母「赤城」「加賀」「蒼龍」「飛龍」を主力とする第一機動部隊は広島湾を出撃した。

まさに威風堂々。しかしその内実は、ハワイ作戦の時とちがって、非常に心もとないものであった。艦の乗組員は南方作戦の疲れが癒えず、しかも飛行機隊搭乗員の補充、交替が完了したばかりで、その訓練内容は基礎訓練の域を脱していなかった。戦闘機隊の訓練も、単機空戦と単機射撃を実施しただけで、編

隊空戦は一部の熟練者にとどまり、それも三機対三機までである。真珠湾攻撃の前に実施した九機対九機の編隊空戦訓練には遠くおよばず、艦攻、艦爆も合わせて、開戦直前の練度にはほど遠かった。戦力の低下は目に見えており、機動部隊の総合力そのものが、知らぬ間に大きく目減りしていたのである。

それでいて、これまでの戦果への過信が機密保持にも作戦にも緩みを生じさせていた。

日本側は、敵の動向を探るため、二式大型飛行艇で真珠湾を偵察、米空母の存在を確認する作戦を計画したが、これは、中継地点になるはずであったフレンチフリゲイト礁に敵水上艦艇や飛行艇がいたために、燃料補給ができずに中止された。また、ハワイとミッドウェーの中間海域に十一隻の潜水艦を配置したが、時すでに遅く、ハワイを出撃した米機動部隊は、そこを通過してミッドウェー北東海域に進出したあとで、有力な情報を得ることはなかった。

ところが、米海軍は日本海軍の暗号書をほとんど解読し、全力をもって反撃態勢を整えていたのだ。「エンタープライズ」「ホーネット」「ヨークタウン」の三隻の空母を中心とする米機動部隊は、日本艦隊を虎視眈々と待ち構えていた。

六月五日、原田さんは上空哨戒《しょうかい》の戦闘機小隊長として、二番機・岡元高志一飛曹、三番機・長澤源蔵一飛（一等飛行兵）をしたがえて、暁闇《ぎょうあん》をついて発艦した。上空からミッドウェー島攻撃隊の発進を見送り、所定時間を終えて一旦着艦、艦橋脇の飛行甲板で朝食の握り飯を食べ始めた頃、対空戦闘のラッパがけたたましく鳴り響いた。原田さんは語る。

「落下傘バンドをつける間もなくふたたび愛機に乗り発艦すると、水平線すれすれに敵機の大群が見えました。これは雷撃機だと直感、一発も命中させてなるものかと、各艦から発艦した戦闘機は一斉にそれに襲いかかりました。当時のわれわれの常識では、艦にとっていちばん怖いのは魚雷、ふつう、二百五十キロ爆弾ぐらいで軍艦が沈むことはない、ということになっていましたから、急降下爆撃機のことはまったく念頭にありませんでした。無線が通じないので、上空直衛の間、母艦からの命令や連絡は一度もなく、自分の目で見える範囲で対処するしかありませんでした」

戦闘機隊は来襲した敵雷撃機・ダグラスTBDデバステーターのことごとくを撃墜、わずかに放たれた魚雷も巧みな操艦により回避される。弾丸を撃ちつくした原田さんは、敵襲の合間を見て着艦。愛機には、敵の機銃弾で無数の弾痕があり、使用不能と判断されて即座に海中に投棄された。

一服する間もなく、またも敵襲で予備機に乗り換えて発艦。敵はふたたび雷撃機、原田さんは列機とともに敵機の後上方から反復攻撃をかける。

「そのとき、三番機の長澤君が、私の目の前で敵雷撃機の旋回銃の機銃弾を浴び、火だるまとなって戦死しました。あれは私の誘導が悪かった。私が一機を撃墜して次の敵機を狙うときに、内地で訓練していたのと同じようにスローロールを打って連続攻撃をかけようとして、二番機、三番機もあとにならってきたんですが、それが敵に大きく背中を見せる形になってしまった。敵に腹を見せるとか、背中を見せるとか、大きく見えるからいちばん危険なことなのに、失敗でした。それで、敵が私を狙って撃った機銃弾が、同じコースを遅れて入った三番機に命中したんです。見る間にバアッと火を噴いて……本当に、列機がやられるのを見るほど、つらいものはありません」

長澤機の最期を見届けた原田さんが、気を取り直して周囲を見渡すと、そこには信じられない光景が広がっていた。

つい先ほどまで威容を誇っていた「加賀」「赤城」「蒼龍」の三隻の空母から空高く立ち上る火柱。零戦隊が海面すれすれの敵雷撃機を攻撃している間に、上空から襲ってきたダグラスSBDドーントレス急降下爆撃機の投下した爆弾が、相次いで命中したのである。

母艦の格納庫では、作戦の混乱による雷装、爆装の転換作業で信管をつけたままの魚雷や爆弾がごろごろしており、それらが次々に誘爆を起して大火災になった。

「三隻もやられるのを見ると、それはがっかりしますよ。戦意が急にしぼんでいくのを感じました。上空を見上げると、敵の急降下爆撃機が次々と攻撃態勢に入ってきます。あわてて機首をそちらに向けて、高度をとろうとするけど、とてもじゃないが間に合わない。撃ってはみたけど、距離が遠くて当たらない。急降下してくる敵機とすれ違ったぐらいで終わってしまいました」

たまたま、魚雷回避のため転舵《てんだ》して、他の三隻と離れていたために無傷で残った「飛龍」は、ただ一隻で反撃を試みた。「飛龍」は第二航空戦隊の旗艦で、司令官は山口多聞少将であった。

「加賀」「赤城」「蒼龍」の被弾から約三十分後の午前七時五十七分、「飛龍」では小林道雄大尉率いる艦爆十八機を、一部（五機）は陸用爆弾を積んだまま、六機の零戦とともに敵空母攻撃に発進させる。この艦爆隊の一部は敵空母の攻撃に成功、六弾を命中させ（実際には三発）、大破炎上させたと報告したが、帰艦できたのは零戦三機、艦爆五機に過ぎなかった。

原田さんが唯一生き残った「飛龍」に着艦したのは、小林大尉の艦爆隊が発艦した直後と思われる。ここでも、乗機は被弾のため使用不能と判定され、海中に投棄されてしまう。搭乗員が飛行機を捨てられては仕方がない、やむを得ず、艦橋で発着艦の助手を務めていたが、そこで、敵機動部隊攻撃のために発進する友《とも》永丈市《ながじょういち》大尉以下の搭乗員を見送った。そのなかには、原田さんと同年兵の大林行雄飛曹長の姿もあった。

「大林君が私がいるのを認めて、別れを言いにきました。原田、俺は行くからな、もう還らないと思う、と。彼の顔にはまったく血の気がなかったですよ。諦《あきら》めきったような、悟《さと》りを開いたかのような表情。私は、ああ、これが死ぬときの顔か、と思って見つめるばかりでした。指揮官・友永大尉は、ミッドウェー島攻撃で燃料タンクに被弾して、修理の暇《いとま》もなく片道分の燃料で出撃したと、整備員が話しているのを耳にしました。大林君も還りませんでした」

十時三十分、友永大尉率いる艦攻十機、零戦六機の、後世言われるところの「友永雷撃隊」が、司令官以下の見送りを受けて発進した。

進撃高度三千メートルで飛ぶこと一時間、敵艦隊発見。友永大尉が「トツレ」（突撃準備隊形作レ）を下令する。雷撃隊は友永大尉の第一中隊五機と、橋本敏男大尉の第二中隊五機に分かれ、敵空母を挟撃する態勢に入った。この敵空母は、わずか数時間前に艦爆隊の命中弾で大破したはずの「ヨークタウン」であったが、驚異的な復旧作業により、日本側が新手の米空母と誤認するほどの快走を続けていた。

敵戦闘機や対空砲火の反撃は熾烈《しれつ》を極めたが、結果的に、友永中隊が敵戦闘機を引きつける形になり、射点につく前に五機全機が撃墜されたものの、橋本中隊が雷撃に成功、二本の魚雷命中を報告した。「飛龍」では、なおも残存機を集めて第三次攻撃の準備に入った。

——平成十三年、ハワイで行われた真珠湾攻撃六十周年の慰霊セレモニーには、このときの雷撃隊の一員で、「飛龍」艦攻隊の丸山泰輔さんも、原田さんとともに参加している。このとき、丸山さんは、別の一行で来ていた山口多聞司令官の息子・宗敏さんと、ホノルル空港のロビーで偶然会った。山口宗敏さんは、写真で見る父・多聞少将とうり二つの人である。その顔を見ただけで、丸山さんの目から滂沱《ぼうだ》たる涙が流れた。宗敏さんの手をしっかり握り、

「周りで三隻の空母がボーボー燃えている中でね、山口司令官はわざわざ艦橋から降りて、われわれ出撃搭乗員三十六名、一人一人の手を両手で握って、仇《かたき》を取ってくれと……」

——あとは言葉にならなかった。

攻撃隊を見送った原田さんは、整備のできた零戦で、上空哨戒のためただちに発艦するよう命じられた。

「飛行甲板に降りて、飛行機が艦橋よりずっと前にあるのに驚きました。滑走距離はぎりぎりだったでしょう。操縦席からは波のうねりが見えるばかりで、飛行甲板の前端も見えません。はたして発艦できるか不安でしたが、整備員に尾翼をしっかり押さえさせてエンジンをいっぱいにふかし、離艦すると同時に脚上げ操作をしました。たちまち機は沈み込み、海面すれすれでやっと浮力がついて上昇を始めました」

早く上昇して敵機を墜とさなければ、と気は焦るばかり。高度が五百メートルに達した頃、ふと後ろを振り返ると、「飛龍」にも火柱が上がるのが見えた。

「そのとき私は、日本は負けた、と思って目の前が真っ暗になりました。ともあれ直衛の任務を果たそうと、次々に飛来する敵機を攻撃すること約二時間、ついに自機も被弾、燃料もなくなって、夕闇せまる海面

に不時着水しました」

原田さんは、期せずして、この海戦で機動部隊を最後に発艦した搭乗員となった。原田さんが身につけていたシーマの腕時計は、着水した午後三時三十五分（日本時間。現地時間七時三十五分）で止まっている。

原田機の着水を認めた味方駆逐艦は、救助のためすぐに接近してきたが、折悪しく敵の大型爆撃機・ボーイングB－17による空襲に遭《あ》い、そのままスピードを上げて退避してしまった。

「波の上に浮かんでいると、あちこちに艦の燃える黒煙が見えました。やがてあたりが暗くなってきて、これはもう、助かる見込みはない。拳銃があれば自決するんだけども――現に「蒼龍」の高島武雄二飛曹などはそうやって自決したそうですが――、あわてて飛び上がってるからそれも持ってない。ほんとうに死を覚悟すると、早く死にたくなるものですよ。はじめはフカよけにマフラーを足に結んで長くたらしていましたが、もうフカに食われた方が楽だと思って流してしまいました。脳裏に浮かぶのは、妻の顔だけでした」

四時間の漂流ののち、原田さんは、探照灯を照らして生存者を探していた駆逐艦「巻雲《まきぐも》」に、奇跡的に救助された。甲板上には、収容された重傷者が折り重なるようにころがっていて、まさに阿鼻叫喚《あびきょうかん》の地獄絵図だった。原田さんは、艦長室に収容されてはじめて、朝、おにぎりを一口ほおばってからなにも口にしていなかったことに気がついた。無性に腹が減った。悪いと思いながら、そこにあった葡萄酒《ぶどうしゅ》を失敬して、ようやく人心地がついてきた。

日が暮れて敵機の空襲がやむと、「飛龍」には駆逐艦が横付けして、ホースで飛龍の弾火薬庫に注水を始めたが、やがて機関が停止、日付が変わった六月六日未明、山口司令官は艦の処分を決定する。

「夜明け前に『巻雲』は、『飛龍』に接近して生存者を収容しました。駆逐艦からの探照灯に照らされて、飛行甲板上の人の動きがよく見えました。訓示のあと、総員を解散させて、山口司令官と艦長・加来止男《かくとめお》大佐が、二人で艦橋に上がってゆくのが見えましたよ。こちらがそんな目で見ているせいかもしれないけれど、寂しそうな後ろ姿でした」

生存者を収容した「巻雲」は、燃える「飛龍」を魚雷で処分、戦場をあとにした。

「遠くへ消えてゆく『飛龍』を見ながら、女々《めめ》しいとは思いましたが、止めどもなく涙が溢《あふ》れてくるのを抑えられませんでした」

と、原田さんは回想する。ここに、威容を誇った日本海軍機動部隊は、空母四隻を失い壊滅した。ミッドウェー海戦での原田さんの戦果は、撃墜五機（うち協同三機）だった。

ガダルカナル攻防戦で被弾負傷、椰子林に不時着し密林をさまよう

ミッドウェー海戦の生き残り搭乗員たちは、内地に帰ってもしばらくは、敗戦の事実を隠蔽するため軟禁状態におかれた。原田さんは、ほかの戦闘機搭乗員とともに、鹿児島県の笠之原基地に収容された。上陸（外出）も外部との接触も許されず、毎日の日課は食事と体操以外なにもなかった。同じ顔ぶれで同じ愚痴《ぐち》を繰り返す退屈な毎日。

しかし、戦局の急迫は、彼らベテラン搭乗員たちをいつまでも遊ばせてはおかなかった。

昭和十七年七月三十一日、原田さんは、空母「飛鷹《ひよう》」乗組を命ぜられる。「飛鷹」は、日本郵船が北米航路用に新造した貨客船「出雲丸《いずもまる》」を建造途中で航空母艦に改装した空母で、同じく「橿原丸《かしはらまる》」を改装した空母「隼鷹《じゅんよう》」とともに、再編された第二航空戦隊（二航戦）を編成していた。ミッドウェーで壊滅した旧二航戦の搭乗員の多くが、新生二航戦に編入された。

「飛鷹」飛行隊長は兼子正《かねこただし》大尉。原田さんは先任搭乗員として、全下士官兵搭乗員をまとめる役目を負うことになった。

兼子大尉は上下からの信頼も厚く、空戦度胸もあり申し分のない隊長だった。操縦技術はあまり上手《じょうず》なほうではなかったというが、指揮官としての資質は群を抜いていた。隊員たちも、ほとんどがミッドウェー海戦の生き残り、歴戦の搭乗員たちで、一ヵ月におよぶ軟禁生活から解放されて、士気はきわめて高かったという。

一日も早く戦力をととのえるため、「飛鷹」の搭乗員たちは群馬県小泉の中島飛行機に赴《おもむ》き、飛行機受領のためのテスト飛行を繰り返した。

すでに八月七日、米軍は、日本海軍が飛行場を設営していたソロモン諸島のガダルカナル島、およびその対岸で日本海軍が水上機基地をおいていたツラギ島に上陸、飛行場は米軍の手に落ち、ガダルカナル島奪還をめざす日本軍と、ここを反攻の足がかりにしようとする米軍との、陸、海、空にわたる総力戦が始まっていた。

そんなある日、こんど出撃すれば、それが最期になるかもしれないと感じていた原田さんは、どうしても妻子の顔が見たくなり、精さんを上野駅に呼び寄せた。

ウェーク島攻略作戦のさなかに生まれたばかりの長男を背負い、両手に抱えきれないほどの荷物をもって、農作業からそのまま駆けつけたようなみすぼらしい姿で、必死の形相で現れた精さんを見て、

「なんともいえない純粋な、最高の美しさを感じました」

と、原田さんは言う。その言葉を聞いて、精さんは、

「戦死なんかされてたまるもんか、と必死の思いでしたね……。でも、『みすぼらしい姿』と言われるのは、女性としてちょっとね。主人の目にはそう映ったんでしょうけど」

と、静かに微笑《ほほえ》んだ。

「飛鷹」は、約二ヵ月の訓練を経て、昭和十七年十月四日、ガダルカナル島の攻防に参加するため内地をあとにした。搭乗員たちは死線を越えてきたベテラン揃いであったから、意外に冷静でなごやかでさえあったという。しかも、「蒼龍」はけっして居住性のよい艦ではなかったが、「飛鷹」のほうは元貨客船だけになにもかもがゆったりとしていた。

ガダルカナル島(ガ島)争奪戦は、その頃いよいよ泥沼化し、島に上陸した陸軍部隊は食糧、弾薬の補給もままならなくなり、苦戦を続けていた。

十月十五日現在、ガ島の日本軍兵力は約二万、対する米軍は二万三千、その大部分は戦闘に疲れ、マラリアに悩まされた海兵隊であった。戦局は、ほぼ拮抗《きっこう》していた。この日、日本軍はガ島北岸に食糧、弾薬を揚《よう》陸《りく》するが、翌十月十六日には揚陸地点が米駆逐艦二隻の艦砲射撃を受け、灰燼《かいじん》に帰する。

この艦砲射撃を機に、聯合艦隊は、空母「隼鷹」「飛鷹」の第二航空戦隊に、ガ島ルンガ泊地の敵輸送船団攻撃を命じた。二航戦では、翌十七日、二隻の空母からそれぞれ零戦九機、艦攻九機、計三十六機を出撃

させることになり、十六日の夜、搭乗員に命令が伝えられた。

十月十七日午前三時三十分、総勢三十六機の攻撃隊は母艦を発進。途中、「隼鷹」の艦攻一機が故障で引き返す。残る三十五機は、「隼鷹」艦攻隊、「飛鷹」戦闘機隊、「飛鷹」艦攻隊、「隼鷹」戦闘機隊の順に編隊を組んで、一路ガ島上空に向かった。


艦攻隊の高度は四千メートル、戦闘機隊はそれぞれ、その五百メートル後上方に位置していた。ソロモンの空と海はあくまで青く、太陽は強くまぶしかった。ガ島上空に差しかかる頃、前方の左上方五百メートルほどのところに、断雲が近づいてきた。

「いやな雲だ」

原田さんの胸に不安がよぎった。

同じ頃、「隼鷹」の志賀大尉は、高度六千メートル付近に出ていた層雲が気になって、その陰に敵戦闘機がいるのではないかと、列機を引きつれて雲の上に出てみたが、何も見つからなかった。しかしこのとき、米海兵隊のグラマンF４F二十八機が、前方の断雲にまぎれて艦攻隊を狙っていたのである。

そうとも知らず、艦攻隊は目標に向かって針路を定めた。だが、「隼鷹」艦攻隊は定針を誤り、指揮官・伊東大尉は敵地上空で爆撃のやり直しを決める。

続いて入った「飛鷹」艦攻隊はそのまま投弾したが、これが両隊の明暗を分けることになった。原田さんの回想。

「断雲がほぼ真横上方にきたとき、はたせるかなグラマンの一群、十数機が上空から降ってきました。すばやく戦闘態勢をととのえましたが、最初の一撃はどうにも防ぎようがありません。

グラマンはわれわれ戦闘機には目もくれず、『隼鷹』艦攻隊に襲いかかってきます。見る間に二機が火を噴き、後続機も一機、二機と煙を吐きはじめました」

零戦隊が追尾に向かったときには、一撃を終えた敵機は、優速を利用して前方に急上昇しているところであった。このとき、一機のグラマンが、突如反転して、「飛鷹」零戦隊の後方に回りこんできた。

「私はしんがり小隊長ですから、『このヘナチョコになめた真似《まね》をされてたまるか』と、目もくらむばかりに操縦桿を引き、機首を向けたんですが、出港以来の疲れのせいか、一瞬、失神してしまったんです。G(重力加速度)には強い方だったんですがね……。気がつくともう、目の前にグラマンが向かってきていました。私はとっさにこの敵機と刺し違える決心をして、下腹にぐっと力をこめて、左手のスロットルレバーについた引き金(発射把柄《はへい》)を握りました。互いの曳痕弾が交錯《こうさく》し、あっと思った時にはガーンという衝撃とともに、左手が引き金からはじき飛ばされました。飛行服の左腕のところに卵大の穴が開き、風防や計器板に血しぶきが飛び散りました」

操縦桿を足にはさみ、右手と口でゴムの止血帯を巻きつけ、ふと見ると、敵機は白煙を引きながら、はるか下方の島影に吸い込まれていくところであった。

「私は不時着を決意して、眼下の椰子林にすべり込みました。椰子林というのは上空から見るとフワフワしていて、ここならいいかと思ったんですが、椰子の木って高いんですね。二十メートルぐらいあるんです。目の前に椰子の葉っぱが迫ってきたと思ったら、木にぶつかって片翼が吹き飛び、あとのことは覚えていません。意識が戻ると、私の零戦は地面にひっくり返っていて、風防がつぶれて外に出られないんです。ガソリンを被っているから息も苦しくて……」

原田さんは、右手の爪で地面に穴を掘って、死にもの狂いで脱出した。喉が焼けつくように渇いて、傷の痛みに耐えながら水を探した。ようやく、ボウフラのわいたどす黒い水たまりを見つけて、顔を突っ込んでそれを飲み干し、気を取り直して歩いていると、やはり不時着していた「隼鷹」艦攻隊の佐藤寿雄《ひさお》一飛曹と出遭った。佐藤機のペア（海軍では、二名以上の同乗者を「ペア」と呼んだ）は、機長・久野節夫《くのせつお》中尉は機上戦死、電信員・丸山忠雄一飛曹は、不時着時の衝撃で、椰子の木に巻きついた艦攻の胴体に足をはさまれていて、間もなく死亡した。

「それからは、佐藤君と一緒にジャングルのなかをさまよい歩きました。夜も、傷が痛くて眠れたもんじゃありません。ちっとも寝つけなくて、隣で寝ている佐藤君の顔を見ると、やはり眠れないようでした。それで、椰子の葉陰に出ている月を見ながら、二人で手を握りあって、これでいいじゃないか、もう十分、やるだけのことはやったんだからいいよ、と。そして数日がかりでやっと、海軍の特殊潜航艇《せんこうてい》基地にたどり着いたんです。そこでは貴重な医薬品を全部、私のために使って治療してくれました」

しかし、原田さんの傷はしだいに悪化し、マラリア、デング熱も併発して、生死の境をさまよい続けた。舟艇《しゅうてい》に乗せられて十一月五日にガダルカナル島を脱出し、意識が戻ったのは約一週間後、トラック島の第四海軍病院でのことだった。

結局、原田さんはこれを最後に、戦場に復帰することはできなかった。

内地に送還された原田さんは、その後、准士官の飛行兵曹長に進級し、霞ケ浦海軍航空隊教官となったが、負傷の後遺症で入退院を繰り返さざるを得ず、悪化する戦局を横目に苦しい日々を送った。

受け持った飛行練習生の少年たちが、巡検（消灯前の点検）後に毎晩のように原田さんの部屋に押しかけてきては、早く前線に出してくれとせがんだ。その純真で真剣な瞳が、いまも原田さんの胸に針で刺すような痛みをともなって残っている。


昭和二十（一九四五）年三月、霞ケ浦海軍航空隊は第十航空艦隊に編入され、実戦部隊に事実上格上げされた。同時に、日本本土空襲に飛来していた米陸軍の四発超大型爆撃機・ボーイングB－29に対抗するための新鋭ロケット戦闘機「秋水《しゅうすい》」の搭乗員を養成することになり、一部を北海道千歳基地に派遣、訓練をはじめた。

「秋水」は、ドイツのメッサーシュミットMe163をもとに開発された戦闘機で、ロケットの推進力で高度一万メートルまで三分半で上昇し、B－29を攻撃、あとは滑空で帰ってくるというものであった。

昭和二十年七月七日、横須賀海軍航空隊で初飛行が行われたが、上昇途中でエンジンが停止、不時着大破し、テストパイロット・犬塚豊彦大尉は殉職、結局、実戦配備はされないままに終わる。

原田さんも、秋水部隊の教官にはなったが、実物の「秋水」は一度も見る機会がなかったという。

「秋水」の訓練には、はじめは零戦を使用した。高度五千メートルでエンジンを止め、滑空で急降下させる訓練をやっていたが、過速におちいり、機体を引き起こすことができずに墜落する者もいた。そのうち、その零戦もほかの部隊に持っていかれ、ついには九三式中間練習機（通称・赤とんぼ）での訓練となった。ロケット機の訓練に複葉の練習機を遣《つか》うとは、日本海軍の末期的状況をよく表している。

原田さんは、そのまま千歳《ちとせ》基地で終戦を迎えた。満二十九歳の誕生日を迎えたばかりだった。

北海道では、「ソ連の落下傘部隊が北海道を占領し、男は去勢され、南方に送られて終身強制労働させられるだろう」などという、不安に駆《か》られた人々による、根拠のない支離滅裂《しりめつれつ》なデマが飛び交っていた。原田さんたちは、いざというときは山中にこもってゲリラ戦をするつもりで準備にとりかかった。せめて子供たちの身の安全のため、しぶる精さんを説得して長野に帰らせたが、ほどなく米軍が進駐し、日本に対する寛大な処置が報じられた。

原田さん（昭和二十年九月一日、中尉に進級）らは現職のまま郷里に帰ることになったが、終戦を境に、それまで「兵隊さん、兵隊さん」と大事にしてくれた町の人たちから罵声を浴びせられるようになり、やるせない思いを味わったという。賠償《ばいしょう》のため格納庫に並べた軍需物資も住民たちに略奪され、日本人というものに裏切られた思いがした。

多くの犠牲の代償として得た平和が粗末にされている気がしてならない

原田さんは戦後、郷里の長野に帰り、妻と子供二人、病弱な母をかかえて職を求めたが、公職追放にかかっているとの理由でどこへ行っても採用されず、また、状況がわからないので戦犯の影におびえる日々であった。その上、夜中に空戦の夢を見て、うなされることも多かった。

敗戦のショックから立ち直るには、なおも数年の歳月が必要だった。

「戦後は家内と二人で、家族八人を養うためにずいぶん苦労しました。百姓をやったり、乳牛を飼って搾《さく》乳《にゅう》したり、いろいろやってみたけど一つも成功しませんでした。昭和三十八（一九六三）年には近くに県のモデル住宅として団地ができて、そこで八百屋をはじめ、同時にりんごの集配をやったり、子供たちが学校に通ってる間は寝る暇もなかったですね。本屋もやってみたけど、雑誌の付録だけ抜き取られて、売れ残っても返品できないことが多かったりして、続きませんでした。

昭和四十（一九六五）年、地元に詳しいからというので自治会長にさせられちゃって、そうしたら、いろんな人が相談をもちかけてくるんです。

まず、小さな子供を預かってくれるところはないかというので、近所のおばさんで赤ちゃんを預かってくれるところを探しました。そのうち若い人が増えてくるとおばさんたちの手が足りなくなり、ちょうどその頃、小学校ができることになって私の田んぼを代替地として提供したら何がしかのお金が入ったので、昭和四十三（一九六八）年に託児所『北部愛児園』をつくりました。私は固辞したんですが、福祉の仕事に関心のあった家内が、お引き受けしたら、と言ってくれて始めました。そしたら、そこに通っていた子供たちが順に大きくなって、こんどはとうとう幼稚園をやることになったんです」

託児所を増築して「みんなの幼稚園」の名で認可外保育園とし、さらに名称を「ひかり園」と改めて施設を拡充。昭和四十七（一九七二）年、幼稚園は学校法人として認可され、原田さんは理事長に就任する。五十六歳での新たなスタートだった。

「最初はけっして、やりたくて幼稚園を始めたわけじゃなかった。これも運命だと思うんですよ。もちろんいまは、幼児教育に生きがいを感じています。子供というのはほんとうに正直で、毎日が楽しくてしようがありません。

しかし、近頃は世の中が狂ってますね。私は、それはやはり教育が悪いんだと思う。幼稚園なんかも、教育じゃなくて子供の奪い合いみたいになっています。宣伝合戦やって、立派な園舎を建てて、立派な遊具を買って、そんななかでおだて上げた教育をしてるでしょう。もっとピシッとしなければ。

結局ね、感謝する気持ちがないわけですよ。いつも不平不満が先に立って、ありがとうという気持ちがないんじゃないかと。

それと、私もそうでしたが、親が自分の果たせなかった夢を子供に託《たく》そうとするでしょう。それが子供にとっては重荷になっちゃう。塾だ、習い事だ、といろんなことを小さいときからさせるけど、それじゃ、子供が子供らしく伸びないもの。盆栽みたいになっちゃって、かわいそうですよ。それに、いまの若い親を見ていると、自分の子さえよければ、他はどうなってもいいみたいです。こんなことで、いったい日本はどこに行っちゃうんでしょうかね」


私がはじめて原田さんと会った翌年の平成八（一九九六）年、原田さんは満八十歳を迎えた。長野県下の幼稚園の園長のなかで、とび抜けて高齢だったという。

「園長の会合に出ても、自分だけ年をとってて、なんだか恥ずかしくなって。そろそろ引退しようかと思ってるんです」

と、原田さんは言った。そこで私は、日本初の敵機撃墜を果たした戦闘機乗りで、当時は千葉県船橋市で三つの保育園を経営していた九十三歳の生田乃木次《いくたのきじ》さん（少佐）の話をした。

「戦闘機の大先輩にそんな人がいるの、全然知らなかった。こんど紹介してください」

平成九（一九九七）年一月、私は原田さん夫妻とともに、生田さんの「あけぼの保育園」を訪ねた。生田さんと原田さんとは、同じ海軍の戦闘機乗りで、戦後は幼児教育に身を投じた者として、互いに通じ合うものがあるように見えた。

「こういう人がいるんじゃ、俺も負けてられないな」

辞去するとき、原田さんがつぶやいたのを、私は憶えている。原田さんが引退の意思を撤回したのは、その後のことだった。海軍兵学校出身のエリート戦闘機乗りが、九十歳を過ぎてなお、現役でいる姿をまのあたりにして、操縦練習生出身の叩き上げ搭乗員としての意地に火がついたのかもしれない。

原田さんはその後も園長として子供たちの敬愛を集め、平成二十二（二〇一〇）年、九十四歳で引退するまで、精さんとともに幼児教育に情熱を注いだ。


引退と同じ年、平成二十二年十一月。七十年近く連れ添ってきた精さんが、八十七歳で亡くなった。

戦中は明日をも知れぬ戦闘機乗りの妻として、戦後は一転、周囲から「戦犯」呼ばわりをされ、失業して職を転々とする夫を支え、激動の昭和を生きてきた精さんは、夫婦で小さな幼稚園を設立してからはずっと、子供たちをやさしく見守ってきた。

私の知っている精さんは、いつも明るく穏やかで、傍目には幸福そのものに見えたけれど、長男に先立たれる哀しみも味わい、また、幼稚園児の保護者、というよりも日本人の気質の変化に、ずいぶん戸惑《とまど》いも感じていたようだ。

精さんは、毎年、冬になると、次の春に入園してくる子供たちのために全員の分の草鞋《わらじ》を、心をこめて編んでいたが、

「この頃の親御さんのなかには、こんなものいらないから保育料を安くしろって言う人もいるんですよ。お金じゃなく気持ちでやってきたことなのに、もう、嫌になっちゃって」

と寂しそうにこぼしていたのを思い出す。

「こんど生まれ変わったら、もっと楽な人と一緒になりたいわ」

などと言いながら、原田さんのことを思う気持ちは、いつもひしひしと伝わってきた。

私が最初に上梓した、零戦搭乗員の証言集『零戦の20世紀』(スコラ・一九九七年)で原田さんのことを紹介して以来、

「零戦搭乗員で幼稚園の園長になった人がいる」

ということが広く知れ渡り、各種メディアの取材が引きも切らなくなった。

原田さんは来る者は拒まずで、人を選ばない。取材したほうは喜んで帰っていくのだが、あるとき精さんに、

「主人はああ見えて、戦争の話をした晩は夜通し、苦しそうにうなされるんですよ。見ていてとっても辛くて。年も年だし、紹介してくれというお話はお断りいただけると助かります……」

と言われてハッとしたこともある。

真珠湾攻撃六十周年のときには一緒にハワイにも行ったし、温泉旅行にも幾度も行った。長野の原田邸に

行くと必ず、手作りの料理や漬物で歓待してくれた。私もいつしか、実の祖父母宅に行くような感覚になっていた。東京で行われる「零戦の会」の総会にも、毎年、夫妻揃《そろ》って参加していた。

「生まれ変わっても、家内と一緒になりたい」

と、原田さんはかねがね言っていた。本心だと思う。


原田さんは、平成二十七年八月の誕生日を迎えると満九十九歳、存命の零戦搭乗員のなかでは最年長になる。これは、日本海軍の戦闘機搭乗員としての長寿記録でもある。

「振り返ってみると、不思議に私には『まぐれ』と『偶然』がつきまとっていました。若い頃、私は死ぬということが怖くて、お坊さんに教えを乞《こ》いに行ったこともあったけど、克服できなかった。でもいざ、実際にその場に直面すると、案外平静なものでした。戦争で死ぬような目に何度も遭いながら、この歳まで生きてきて、人の命なんてわからないものだとつくづく思います。寿命は神様から与えられたもので、自分ではどうにもならないものなんですね。

いまの若い人のなかには、日本がかつてアメリカと戦争をしたことを知らない人も多いと聞きます。年寄りの目からみると、あの戦争で、多くの犠牲の代償として得た平和が、いまは粗末にされているような気がしてなりません。歴史を正しく認識して、平和のありがたさを理解しないと、また戦争を起こしてしまう。

軍隊や戦争のことでいい思い出なんて一つもありません。ほんとうは思い出すのもいやだけど、命ある限り、自分たちが体験したことを次の世代に語り伝えることが、われわれの世代に課せられた使命だと思っています。

とはいえ、幼稚園で、小さな子供たちにそのことを教えるのは大変です。そこで私は、まず物は大事にしなさい、どんな物でもその物の身になって、けっして無駄には使わない、それが自分の命を守ることにつながるんだよ、という話から始めるようにしてきたんです」

――原田さんの左腕には、ガダルカナル島上空で負った銃創がいまも生々しく残っている。そんな実体験に裏打ちされた言葉は、限りなく重い。その思いは、子供たちにもきっと伝わっているに違いない。

原田 要（はらだ かなめ）
大正五（一九一六）年、長野県生まれ。昭和八（一九三三）年、水兵として横須賀海兵団に入団。昭和十二（一九三七）年二月、第三十五期操縦練習生を首席で卒業。同年十月、第十二航空隊の一員として中支戦線に出動。昭和十六（一九四一）年九月、空母「蒼龍」乗組となり、真珠湾作戦（母艦上空哨戒）、ウェーク島攻略、印度洋作戦に参加。昭和十七（一九四二）年六月、ミッドウェー海戦で母艦を失い、海面に不時着水、九死に一生を得て生還する。同年七月、空母「飛鷹」乗組、十月十七日、ガダルカナル島上空の空戦で敵戦闘機と刺し違えて被弾、重傷を負う。内地に帰還後、教官配置に就き、霞ケ浦海軍航空隊千歳分遣隊（北海道千歳基地）で終戦を迎えた。協同、不確実をふくめ、十五機の敵機を撃墜した記録が残っている。終戦時、海軍中尉。戦後は郷里で自治会長などを務めたのち、昭和四十三（一九六八）年より託児所、次いで幼稚園を設立・経営。平成二十二年（二〇一〇）に園長を退任するまで、幼児教育に情熱を注いだ。

操縦練習生の頃。左から2人めが原田さん

昭和10年10月、第3期航空兵器術練習生修了。前列右が原田さん。左腕には兵器術の特技章

操縦練習生首席卒業の「恩賜の銀時計」

昭和13年12月、筑波海軍航空隊で受け持ち練習生と。前が原田さん

昭和16年1月1日、郷里で挙式

昭和16年、大分空時代

昭和17年6月5日、ミッドウェー海戦で炎上する「飛龍」。原田さんは「飛龍」から発艦した最後の搭乗員だった

ガダルカナル島で共に不時着し、重傷の原田さんを献身的に介抱した佐藤寿雄飛曹長（右。のち戦死）と。昭和18年頃

昭和19年、霞ケ浦海軍航空隊教官時代。飛行兵曹長になっている

第四章・日《ひ》高《だか》盛《もり》康《やす》

「独断専行」と指揮官の苦衷

昭和20年、戦闘三〇四飛行隊長の頃

何故、歴戦の零戦隊指揮官は、戦後一切の取材を拒み続けたのか

多くの元零戦搭乗員に直接会って話を聞くなかで、印象深かったのは、その多くが、戦いたいというよりもただ純粋に空に憧れ、自在に空を飛び回りたい一心で、海軍を志願したということだ。

なかでも昭和十六（一九四一）年以前に搭乗員を志した人たちは、のちにアメリカと戦争がはじまり、そのときにちょうど使い頃のベテラン搭乗員となって酷使され、その大半が戦死するような運命が待っているなどとは想像もしていない。

開戦後、戦争が激しさを増すなかで海軍に身を投じた人なら、最初から気持ちのありようも違うけれど、実際に海軍戦闘機隊の屋台骨を支えた人のほとんどは、もちろん軍人として一朝有事のさいは戦う気構えを持っていたものの、元はと言えば、ただ一途に大空への夢を追い求めた少年たちだった。

「小さい頃から飛行機に乗りたくて乗りたくて。海軍兵学校を卒業して、将来の希望を聞かれるたびに、『飛行学生　超々大熱望』と書いて提出していました」

という日高盛康さんもそんな、空に憧れた戦闘機乗りの一人である。

日高さんは、零戦隊の歴戦の指揮官として、終戦のその日まで戦い、いくつかの重要な局面で戦史には必ず名前が出てくる人だが、戦後、自らの戦争体験についてはいっさい口をつぐみ、何人《なんぴと》たりとも取材には応じないことで知られていた。

柳田邦男氏の『零戦燃ゆ』でも、インタビューを拒まれたことが書かれているし、私も平成七（一九九五）年、当時、零戦搭乗員会代表世話人だった志賀淑雄《しがよしお》さんを通じて打診してみたものの、

「申し訳ありませんが、戦争の話はどなたにもしたくありません」

と断られたことがある。

私としても、人を傷つけるのは本意ではないから、話したくないという相手に無理強いをする気はない。取材については諦《あきら》めていたのだが、日高さんと縁のあった元零戦搭乗員と会ったときなど、折に触れ便りを出しているうち、いつしか年賀状のやりとりをするようになっていた。

そんな状況が変わったのが平成十四（二〇〇二）年正月のこと。私は、母校・大阪府立八尾高校の旧制中学時代の先輩にあたる零戦隊指揮官・宮野善治郎大尉（戦死後・中佐）の生涯を本にしようと、取材、執筆に本腰を入れて取り組み始めていた。そのことを年賀状で報告すると、すぐに日高さんから、

「宮野さんは海軍兵学校の一期先輩で、『い』号作戦のときはラバウルで一緒になった。思い出深い人なので、是非会って話をしましょう」

という驚くべき申し出をいただいたのだ。

「思い出は話すが、私のことは書かないでほしい」

との条件はついていたが、善は急げ。私は、その本の版元に決まっていた光人社の担当編集者・坂梨誠司さんに電話をかけ、インタビュー用に、靖国神社にほど近い光人社の会長室を空けてもらった。日高さんがインタビューに応じない人だというのは、戦記に携わる者なら誰もが知る事実だったから、光人社も快く場所を提供してくれた。

そして一月八日。じつに七年越しに初めて会った八十四歳の日高さんは、「インタビュー嫌い」の先入観から抱いていた気難しいイメージとは正反対の、ニコニコと笑顔を絶やさない、物腰柔らかな紳士だった。

「やあ、はじめまして。以前、取材を断ったことがずっと気になっていたんですが、その後、いろんな人と会われたようですね。私は、戦争の話はこれまでしてこなかったし、これからもしたくありませんが、尊敬する宮野さんの本を書かれるというので、お役にたてばと、思い出をお話ししようと思いましてね」

日高さんは、大正六（一九一七）年八月十一日、海軍大尉・日高釗《つとむ》（のち大佐、昭和二十年二月戦死、戦死後・少将）の次男として、東京・麻布新堀町《しんぼり》（現・港区南麻布）に生まれた。祖父は、日露戦争以前の明治期に常備艦隊司令長官を務めた、海軍大将男爵日高壮之丞《そうのじょう》（一八四八〜一九三二）である。

祖父・壮之丞大将は、薩摩藩《さつま》の儒臣《じゅしん》（儒学をもって仕える家臣）・宮内清之進の四男として生まれ、代々薩摩藩士である日高家の養子となった。

壮之丞は文久《ぶんきゅう》二（一八六二）年、横浜港付近の武蔵国橘樹郡《たちばな》生麦村《なまむぎ》で、薩摩藩の行列を乱したイギリス人を薩摩藩士が殺傷した「生麦事件」に端を発し、文久三（一八六三）年、薩摩藩とイギリス軍が鹿児島湾で戦火を交えた「薩英戦争」で初陣《ういじん》を飾り、続いて元治元(一八六四)年、前年の政変で京都を追放されていた長州藩勢力が、京都守護職で会津藩主の松平容保《まつだいらかたもり》の排斥をめざして挙兵、会津、薩摩などの軍勢と戦った「蛤《はまぐり》御門《ごもん》の変」に従軍。さらに戊辰戦争では東北を転戦した武人である。

慶応義塾を経て明治四(一八七一)年、海軍兵学寮に入り、明治二十三(一八九〇)年、訪日していたオスマン帝国(現・トルコをふくむ広大な地域を領していた)の軍艦「エルトゥールル号」が、和歌山県串本《くしもと》町沖で台風による強風にあおられて遭難、五百名以上の犠牲者を出したときには、軍艦「金剛《こんごう》」艦長として、僚艦「比叡《ひえい》」とともに生存者をオスマン帝国の首都・イスタンブールに送り届けた。この功で、オスマン帝国より勲章を授与されている。「エルトゥールル号事件」をきっかけに、日本とトルコとの間に深い友情が生まれたことはよく知られているが、壮之丞は、この、こんにちに至る友好関係の基礎をつくった立役者の一人とも言える。

日清戦争(一八九四〜一八九五)では、巡洋艦「橋立《はしだて》」艦長として活躍、猛将として知られた。

「私が生まれる前に予備役に編入され、物心つく頃には退役していましたが、尊敬する祖父でした。小学校四年生の頃、沼津にあった別荘で一緒に食事をしていて私が味噌汁をこぼしてしまい、『あっ、大変!』とつい叫んでしまったとき、『男子たるもの、これしきのことで大変などと言ってはならん。大変というのは、一生に一度あるかないかのことだ』と叱《しか》られたことを憶《おぼ》えています。

同じ頃でしたか、当時の子供なら誰もが読んでいた『少年倶楽部』(大日本雄辯會講談社《ゆうべんかい》)を読んでいて、叱られたこともありました。このとき、『読むならこういう本を読みなさい』と渡されたのは、徳富蘇峰《とくとみそほう》のベストセラー『国民小訓』(民友社)でした。祖父は読書家で、晩年まで英語の本を原書で読んでいましたね。
ラジオがようやく普及しだした頃でしたが、『音楽などは女子の聴くものだ』と、我が家では歌舞音曲禁止。聴いてよいのはニュースと教養番組だけでした。学校の成績も、美術や音楽の点数が悪くても何も言われませんでしたが、国語や体育の点数が悪いと叱られました」

日高さんの二歳半年上の兄・荘輔《そうすけ》さんは、華族の子弟が通う学習院中等科から海軍兵学校（六十三期）に進むが、体を壊して半年ほどで退校、旧制浦和高校、東京工大を経て、のちに海軍の技術科士官となる。

日高さんは、軍人になりたいわけではなかったが、子供の頃から空を飛ぶことに憧れ、飛行機に乗りたいという夢をどうしても叶えたくて、兄と同じく学習院中等科から、海軍兵学校（六十六期）に進んだ。

「民間飛行機のライセンスをとるのは、当時はまだ一般的ではなかった上に、莫大なお金がかかって、貧乏華族ではとてもじゃないが無理でしたから。だからパイロットになるには、陸海軍いずれかに入るのがいちばん近道だったんです。

希望がかなって、飛行機に乗れて、戦後も航空自衛隊と富士重工でずっと空が飛べましたから、私自身、これ以上ないほど幸運だったと思います。

——そうそう、宮野さんの話でしたね。宮野さんは兵学校で一年先輩ですが、確か年齢は二歳上で、私なんかよりずっと大人びて見えました……」

そんな具合に、はじめて会ったこの日は、朝十時から夜七時まで話に花が咲いた。波長が合ったのか、日高さんは初めから打ち解けてくれた。

ただ、戦争の話は意識して避けている様子がうかがえた。空母「瑞鶴《ずいかく》」でソロモン方面に出動した日高さんは、昭和十七（一九四二）年八月二十四日、第二次ソロモン海戦で、はじめて敵戦闘機と空中でまみえるが、会話の流れで私がつい調子に乗って、

「初陣でグラマンＦ４Ｆと遭遇されたとき、どんな印象をもたれましたか？」

と質問したところ、日高さんの表情から笑みが消えた。数秒の沈黙ののち、

「薄水色の機体がきれいな飛行機だと思いました……」

と小声で言い、やや間をおいて、

「やめましょうよ、戦争の話は」

と言ったきり、それまでの饒舌が打って変わって押し黙ってしまった。冷や汗が出た。

それでも、自衛隊で操縦したジェット機の話などしているうちに機嫌も直り、

「それでは、ありがとうございました」

と駅で別れたのちも、気がつけば日高さんが私の乗る路線に向かうエスカレーターに乗っていて、

「電車が来るまでもう少し話しましょう」

と、ホームで名残を惜しんでくれた。この人は、ほんとうは誰かに話したかったのかもしれない、とそのとき思った。

以後、毎月のように会い、その都度、長い話をすることになるのだが、それでも、話がいざ戦闘の場面になると日高さんは口をつぐんでしまうのだった。

日高さんがなぜ、戦後長い間、沈黙を守り続けたのか。本人ならぬ身には推測するしかないけれど、日高さんの名がもっとも広く語られる局面は、昭和十七（一九四二）年十月二十六日の南太平洋海戦での出来事である。

この日、空母「瑞鳳《ずいほう》」戦闘機分隊長だった日高さん（当時・大尉）は、敵機動部隊を攻撃する九九艦爆（急降下爆撃）、九七艦攻（雷撃）を護衛する直掩隊九機を率いて出撃したが、途中で味方艦隊への攻撃に向かう敵機編隊と遭遇、攻撃隊から離れて、これに空戦を挑んだ。

このため、味方艦隊の損害を未然に防いだものの、「瑞鳳」零戦隊が抜けたことで護衛戦闘機が「翔鶴《しょうかく》」「瑞鶴」の十二機のみとなり、敵艦隊上空で待ち構えていた数十機のグラマンＦ４Ｆ戦闘機の邀撃を受けた攻撃隊からは大きな犠牲を出した。

――この判断が「独断専行」として許されるか、それとも「独断専恣《せんし》」として批判されるべきかめぐって、戦後も長く議論の的になっていたのだ。

（独断専行＝現場の判断が結果的に司令部の意向に合ったものであること。独断専恣＝その逆）

大戦末期の海軍戦闘機隊指揮官で、戦後、航空自衛隊で航空幕僚長を務めた山田良市《やまだりょういち》さんによると、自衛隊の幹部教育にも、このときの日高さんの判断が、指揮官として適切であったか否かが、教材として使われていたという。柳田邦男氏が、『零戦燃ゆ』でインタビューを申し込み、断られたのも、この件でのことである。

だがこのことを、日高さん自身は、戦後自衛隊にいたにもかかわらず、一切、自分の口から弁明や説明をしてこなかった。

日高さんの沈黙には、おそらく、第二次ソロモン海戦で護衛すべき艦爆隊から大きな犠牲を出し、同期生が戦死したなどの理由もあったと思われる。だが、南太平洋海戦での出来事が、そのもっとも大きな要因の一つであることは間違いないだろう。

日高さんは、少尉候補生から飛行学生になる前までに乗っていた「赤城」は別としても、「飛龍」「瑞鳳」「鳳翔《ほうしょう》」「瑞鶴」「隼鷹《じゅんよう》」「龍鳳《りゅうほう》」と、のべ六隻もの空母を渡り歩き、谷田部《やたべ》海軍航空隊飛行隊長を経て、第二五二《ふたごおふた》海軍航空隊戦闘三〇四《さんまるよん》飛行隊長として終戦を迎えている。

「昭和十年、海軍兵学校に入校したわれわれ六十六期生は、支那事変の勃発で在校期間が半年も短縮され、三年半後の昭和十三（一九三八）年九月に卒業、少尉候補生となって遠洋航海で満州の大連《だいれん》、旅順《りょじゅん》、フィリピンのマニラ、内南洋（現在のミクロネシア）を慌ただしく回り、帰国後の昭和十四（一九三九）年二月、艦隊配乗でそれぞれの任地に散っていきました。

私が命ぜられたのは『赤城』乗組で、これは飛行機乗りになることを熱望していた私にとって、夢かと思うような喜びでした。『赤城』では高角砲《こうかくほう》分隊士を拝命し、飛行機を相手に照準、発射の訓練に明け暮れていましたが、私は機会あるたびに『航空熱望』と書いてきたし、ひたすら『飛行学生ヲ命ス』の辞令が早く来ないかと待ち焦がれていました」

下士官兵なら、操縦練習生は内部選抜で、飛行予科練習生は一般の志願者のなかから、飛行機乗りを志望する本人の意思で受験するが、士官の場合は、一度艦隊に出て少尉に任官した上で、海軍省からの辞令で飛行学生になれるかどうかが決まる。

士官の場合、たとえ飛行機搭乗員でも、分隊長ともなれば当直将校として空母を操艦することもあるし、ゆくゆくは艦長や司令官、司令長官になる道もあり、まずはオフィサーとしてどこでも通用する人材であることが重視されていたからである。従来は、少尉に任官後、少なくとも一年は艦隊勤務を経験しなければ飛行学生にはなれなかった。

「ところが、支那事変で搭乗員の消耗が激しくなることを心配した上層部が、異例の措置として、海兵六十五期生のなかから第三十二期飛行学生を採用した直後、われわれ六十六期生のうち三十名を、艦隊勤務を切り上げて第三十三期飛行学生として採用することを決めたんです。『練習航空隊飛行学生』の辞令をもらったときは嬉しかったですね……」

戦後六十年を過ぎてもなお鮮明に記憶する、母艦への発着艦の猛訓練

昭和十四年十一月、茨城県の筑波海軍航空隊で、飛行学生としての訓練がスタートする。

「毎日、空を飛べるのが楽しくて仕方がありませんでした」

と、日高さんは目を細める。「飛行学生」とはいえ、待遇は一人前の士官だから、通常の少尉の俸給月額七十円に加えて、六十円の航空加俸がつく。

土曜日午前の課業が終われば、翌週月曜日の朝までは自由時間。日高さんはクラスメートと一緒に、週末ごとに東京に遊びに出かけた。戦時下とはいえ、街はまだ平和で、酒も食べ物もふんだんにあり、遊びたい盛りの青年士官が不自由することはなかった。海軍びいきの店主が寿司を握る新橋の「新富寿し《しんとみ》」（現在も、

流れをくむ同名の店が銀座で営業している）が、日高さんたちの溜まり場だった。

昭和十五（一九四〇）の正月休暇には、クラスメート五人で、信州・菅平《すがだいら》へスキーにも出かけている。スキーそのものがまだ庶民の娯楽ではなかった時代、人影もまばらなスキー場で、日高さんたち飛行学生が、セーターやジャンパーにネクタイを締めた英国流のスポーツファッションに身を包み、屈託《くったく》ない笑顔を見せる写真が残っている。

全員がドイツ製高級カメラを首から下げていて、日高さんはライカⅡ、下田一郎少尉はコンタックスⅡ、植山利正少尉はキネエキザクタ、山下丈二少尉はスーパーセミイコンタ、須藤朔少尉だけが機種不明だが、いずれも当時、日本では「家一軒買える」と言われていたほど高価なカメラだった。

「兄がカメラが好きで、当時、東京にたくさんあった中古カメラ店でいろんなカメラをとっかえひっかえして使っていました。私もその影響でカメラに興味があって、遠洋航海のときには、ほかの同期生と一緒に、大連に寄港したとき免税でローライコードというカメラを買ったりもしたものです。スキー場に持って行ったライカは兄に借りたものですが。

このとき、一緒に行った五人のうち、のちに艦爆の名パイロットと言われた下田と陸上攻撃機に進んだ植山、戦闘機に行った山下は戦死、私と陸攻の須藤だけが生き残りました」

昭和十五年六月、飛行学生卒業。同期生三十名は、操縦二十名、偵察十名に分かれ、操縦専修と決まった者は、さらに戦闘機五名、艦爆三名、攻撃機十二名に分けられた。

「私は、操縦技倆はひいき目に見ても抜群とは言えず、いっぽうで無線の成績はトップクラスだったので、偵察に回されるんじゃないかというのが衆目の一致するところでした。でも、いざふたを開けてみたら、戦闘機専修ということで、このときも嬉しかったですね……」

日高さんは、大分海軍航空隊で戦闘機搭乗員への第一歩を踏み出した。訓練に使われたのは複葉の旧式機・九五式艦上戦闘機だったが、筑波で操縦した九三式中間練習機「赤とんぼ」とはまったく違って操縦がシビアで、身の引き締まる思いがしたという。ただ、老朽機ゆえと思われる痛ましい事故も起きた。

「一緒に訓練を受けてきた原正君が射撃訓練中、機体を引き起こしたとたんに両翼が吹っ飛んでそのまま大分湾に墜ち、殉職してしまった。十一月十五日付で戦闘機教程を卒《お》えましたが、五人でくぐった大分空の隊門を、そろって出られなかったのが心残りでした」

戦闘機教程を卒業した日高さんに届いたのは、中尉進級と空母「飛龍」乗組の辞令だった。

「これには驚きました。練習航空隊から直接母艦に配備されるというのは、それまで例がなかったからです。母艦搭乗員は着艦ができないといけませんから、少なくとも一年ぐらいは基地航空隊で腕を磨かせるのがふつうでした。これは、戦争が近づいてくるなかで、学生卒業直後のパイロットが果たして母艦で使い物になるだろうかという、いわばモルモットとしての起用であったと思っています」

空母に搭載される飛行機隊は、ふだんは陸上基地で訓練を重ね、発着艦訓練や作戦行動のときに母艦に収容される。日高さんが赴任したのは、長崎県の大村基地だった。

「ここでは、新着任搭乗員に対する猛訓練が待ち構えていました。飛行機は九六式艦上戦闘機です。まず、地上の決まった一点に着地する『定着』訓練、それが終わると停泊中の母艦に擬接艦《ぎせっかん》、飛行甲板から十メートルぐらいにまで近づいて、エンジンをふかして上昇する。続いて航行中の母艦への接艦（タッチ・アンド・ゴー）、それが終わると着艦訓練です。

ところが、この着艦が初心者にはむずかしい。港では途方もなく巨大に見える母艦ですが、上空からだと、大海に浮かぶ木の葉のように小さく見えて、あんなところに降りられるのかと、最初は足が震えました。

接艦、着艦訓練のときは、母艦は艦首を風上に向けて、合成風力が毎秒十四メートルになるようスピードを調節します。たとえば、風速が毎秒五メートルなら、艦の速力は十八ノットです。飛行機隊の指揮官は、母艦に『着艦準備ヨシ』の旗旒《きりゅう》信号が上がったならば、編隊を解散させて一番機から順次、誘導コースに入ります。

母艦の艦尾左舷《ひだりげん》には着艦誘導灯が設置されていて、高さの違う赤灯と青灯がおのおの四個ずつ並んで前後に取りつけられています。搭乗員は、母艦に接近するとき、赤灯と青灯が一線に見える角度で進入すると、ピタリと着艦できるようになっていました。余談ですが、アメリカ海軍の空母では、飛行甲板の後部で両手に大きなしゃもじのようなものを持った兵員が、それを上下させながら飛行機を誘導して着艦させていて、こんな着艦誘導灯――いまも、空港で使われているものと同じ原理ですが――を使っていた日本海軍のほうが、この部分は進んでいたのかな、とひそかに誇りに思っています」

日高さんの、飛行機操縦や母艦に関する記憶は、じつに鮮明である。話しだすと止まらないのは、やはり空を飛ぶことが好きでならなかったためだろう。

「母艦の飛行甲板後部には、横幅いっぱいに直径十ミリほどのワイヤーが、五メートルほどの間隔で六本ぐらい取りつけられ、その両端はドラムに巻きつけられています。さらに、ワイヤー両端には起倒装置がついていて、ふだんは倒してありますが、飛行機を収容するときに起こすと、ワイヤーが高さ四十センチほどの位置にきます。

着艦するときは、飛行機の尾部に垂らした着艦フックをワイヤーにひっかけると、ワイヤーが伸びるのをドラムが緩衝《かんしょう》して止め、飛行機も停止します。この瞬間、搭乗員には六Gほどの強い重力加速度がかかるので、しっかり肩バンドを締めていないと、つんのめって前方の照準器におでこをぶつけたりしました。

飛行機が止まると、飛行甲板両側のポケットに待機していた整備員が飛び出してきて、着艦フックをワイヤーから外してくれるので、その合図でフックを巻き上げ、前部のリフトに向けタキシングしていくわけです」

九六戦は、着艦時の前下方視界がわるく、機首の七ミリ七（七・七ミリ）機銃の穴からようやく飛行甲板をのぞきながら母艦にアプローチするが、着艦の瞬間は何も見えなくなるのが困ったという。最初の十回ほどは無我夢中だったが、やがて慣れてくると、一本めのワイヤーに着艦フックをひっかけるのが快感になってきた。

「考えてみたら、母艦への着艦のときはつねに同じ風速の向かい風が吹いているから、理論的には飛行場への着陸よりも楽なはずなんです。それがむずかしく感じるのは、飛行甲板が狭く見えて、一歩間違えれば海に転落するという恐怖感――多分に心理的なものと、煙突からの煙などによる艦尾付近の気流の乱れによるテクニカルな面と、両方の要素があったんでしょう」

昭和十六（一九四一）年四月、「飛龍」に出動命令が出た。任務は、南方資源の確保を目的として行われる仏印（現・ベトナム）進駐の支援である。ここではじめて、「飛龍」にも零戦が配備されることになった。零戦は、この前年に制式採用され、中国大陸上空で無敵ともいえる強さを発揮していたが、生産数が上がらず、まだ母艦にまではまわってきていなかったのだ。

「はじめて零戦に乗ったときの感激は忘れられません。期待にたがわず素晴らしい戦闘機でした。高性能のわりに、着艦操作が容易であったことが強く印象に残っています」

結局、「飛龍」はこの作戦で出番はなく、待機しただけで内地に引き上げてきた。日高さんは、給油艦「高崎《たかさき》」を建造途中で改造、完成したばかりの小型空母「瑞鳳」に転勤し、数ヵ月乗り組んだあと、大分海軍航空隊教官となって、ここで開戦を迎える。

「飛行学生同期の戦闘機乗りのうち、『加賀』の坂井知行《ともゆき》と『蒼龍』の藤田怡与蔵《いよぞう》の二人は真珠湾攻撃に参加しましたが、私と山下丈二は内地に残されてしまいました。あれは悔しかった。私は大分空なので、週末は別府の杉乃井《すぎのい》によく行ってたんですが、ハワイ帰りの機動部隊の連中が、別府でドンチャンやってるのが癪《しゃく》に障《さわ》って仕方がありませんでした」

世紀の大作戦に参加し損ない、髀肉《ひにく》の嘆《たん》をかこっていた日高さんに、次に届いたのは、空母「鳳翔」分隊長の辞令だった。「鳳翔」は大正十一（一九二二）年に竣工《しゅんこう》した世界で最初の正規空母だったが、すでに旧式化していて、表舞台の機動部隊ではなく、戦艦部隊の上空哨戒をもっぱらの任務にしていた。

「なにしろ旧《ふる》い艦ですから、飛行甲板もリフトも小さくて新型機が搭載できない。戦闘機は九六戦六機、艦攻は複葉の九六艦攻を搭載していました。搭乗員はベテラン揃いだったんですがね」

そして、昭和十七（一九四二）年四月の人事異動で、日高さん（五月一日、大尉進級）は、ふたたび「瑞鳳」に戻り、戦闘機分隊長となる。

「瑞鳳」戦闘機隊は九六戦十二機を定数にしていたが、ほどなくミッドウェー作戦の実施が決まり、「瑞鳳」が攻略部隊に編入されることが決まると、急遽、戦闘機のうち六機を零戦に転換することになった。「瑞鳳」は、九六戦六機、零戦六機、九七艦攻九機の編成で、ミッドウェー作戦に出動する。

「昭和十七年六月五日、ミッドウェー海戦の当日は、われわれは攻略部隊の上空哨戒に任じつつ、楽な気持ちで機動部隊の戦いぶりが無線で入電するのを待っていました。

ところが、入ってきたのは『赤城』『加賀』『蒼龍』が大火災、という緊急電で、動転しましたね。なにかの間違いだろうと、信じられない思いが先に立ちました。それまで連戦連勝のニュースしかなかったし、まさか負けるとは思わなかったですから。

やがて、最後に残った『飛龍』まで被弾したと聞くにおよんでは、もうどうしようもない。

『飛龍』炎上の一報が届いた少しあとだったと思います。飛行長から、主力空母がやられたので、『瑞鳳』と『鳳翔』の搭載機全機と、戦艦、巡洋艦搭載の水上偵察機全機に爆弾を搭載して、敵機動部隊攻撃に向かわせる、日高大尉の零戦六機がこれを護衛する、と命令の内示を受けました。

これは大変なことになった、鈍足の水偵に爆装させても、むざむざ敵に墜《お》とされに行くようなものだと思いましたが、しばらくして、いまからでは敵機動部隊に追いつけないことがわかって、その話は中止になったので助かりました」

ミッドウェー海戦は、日本側は主力空母四隻と巡洋艦「三隈《みくま》」が沈没、母艦搭載の全機、二百八十五機（戦史叢書の推定）と水上偵察機二機を失った。それに対して、米側の損害は、大破して漂流中の空母「ヨークタウン」が、日本の伊号第百六十八潜水艦の雷撃に止めをさされ、駆逐艦一隻とともに沈没。飛行機喪失百五十機だった。

「絶対に優勢だったわが機動部隊が、どうしてあんなぶざまな負け方をしたのか、戦後、日米双方から出た記録を読み漁《あさ》りましたが、読めば読むほど悔しさで腸《はらわた》が煮えくり返る思いです。情報が事前に漏《も》れていたにしても、敗因は結局のところ、敵を舐《な》めすぎていたからではないかと思わざるを得ないですね」

評価が真っ二つに分かれる南太平洋海戦での護衛戦闘機隊指揮官の決断

日高さんと最初に会った日から、一年近くが経過した。毎月一度か二度、日高さんから私の携帯電話に、

「そろそろ、また話しませんか」

と、電話がかかってくる。日高さんは散歩中に電話をかけてくるらしく、発信元はいつも公衆電話だった。

会う日時が決まると、光人社に電話をかけて、その時間、会議室を空けてもらう。待ち合わせは靖国神社参集殿前。日高さんはいつも、決めた時刻の一時間前には靖国神社に着いていた。待たせては悪いと思い、私も早めに行くようになると、日高さんはさらに早く出てくる。しまいには、待ち合わせ時刻の二時間前には会って、遊就館《ゆうしゅうかん》一階で展示されている零戦を見たり、靖国神社正門脇で半世紀以上、営業を続けている「ツカモト写真館」の店主・塚本一由《つかもとかずよし》さんに二人一緒の記念写真を撮ってもらってから、インタビューに臨むようになった。

――そんなある日のこと、突然、日高さんが、それまで封印してきた第二次ソロモン海戦から南太平洋海戦にかけての戦闘の模様を、淡々と語り始めたのだ。

日高さんの心中にどんな変化があったのかわからないが、日高さんは私とほぼ並行して、航空史研究の第一人者で、日本陸海軍の知られざる航空戦にスポットを当てた数々の著書で知られる渡辺洋二さんとも会っている。渡辺さんも、取材対象に真摯《しんし》に向き合う取材姿勢では定評のある人だから、それが日高さんの心に響いた結果かもしれない。

結果的に、日高さんが自らのことでインタビューに応じたプロの取材者は、渡辺さんと私だけだった。

「八月五日、私は『瑞鳳』乗組のまま、臨時『瑞鶴』戦闘機分隊長に発令されました。『瑞鶴』は南方への出撃が迫っていましたが、分隊長に内定していたクラスメートの宮嶋尚義大尉が着艦訓練未修で、私が急遽《きゅうきょ》、代役で出ることになったんです」

八月七日、ソロモン諸島ガダルカナル島の争奪戦が始まると、空母「翔鶴」「瑞鶴」「瑞鳳」で新たに編成された第一航空戦隊のうち、艦の整備が間に合わなかった「瑞鳳」をのぞく二隻は、八月十六日、内地を出港、ソロモンの戦場に向かう。

日米機動部隊が激突したのは、八月二十四日のことだった。のちに「第二次ソロモン海戦」と呼ばれる。

この日、〈敵大部隊見ユ。我《ワレ》戦闘機ノ追躡《ついじょう》ヲ受ク〉と打電して消息を絶った索敵機の位置を推定して、第三艦隊（機動部隊）は十二時五十五分、空母「翔鶴」、「瑞鶴」から、零戦十機、九九艦爆（急降下爆撃機）二十七機の第一次攻撃隊を発艦させた。日高さんも「瑞鶴」戦闘機隊を率い、これに参加している。

「このときの発艦の模様は、いまもはっきりと憶えています。『瑞鶴』のような大きな空母でも、飛行甲板に第一次攻撃隊を発進状態で並べると、いちばん先頭の飛行機——通常、前から戦闘機、艦爆、艦攻の順に並べるので、戦闘機が先頭です——は、前端から五十メートルほどの位置になってしまう。つまり、滑走距離がそれだけしかない。戦闘機隊指揮官の私は、当然いちばん最初に発艦することになりますが、これがなかなか骨が折れるんです。

フラップを少し下げ、ブレーキをいっぱいに踏んで待機し、母艦が風に向かってセットしたとき、発艦指揮官の合図で発艦するんですが、そこでエンジンを全開にし、尾部を少し持ち上げて抵抗の少ない状態になってから、ブレーキをパッと離す。すると、飛行機は弦《つる》を放たれた矢のように滑走を始める。あっという間に飛行甲板の前端に達する。ここで操縦桿をジワッと引いて機首を上げますが、なにせ距離が短いから十分な浮力がついてません。甲板を離れたとたん、機体はぐっと沈み込み、あわや海面、というところでやっと浮力がついて上昇を始める。——しかし、第一次攻撃隊の先頭を切って発艦するときは、これぞ男子の本懐、と思いましたね」

攻撃隊は午後二時二十分、敵機動部隊を発見、艦爆隊は急降下爆撃に入るが、敵はレーダーで日本側の動きを察知しており、五十三機ものグラマンＦ４Ｆワイルドキャット戦闘機を発進させ、待ち構えていた。たちまち激しい空戦が始まる。

ただ、この場合、零戦隊の任務は、敵機を撃墜することではなく、味方の艦爆隊が敵戦闘機に墜とされないよう守ることである。しかし、戦闘機の機数が十対五十三ではどうにもならない。

「私は、この日が初陣でした。初めて敵のグラマンを見た時、薄水色の塗装が鮮やかで、きれいな飛行機だな、と思いました……」

空中で見る飛行機の姿は、たとえ敵機であっても美しい。これは、空戦経験のある多くの搭乗員に共通する述懐である。しかし、いくら美しくとも敵は敵、出会えばこちらを殺そうと牙《きば》を剝《む》いてくるのだ。

——はじめて日高さんに会ったとき、日高さんはここの話で黙ってしまった。ところがこの日、日高さんはごく自然な様子で、躊躇《ちゅうちょ》することなく話を続けた。私は思わず居ずまいを正した。

「多勢に無勢、無我夢中の空戦で、率直に言って艦爆隊の掩護《えんご》どころではありませんでした。この空戦で、私は二機を撃墜したと報告しましたが、実際のところ、混戦になって敵機が海面に墜ちるところまでは確認できていません」

零戦隊はほかに六機を撃墜したが、四機が撃墜され、また、「翔鶴」の小町定《こまちさだむ》三飛曹は機位を失し、やがて燃料が尽きて海面に不時着水した。

艦爆隊は、敵戦闘機の猛攻と、敵艦からの激しい防御砲火のなかを突入し、「翔鶴」艦爆隊は米空母「エンタープライズ」の飛行甲板に三発の二百五十キロ爆弾を命中させるが、十八機のうち十機が撃墜される。空母「サラトガ」に向かった「瑞鶴」の九機は、一発の命中弾も与えられないままに八機が撃墜され、残る一機も被弾して不時着水するという大きな犠牲を出した。

さらに、第二次攻撃隊（艦爆二十七機、零戦九機）が午後二時に発進したが、敵を発見することができず、ついに取り逃がしてしまう。第二次攻撃隊の帰艦は夜間になり、艦爆四機が機位を失して行方不明、一機が不時着水する。なんとも締まらない幕切れだった。

この海戦で、日本側は、別働隊の空母「龍驤《りゅうじょう》」が撃沈されたのをはじめ、飛行機五十九機（零戦三十、艦爆二十三、艦攻六)、多くの搭乗員を失った。米側の損害は、空母「エンタープライズ」が中破したほかは、飛行機二十機を失ったにすぎなかった。

「この戦いで私は、クラスメートで同じ『瑞鶴』の艦爆指揮官・大塚禮次郎《れいじろう》大尉を護ることができませんでした……」

ラバウル・ソロモン方面の航空戦は熾烈《しれつ》を極めてきていた。にもかかわらず、ラバウルにあった日本側の基地航空兵力は、この時点で零戦約三十機、陸攻約三十機程度にすぎない。さらに零戦十六機がもう一息でラバウルに到着の予定だが、それでも到底まかなえるものではない。聯合艦隊司令部は、母艦航空部隊の戦力を割いて、航空兵力をテコ入れする策をとらざるを得なくなった。

まずは、八月二十八日、「翔鶴」飛行隊長・新郷英城《しんごうひでき》大尉の率いる「翔鶴」「瑞鶴」の零戦二十九機、艦攻三機を、ラバウルの南東百六十浬(約三百キロ)に位置するブカ島に急造された飛行場に派遣する。日高さんもその一員として、ブカ島に進出した。

「蚊《か》が多くて、湿っぽくて、ひどい環境でしたよ。あっという間にほとんどの隊員がマラリアにやられてしまい、地上で戦力が半減するようなありさまでした」

――このときから七十一年後の平成二十五(二〇一三)年、私はブカ島を訪ねたが、人口が増えた以外は、当時、ここにいた零戦搭乗員から聞いた話とさほど変わっているとは思えなかった。治安もよくなく、現代でもけっして快適とは言いかねる環境である。飛行場は、日本海軍が設営し、日高さんたちが使った飛行場を、滑走路を舗装しただけでほぼそのまま使っている。滑走路の端には、旧日本軍の高角砲が、赤錆《さ》びた姿でいまも空を睨《にら》んでいる。

「八月二十九日、ブカ基地の空母零戦隊二十二機は、ラバウル基地からの陸攻十八機と合同してガ島の敵飛行場を空襲しました。手前にあるルッセル島あたりから逐次高度を上げていき、高度八千メートルでガ島上空に突入することになっていたんですが、私の機は酸素マスクの故障で高度を上げることができず、バンクを振って合図して、単機で編隊を離れ、高度三千メートルでヘンダーソン飛行場の上空にさしかかりました。いま思えばわれながら大胆不敵ですが……。

するとそのとき、いきなり目の前を曳痕弾が飛んだんです。振り返るとグラマンF４Fが一機、私の後ろについている。敵の搭乗員が射撃のうまい奴なら、いまの一撃で墜とされていたところです。それで、格闘戦に持ちこんで二、三回旋回したんですが、逆に敵機に回りこまれて、尾部にバンッと被弾した。F４Fは手強かったですよ。もうだめかと思ったところに、『翔鶴』零戦隊の佐々木原正夫二飛曹機が駆けつけてくれて、右横からダダダーッと、あっという間にその敵機を墜としてくれました。みごとな攻撃でした。被弾は一発だけでしたが、敵弾は方向舵の下にある油圧パイプを撃ち抜き、そのために尾輪が出ない。地面に尾部をこすりながら、かろうじてブカ基地に着陸することができましたが」

翌八月三十日には、陸軍部隊のガダルカナル島上陸を支援するため、空母零戦隊十八機がガ島飛行場を空襲、敵戦闘機と空戦を繰り広げ、敵機十二機撃墜（うち不確実二）の戦果を挙げたが、日本側も九機が未帰還、一機が不時着した。

この頃、敵戦闘機は零戦との格闘戦に入ることをなるべく避け、頑丈《がんじょう》な機体特性を生かして上空からの一航過《こうか》で日本軍の爆撃隊を攻撃すると脇目もふらずに離脱する『一撃離脱』の戦法をとるようになっていた。零戦に追跡された場合はただちに他の一機が救援できるよう、二機を一組として戦う。急降下速度の劣る零戦で、敵機を捕捉《ほそく》することは容易なことではなくなってきていた上に、日高さんの例でもわかるように、いざ格闘戦になっても、Ｆ４Ｆは意外に手強かった。この頃から、零戦の空戦での優位はゆらぎ、損失も急激に増してゆく。

ソロモンで戦っていた頃、日高さんに内地から悲報が届いた。海軍兵学校を病気で退校し、その後、東京工大を経て海軍技術士官となっていた兄・日高荘輔造兵中尉が、八月十七日、飛行機事故で殉職したのである。

荘輔さんは、飛行機に搭載する十三ミリ機銃の開発・実験に従事していた。この日、ドイツから輸入し、機銃の実験用に使っていたユンカースＪｕ88双発爆撃機に乗って千葉県の木更津基地を離陸、そのまま行方不明になったという。あろうことか、本来乗るはずだった技術士官の大尉が遅刻し、代役として搭乗しての事故だった。飛行場周辺でテスト射撃を行うだけだというので、この機体には、コンパスも無線機も装備されていなかった。原因は悪天候によるものと思われたが、定かではない。

日高男爵家の家督を継いでいた兄の死で、日高家はこの年、爵位を返上している。

日高さんは、ブカ島派遣が終わるとすぐに休暇をとり、内南洋における日本海軍の拠点・トラック島から、定期便の輸送機で日本に帰った。そして兄の海軍葬に列席し、形見のライカを持ってふたたび戦地に赴《おもむ》いた。

昭和十七年十月二十六日、ソロモン海域で、日米機動部隊がふたたび激突した。「南太平洋海戦」と呼ばれるこの戦闘で、日本側は米空母「ホーネット」を撃沈、「エンタープライズ」に損傷を与え、飛行機七十四機を失わせたが、「翔鶴」と「瑞鳳」が被弾、飛行機九十二機と搭乗員百四十五名を失った。

日高さんは、十月一日付で臨時「瑞鶴」分隊長の任を解かれ、「瑞鳳」戦闘機隊分隊長に復帰している。

「アメリカの機動部隊が出てきているらしい、というので敵を求めて遊弋《ゆうよく》していましたが、数日間は何も起こらなかった。索敵機は出していましたが、互いになかなか敵を見つけることができなかったんですね。天候はおだやかで、海も凪《な》いでいて、眠気を誘うような航海でした。私は、兄のライカで飛行甲板上の零戦を撮影し、それを艦内の暗室で現像、プリントまでやったり、要するにのんびりしていたわけです」

このとき、日高さんが撮影した「瑞鳳」艦上の零戦や搭乗員の写真からは、大規模な戦闘が間近に迫ってきているような緊張感は感じられない。

余談になるが、華族の出で童顔、どちらかと言えば華奢《きゃしゃ》な体つきで貴公子然とした日高さんのことを、この頃、部下の搭乗員たちは陰で、「宝塚少女歌劇団」というあだ名で呼んでいた。日高さんもそのことは知っている。

「そうして、気分的に少しだれた感のあった十月二十六日早朝、突如、という感じで、索敵機から敵機動部隊発見の一報が届いたんです」

敵発見の報を受け、「翔鶴」「瑞鶴」「瑞鳳」の第一航空戦隊からあわただしく発進したのは、零戦二十一機（翔鶴四、瑞鶴八、瑞鳳九）、九九艦爆二十一機（瑞鶴）、九七艦攻二十機（翔鶴）、計六十二機。日高さんは、「瑞鳳」零戦隊九機の指揮官である。

攻撃隊が発艦した直後、「瑞鳳」は、索敵に飛来した敵ダグラスＳＢＤドーントレス艦爆の投下した爆弾を飛行甲板に受けた。

「そのとき私は、兄の形見のライカを私室に置いて出ていました。『瑞鳳』から爆煙が上がるのを見て、しまった、持ってくればよかったな、と思いましたが、あとの祭りでした。しかし、日本とちがってアメリカの索敵機は、爆弾を搭載して、艦隊を発見したら単機で爆撃までしてくるんですね。アメリカ人というのは勇敢だなあ、と思いました」

第一次攻撃隊が、敵をもとめて高度三千メートルで進撃する途中、空母「ホーネット」より発進したＳＢＤ艦爆十五機とすれ違った。敵は右前方、高度二千メートル。発艦してから間もないと見えて、まだ編隊も組めずにバラバラに飛んでいた。高度差千メートル、距離もよし、日頃の射撃訓練をそのまま再現したような絶好の条件である。が、日高さんは、「任務は直掩《ちょくえん》」と、その敵機をやり過ごした。

さらに十分後、今度は「エンタープライズ」から発艦したＦ４Ｆ、グラマンＴＢＦアベンジャー艦攻各八機、ＳＢＤ艦爆三機と遭遇した。敵機は右前方からこちらに向かってくる。先ほどとまったく同じ条件である。日高隊はちょうど太陽を背にして優位な態勢にあった。日高さんの脳裏を、ミッドウェー海戦の悲劇がよぎった。母艦がやられては、戦は負けである。

「いまならこの敵をやっつけても攻撃隊に追いつける」

そう思った次の瞬間には、日高さんは攻撃開始のバンクを振って、訓練どおり、敵機が自分の機の右主翼前縁、先端から三分の一の位置にさしかかったところで切り返し、敵編隊に突入していった。

「そのときの心境を言葉にするのはむずかしいんですが……あっと思った瞬間に迷わず反転しました。太陽の方向から奇襲を受けた敵機は、次々と火を噴いて墜ちていきました。敵戦闘機は、攻撃隊をかばっているつもりか、くるくると旋回するばかりでなぜか反撃してきません。敵機に一撃をかけたのち、高度をとって全体を見渡すと、墜落した敵機が、海面にピシャン、ピシャンと水しぶきを上げるのがいくつも見えました」

またたく間に十四機を撃墜（米側記録ではＦ４Ｆ三機撃墜、一機損傷、ＴＢＦ四機撃墜）。

Ｆ４Ｆの戦意のなさに比べて、ＴＢＦの旋回機銃は意外に命中精度もよく、侮れないものがあった。一撃目で、日高さんの三番機・高木鎮大三飛曹機が被弾し自爆、続いて松本善平三飛曹機も同じく旋回機銃にやられ、自爆している。光元治郎《みつもとじろう》一飛曹機も被弾した。

しかも思いのほか空戦に時間をとられ、一段落したときには味方攻撃隊の姿はもはや視界からは消えていた。日高さんが上空でバンクを振って列機を集合させると、日高機は増槽をつけたままだったが、列機のうち五機は増槽を落としていて、しかもほとんどの者が機銃弾を撃ち尽くしていた。日高さんは、味方攻撃隊を追うことをあきらめざるを得なかった。

日高隊には、さらに追い撃ちをかけるような、隠れた出撃時の不手際があった。日高さんは語る。

「通常、母艦から発進する時は、母艦の現在位置を記したチャート（航空図）を、航海士が指揮官に渡すんですが、急な出撃にチャートの作成が間に合わず、チャートが受け取れないまま発艦していたんです。『瑞鳳』は、飛行甲板の下に艦橋があって、艦橋と飛行甲板との連絡がよくなかった。チャートをくれ、と言おうにも、主要幹部はみんな飛行甲板の下にいますから、飛行機の上からそれを伝えるすべがない。発進は一刻を争う。現に、発艦直後に『瑞鳳』は被弾していますからね。えい、仕方がない、攻撃隊とはぐれなければ還ってこられるだろう、クルシー（無線帰投装置）もあるし、と思い、そのまま発艦したんですが……。

飛行甲板上の端に艦橋がある、いわゆる『島型』艦橋の空母なら、こんなことにはならなかったかもしれません」

ともあれ空戦には勝利したが、攻撃隊と離れてしまい、こんどは戻るべき母艦の位置がわからない。クルシーのスイッチを入れてみたが、空戦時にかかったGのせいか、航路計の針が回るばかりで、故障していて使えない。バンクを振って列機を呼び寄せ、手信号で聞いてみても、クルシーが故障していない機は一機もなかった。

「機動部隊の零戦は、出撃前にトラック島で、無線通信やクルシーを使っての帰投訓練を相当積んできていました。クルシーは、母艦から発信する電波を操縦席の後ろについたループアンテナでキャッチして、電波の方向を示す航路計の針にしたがって飛べば母艦に帰れるという装置です。これさえ使えれば、ドンピシャリで帰れるという自信をつけた上での実戦だったんですが……。

肝心のクルシーが使えないのではどうしようもない。私は、機首を進撃方向とは反方位《はんほうい》に向けた上で、万一の場合に損失を分散できるよう、列機を小隊ごとに散開させました」

そのうち、第三小隊の三機は、ちょうど敵艦隊攻撃から帰投途中の艦攻隊と合流できて早々に「瑞鶴」に帰還。日高さんと光元治郎一飛曹の第一小隊は、索敵の要領で、四角い空域をだんだん広げながら飛んでみたが、味方艦隊は見つからない。

「私は指揮官だから仕方ない。しかし、光元を死なせるのはかわいそうだな、と思いました。そのうち、どうも針路が西に寄っているような気がして、駄目でもともと、思い切って東に九十度変針してみた。するとやがて、盛んに艦位を知らせる『瑞鶴』からの無線電話の声が、レシーバーを通じて耳に届いたんです」

モールス信号の「電信」ではなく、到達距離のみじかい「電話」の音声が聞こえるということは、味方艦隊は近くにいるに違いない。だが、自分が飛んでいる位置がわからなくては、艦位を教えられてもどうにもならない。日高さんは、電話で「瑞鶴」に、

「我《ワレ》位置不明。黒煙ヲ上ゲラレタシ」

と、目印の黒煙を上げてくれるよう要請した。艦隊としては、黒煙を上げることは敵機の目標になる恐れがあるので、躊躇《ちゅうちょ》する状況である。しかし幸い、ほどなくして左前方、水平線上に黒煙が高く上がるのが見えた。味方の駆逐艦が展張した黒煙だった。

日高機、光元機の二機は、なんとか無事に、唯一《ゆいいつ》被弾のなかった「瑞鶴」に着艦することができた。午後一時過ぎのことである。午前五時二十分に発艦してからすでに八時間あまり、燃料の残量は三十分を切っていた。二機とも、空戦の時に増槽を落とさなかったのが幸いだった。日高さんが帰還できたのは、増槽をふくめた零戦二一型の長大な航続力と、「栄」エンジンの信頼性の賜《たまもの》といえた。

「しかし、残念なことに、内海秀一《うつみしゅういち》中尉、川崎正男《かわさきまさお》一飛曹の第二小隊は、待てど暮らせど還ってきませんでした。二機とも、空戦時に増槽を落としていて、燃料不足になったのかもしれません……」

内海中尉は海軍兵学校で日高さんの二期後輩の六十八期出身、飛行学生を四ヵ月前に卒業したばかりだった。仙台出身で、東北訛《なま》りの抜けきらない純朴な好青年だったという。

川崎一飛曹は乙《おつ》種予科練六期出身で、飛行練習生を昭和十三年に卒業したベテラン搭乗員だった。日高さんとすれば、若い内海中尉には川崎一飛曹がついているから大丈夫、との思いもあったが、その願いはかなわなかった。

空戦で自爆した松本三飛曹は、操縦練習生四十八期を昭和十五年一月に卒業、支那事変以来歴戦の搭乗員で、開戦初頭のフィリピン空襲では第三航空隊に属し、分隊長・宮野善治郎大尉の三番機として活躍した。高木三飛曹は、丙《へい》種予科練二期、昭和十六年十一月に飛行練習生を卒業し、まだ若いが、真面目で度胸があり、日高さんが特に目をかけて直接の三番機に指名していた。

「ここで死なせてしまった四人とも、ほんとうに惜しい男たちでした……」

振り返る日高さんの目には、涙が光っていた。

日高隊の空戦で、味方空母に向かう敵攻撃隊を蹴散らし、それによる損害を未然に防ぐことができたが、このために、ただでさえ少ない攻撃隊掩護の零戦が九機減って十二機となり、敵空母上空に待ち構えていた三十八機のグラマンF４Fとの交戦で苦戦を余儀なくされた。

「翔鶴」零戦隊四機は、八機のグラマンと空戦、四機を撃墜したが、一機が行方不明となり、ほか一機が燃料が尽きて不時着水。真珠湾攻撃の雷撃隊指揮官で「雷撃の神様」ともよばれた村田重治少佐が指揮する「翔鶴」雷撃隊は、グラマン十四機の攻撃をかいくぐって、猛烈な対空砲火のなか、雷撃を敢行《かんこう》したが、二十機のうち指揮官機をふくむ十機が撃墜され、六機が燃料切れで不時着水、帰投した四機も全機が被弾するという損害を出した。

「瑞鶴」零戦隊八機は、グラマン三十数機と空戦、うち十四機を撃墜と報告したが、二機が未帰還、一機は不時着水。二十一機の「瑞鶴」艦爆隊は、グラマン二十数機の攻撃を受けながらも敵空母を攻撃したが、十二機が撃墜され、五機が不時着水、帰艦できたのは四機にすぎなかった。

日高さんが率いる「瑞鳳」零戦隊が命令どおり、攻撃隊の護衛についていれば、味方攻撃隊の犠牲を少なくできたかもしれない。しかし、そうするとみすみす敵機による味方機動部隊への攻撃を許すことになり、ミッドウェー海戦の二の舞になったことも考えられる。

航空作戦は状況の変化が大きく、現場指揮官の判断で臨機応変の対応が求められることが多い。判断の結果がよければ「独断専行」として追認されるが、悪ければ「独断専恣」として懲罰の対象にもなりうる。

日高さんはこのとき、懲罰を受けることはなかったが、こんにちの目でその判断の是非《ぜひ》を論じるのはむずかしい。

「命令は命令、軍人であるからには、それを守るのが絶対。勝手な判断でそれを破ると、作戦そのものに齟《そ》齬《ご》をきたす。機数の割りふりは司令部が考えること。母艦上空には上空哨戒の零戦もいるわけだから、直掩隊は攻撃隊を守り、攻撃を成功させることに集中しないと」

という、いわば批判的な声は、歴戦の元搭乗員の間でも根強く残っている。いっぽう、飛行隊長や分隊長を務めた指揮官クラスのなかには、

「私が日高さんの立場なら、相当悩んだ上で、同じ行動をとったかもしれない」

と、理解を示す人が多かった。空母「隼鷹」飛行隊長として同じ南太平洋海戦に参加した志賀淑雄さん

（当時・大尉）は、

「指揮官の判断は、『行く道、来る道、戻る道、通り直しの出来ぬ道』。日高君のことを、誰も責められないと思う」

と言い、同じく南太平洋海戦で、日高さんが護衛するはずだった艦爆隊指揮官の実兄・石丸豊大尉を亡くした岩下邦雄さん（終戦時・大尉、横須賀海軍航空隊戦闘機分隊長）も、

「私も、艦爆隊の直掩で出撃したことがありますが、いまだにどうすればよかったのかわからない。日高さんの判断を非難する気はありません。日高さんは兄のクラスメートですし、日高さんも辛《つら》かったと思います」

と語っている。石丸大尉は、空母「ホーネット」に一弾を命中させたが、すさまじい対空砲火に被弾、後席の偵察員が戦死し、自らの身体にも敵弾を受けた。なんとか味方艦隊上空にたどり着いたものの、そこで力尽きて不時着水し、駆逐艦「夕霧《ゆうぎり》」に救助されるが、「ズイカク」と一言発して事切れたと伝えられている。

「隊長、敵に後ろにつかれた時は？」「操縦桿をぐりぐり動かせ」

日高さんの戦いは、その後も続いた。いったん内地に帰還したのち、昭和十八（一九四三）二月にはふたたびトラックに進出。そこからさらに、ニューギニア北岸のウエワク、ニューアイルランド島カビエン基地に進出し、輸送船団の上空直衛などの任務につく。

二月には、ついに日本軍はガダルカナル島から撤退し、ソロモン、ニューギニアの戦いは、戦線を維持するだけで精一杯の苦しいものになっていた。

いま、敵航空兵力に打撃を与えて優位に立たなければ、ますます苦戦を強いられるのは明らかである。だが、この方面に展開している基地航空隊の作戦可能な飛行機は、零戦九十機をふくむ約百六十機にすぎない。聯合艦隊司令長官・山本五十六大将は、第三艦隊（機動部隊）司令長官・小澤治三郎中将に、指揮下にある全空母機を率いてラバウルに進出することを命じた。母艦部隊の進出航空兵力は、空母「瑞鶴」「瑞鳳」「隼鷹」「飛鷹」に搭載されている零戦百三機、艦爆五十四機、艦攻二十七機、計百八十四機だった。

この航空兵力をもって、ガダルカナルとニューギニア、二方面の敵に空襲を繰り返し、戦局を挽回する。この作戦は、いろは四十八文字の最初の一字にあやかって「い」号作戦と名づけられた。

山本長官は、この作戦の重要性を明示するために、ラバウルで陣頭指揮に当たることとし、参謀長・宇垣《うがき》纏《まとめ》少将以下、司令部幕僚のほとんどを率いて、四月三日、ラバウルに進出。山本長官の将旗は、旗艦「武蔵」からラバウル市内に設けられた臨時の司令部に進められた。明治五（一八七二）年に海軍省が創設されて以来、七十一年の歴史のなかで、艦隊の最高指揮官がその司令部を前線の陸上基地に置いたのは、はじめてのことであった。

日高さんら「瑞鳳」飛行機隊がトラックを発ち、ラバウルに進出したのは四月二日のことである。出発に先立って、ソロモン戦の戦訓にしたがい、上空でより目立たなくするため、それまでライトグレー一色だった母艦の零戦の機体上面に、緑色の応急迷彩がほどこされることになった。飛行隊長・佐藤正夫大尉や分隊長の日高さんも駆り出され、搭乗員と整備員が総出で機体にスプレー塗装をほどこす。

「表面がザラザラで、うすぎたない姿になったなあ、と思いました」

と、日高さんは言う。

ラバウルから飛行機隊が出撃するとき、山本長官は白の第二種軍装に身を固めて、帽を振って見送った。指揮所の山本長官の前で整列する、出撃前の「瑞鳳」戦闘機隊の写真が残っている。

四月十四日、日高さんは、ラバウル東飛行場の列線で、兵学校で一年先輩だった第二〇四《ふたまるよん》海軍航空隊飛行隊長・宮野善治郎大尉とばったり出会った。

「宮野さんとは、大分空で一時期一緒になって以来、二年半ぶりの再会でした。世間知らずの私から見た宮野さんは、どちらかと言えば朴訥《ぼくとつ》とした印象なものの、世間慣れした大人の雰囲気が感じられたものです。肌合いもまったく違っていて、尊敬していたものの近寄りがたかった宮野さんが、このときは親しく声をかけてくれました。細かな言葉のやりとりは覚えていませんが、別れ際に宮野さんが、

『母艦乗りはいいなあ、たまに出てきてすぐに帰れるんだからなあ。俺たち基地部隊は毎日（が出撃）だよ』

と言われたことははっきりと記憶しています。『その通りだ』と思いました。ラバウルの基地航空部隊はまさに休む間もなく、毎日のように戦闘で消耗《しょうもう》しているのを知っていましたから。宮野さんも、その後二ヵ月で戦死してしまいました」

作戦を終えて、山本五十六聯合艦隊司令長官は、幕僚を引きつれ、ブイン方面に激励視察に赴くことになった。四月十八日、一式陸攻二機に分乗してラバウルを発った山本長官一行は、目的地のブイン手前で待ち

伏せていた米陸軍の戦闘機、ロッキードP−38ライトニング十六機の攻撃を受け、陸攻は二機とも撃墜され、長官は戦死した。

「このとき、護衛についた戦闘機は六機だけだったそうですが、作戦を終えたわれわれ母艦部隊をそのままトラックに返さず、長官機の護衛につけていれば、少しは違う結果になったかもしれません……」

昭和十八年六月、日高さんは福岡県の築城《ついき》海軍航空隊分隊長を命ぜられ、ひさびさの内地勤務になる。ところが、それもわずか五ヵ月で、十一月には空母「隼鷹」飛行隊長兼分隊長に発令された。

「隼鷹」「飛鷹」「龍鳳」からなる第二航空戦隊の飛行機隊は、損耗《そんもう》いちじるしい基地航空部隊に代わってラバウルに送り込まれることになり、昭和十九（一九四四）一月後半、順次ラバウルへ移動。日高さんは一月二十六日のラバウル基地上空邀撃戦を皮切りに、連日の激しい空戦に指揮官として参加している。

零戦隊は渾身《こんしん》の力を振り絞って戦ったが損害も大きく、二月十七日、十八日とトラック島が米機動部隊の急襲を受け、集結していた航空部隊が壊滅したことで、聯合艦隊はついに、航空兵力をラバウルから引き揚げさせることを決めた。ラバウルの航空部隊は、一部の残留部隊をのぞいて、二月末までにトラックに後退。以後、ラバウルで組織的な航空作戦が行われることはなかった。

わずか半月のみじかい期間だったが、日高さんの率いる零戦隊は、事実上、「ラバウル航空隊」最後の零戦隊だった。

「昭和十九年三月、第二航空戦隊の飛行機隊は、それまで各母艦に付属していたものを一本化して、第六五《ろくごお》二《ふた》海軍航空隊となりました。私は戦闘機飛行隊長として「龍鳳」に乗艦し、来たるべき決戦に備えていました。

その頃、一時期シンガポールにいたことがあるんですが、第三航空戦隊第六五三《ろくごおさん》海軍航空隊の飛行長で、戦闘機の大先輩でもある進藤三郎少佐が、イギリス軍からの分捕り品の青いオープンカーのハンドルを握り、私が助手席に乗って、街をぶっ飛ばしてドライブしたことがありました。進藤さんがそのとき、運転免許を持っていなかったと知ったのは、戦後かなり経ってからのことです。

それから、ボルネオ（カリマンタン）島近くのタウィタウィ泊地で訓練をすることになるんですが、問題は、ふつう母艦航空部隊は基地で訓練して、コンパスの自差修正をやった上で、作戦のときだけ母艦に搭載されるところ、このときは母艦に乗ったままで……。無風状態が続いて訓練がままならない上に、鉄板に囲まれた艦内では、コンパスの自差修正が完全にはできないんです。だから、索敵機の報告にも誤差が出る。司令部がみんな、飛行機のことを知らないんですね。

日本の飛行機の航続力を生かして、敵の攻撃圏外から出撃する『アウトレンジ戦法』が提唱されていましたが、搭乗員の平均的な練度から言っても、そんなことはできるものではありませんでした」

六月十九日から二十日にかけ、マリアナ諸島沖で日米機動部隊が激突した「マリアナ沖海戦」で、日本側は空母「大鳳」「翔鶴」「飛鷹」の三隻と飛行機の大半を失い、惨敗した。

「私は、二航戦戦闘機隊の総指揮官として出撃する予定でしたが、直前になって、急性虫垂炎で緊急手術を受けることになり、飛ぶことができませんでした。海軍はやたらと急性虫垂炎の多いところで、これは毛布のくずを吸い込むからだと言われていました。

海戦中に母艦にいたことはそれまでなかったですから、空襲を受けたときは怖かったですよ。戦闘機乗りが飛べないというのは、こんなに歯がゆいことかと思いました。攻撃隊の犠牲の多さに愕然《がくぜん》としたことは忘れられません」

敗残の機動部隊は内地に帰り、日高さんは茨城県の神ノ池《こうのいけ》海軍航空隊飛行隊長を経て、昭和十九年十一月、同じく茨城県の谷田部海軍航空隊飛行隊長となる。

谷田部空では、戦闘機の訓練部隊として、大学、専門学校から海軍を志願した予備学生十三期生、続いて学窓から徴兵で海軍に入り、その後、試験を経て予備学生になった十四期生らの飛行訓練を行う。

予備学生十三期で、当時少尉だった望月慶太郎さんが、当時の日高さんのことを記憶していた。

「鮮やかな着陸をしてタキシングしてきた零戦が指揮所の前に停まると、操縦席から日高隊長が颯爽《さっそう》と降りてきました。それが、飛行帽ではなく、針金を抜いてクシャっとつぶした軍帽にサングラスという姿だったんです。スマートな身のこなしで、いや、カッコいい、と思いましたね。みんな、俺も真似したいと言ってましたが、教官から、お前ら生意気だ、と言われてできませんでした。

実戦部隊への転勤が決まったとき、日高隊長に、『隊長、敵機に後ろにつかれた時はどうすればいいんですか?』と訊ねたところ、隊長いわく、『操縦桿をぐりぐり動かせ!』……思わず、『操縦桿をぐりぐり動かすとどうなるんですか?』と聞き返したら、『どうなるかわからないだろう? だから敵機もついてこられないんだよ』という返事でした」

さらに昭和二十（一九四五）年五月一日、少佐に進級した日高さんは、同日付で戦闘三〇四飛行隊長に発令される。

「戦闘三〇四飛行隊は、第二五二海軍航空隊に属し、新型の零戦約五十機を掩体壕《えんたいごう》に温存して敵の本土上陸のさいの主力戦闘機隊となるべく、千葉県の茂原《もばら》基地で訓練を重ねていました。やがて空襲がひどくなり、福島県の郡山《こおりやま》基地に移り、六月、七月とそこで訓練して、七月末に茂原に帰ったんですが……。

私たちは、七月二十六日、アメリカ、イギリス、中華民国の首脳が日本に向け『ポツダム宣言』を発したことも、日本政府がそれを受諾したことも知りません。

八月十四日の晩、明日正午、天皇陛下の重要放送があるから必ず聴くように、と言われましたが、まさかそれが終戦を告げるものだとは思わなかった。八月十五日の朝には敵機動部隊の艦上機が関東上空に来襲して、邀撃に上がってるんですからね」

八月十五日午前五時三十分、房総沖の敵機動部隊から発進した艦上機約二百五十機が、ダメ押しをするかのように関東上空に来襲した。霧の濃い早朝だった。厚木基地を発進した森岡寛《ゆたか》大尉率いる三〇二空の零戦五二型丙《へい》八機、雷電四機、茂原基地を発進した日高さん率いる二五二空戦闘三〇四飛行隊の零戦五二型丙十五機がこれを邀撃、三〇二空がグラマンＦ６Ｆ四機、二五二空が英海軍のシーファイア一機（スピットファイアの艦上機型）、フェアリー・ファイアフライ複座戦闘機一機を撃墜した。

この空戦で三〇二空は零戦一機、雷電二機を失い、搭乗員三名が戦死、二五二空は零戦七機を失い、五名が戦死している。

茂原基地が爆撃を受けたので、基地からの無線指示に従い、日高さんは福島県の第二郡山基地に着陸した。ところがここで、日高機は、地面の窪《くぼ》みに脚をとられ、転覆してしまう。

「締まらない結果でしたが、これが、私が零戦に乗った最後の飛行になりました」

〈昭和二十年九月十五日　予備役被仰付《おおせつけらる》〉

と、日高さんの奉職履歴には記されている。これまでの飛行時間二千時間。日高さん二十八歳。前年に結婚した妻と、生まれたばかりの長男がいた。


戦死は名誉じゃない。長く生きて奉公することが国に尽くす道と思っていた

「とりあえず高輪《たかなわ》の家に帰りましたが、東京にいても進駐軍は来るし、仕事もないし、おもしろくない。そこで母の実家のある鹿児島に行き、充員召集を受けて復員援護事務所で事務官として働いていました。それからまた東京に出て、実家の縁で、西郷隆盛の孫で参議院議員の西郷吉之助事務所の手伝いをして。昭和二十五年頃、こんどは同期生の紹介で医療の臨床実験を手伝いながら、明治学院大学の夜学に通って英語を勉強しました」

その後、昭和二十七年十一月、警察予備隊が改組した保安隊に、旧軍の少佐にあたる「3等警察正」の階級で入隊、

「弾着観測の飛行機に乗れるというので試験を受けたんです。空を飛べるんなら陸上でもいいや、と。それで、翌年四月、浜松にあった保安隊航空学校に、第一期学生長要員として入ったんですが、身体検査で肺に肋膜炎の痕が見つかって、ライセンスがとれないという。困っていたら、海軍戦闘機隊の大先輩・小福田

租《みつぎ》さんに、新しくできる航空自衛隊に来い、と声をかけられて……」

昭和二十九年九月一日、発足後間もない航空自衛隊に入った。

「最初は宮城県の松島基地で、『リフレッシャー教育』と称してアメリカ人教官の指導でレシプロ機T－6の操縦訓練を受け、次にジェット機コースとして、やはりアメリカ人教官から、福岡県の築城でT－33の操縦を教わりました。交信はすべて英語だし、ブランクがあったので最初は苦労しましたね。

しかし、航空自衛隊に入ったときはすでに三十七歳になっていましたが、ジェット機に乗れてほんとうによかった。自衛隊に入ったものの、パイロットになれない旧軍の搭乗員も多かったですからね。

次にF86F戦闘機。F86Fは、じつにいい飛行機だったですね。零戦もいい飛行機でしたが、やはりエンジンが非力だったし、私はF86Fのほうが好きです。――こんなこと言うと怒られるかもしれませんが。たとえアメリカ製であっても、ジェット機のほうが操縦していてやはり気分がいい。

その後、テストパイロットとして、イギリスから輸入したバンパイア――これは、開発中の国産練習機・T－1に、イギリスのブリストル・オルフェースのエンジンを搭載する案があって、その参考のために一機だけ購入したものですが――などを担当しました」

昭和四十二年、航空自衛隊を一等空佐で退官、スカウトを受け富士重工のテストパイロットになる。ここでは、富士重工が開発した国産初のジェット練習機T－1を担当した。

「T－1の初飛行は、海軍の大先輩で、昭和二十年、日本初のジェット機『橘花《きっか》』の初飛行をやった高岡迪《すすむ》さんが担当し、私はT－33で随伴飛行をやりましたが、その後のテストは私が主になって行いました。富士重工の宇都宮飛行場は狭くて周囲に立木があり、母艦への着艦なみにむずかしい飛行場でしたが、T－1

はじつに着陸性能がよくて、楽々降りられる。練習機として、操縦がやさしすぎるんじゃないかと思ったぐらいですが、それほどよくできた飛行機でしたね」

日高さんは、昭和五十一年、五十九歳で富士重工を退職するまで、大好きな飛行機に乗り、大空を飛び続けた。自衛隊での飛行時間は二千四百四十時間五十五分、富士重工で千二百十時間二十三分。海軍時代と合わせれば、総飛行時間は五千六百五十二時間八分に達していた。

――ひと通り、日高さんの人生航跡を語ってもらうのに、いったい何度会ったことだろう。その都度、私には新たな発見があった。

あるとき、日高さんと航空史研究の渡辺洋二さん、私の三人で、三菱重工小牧《こまき》南工場の史料館に、復元された零戦を見学しに行ったことがあった。このとき、操縦席に座った日高さんは、零戦の計器や操作の多くを忘れていたことにショックを受けたという。日高さんは、渡辺さんに頼んで零戦のコクピットの図面を取り寄せ、数ヵ月後、

「すっかり思い出しましたから、もう一度行きましょう」

と、雪辱《せつじょく》に行くという、負けず嫌いなところを見せた。二度めの三菱史料館見学には、元二〇三空戦闘三〇三飛行隊、予備学生十三期の土方《ひじかた》敏夫さん（終戦時・大尉。戦後、成蹊学園教頭、外務省帰国子女相談室長）が同行した。同じ東京生まれの日高さんと土方さんは、とても気が合うようだった。

そんないきさつもあって、日高さん、土方さん、渡辺さん、私の四人で「新宿中村屋でカレーを食う会」「美々卯でうどんすきを食う会」と称して新宿で会う、というのが毎月の恒例になった。

そして平成十八（二〇〇六）年、『零戦隊長―二〇四空飛行隊長宮野善治郎の生涯』の出版を控えて最後の追い込みをかけているときに日高さんから電話で呼ばれ、本のなかで、日高さんの戦いについても書いてよいとの許しを得た。最初に日高さんに取材を依頼してから十年あまり、会ってから四年が経っていた。

日高さんは、ほんとうに若い人と接するのが好きな人であった。

零戦搭乗員だけで運営していた戦友会「零戦搭乗員会」には、戦争を思い出したくないからと一度も参加しなかったのに、若い世代が加わって手伝いをする新生「零戦の会」に組織替えしてからは、必ず会合に足を運んできた。

日高さんは、いつもお洒落《しゃれ》で恰好《かっこう》がよかった。聞けば、二十代の頃から八十代半ばになるまで、体型がほとんど変わらなかったという。いつも仕立ての良いジャケットに、趣味のよいシャツ、ネクタイを合わせて、スマートに着こなしていた。

日高さんの、ふだんお気に入りの場所は、世田谷区の自宅近くで、「零戦の会」役員の一人が経営するワイン店「フルール・ド・プリムール」だった。日高さんは毎日のように、散歩の途中でこの店に立ち寄っては、若い人たちとの歓談に興じていた。

この店では、やはり近所に住んでいた戦闘機乗りのクラスメート、藤田怡与藏さん（終戦時・少佐、戦後日本航空機長）と会う機会もあり、また、パソコンを見せてもらってインターネットのＷｅｂサイトを興味深そうにのぞくこともあった。南太平洋海戦直前に空母「瑞鳳」艦上で日高さんが撮影した、日高さん自身の乗機であった「ＥⅢ－１１７」号機の写真が雑誌「丸」に載ったとき、ある零戦マニアの掲示板で、〈分隊長機なのに、垂直尾翼の指揮官標識の線が一本というのはおかしい。日高さん自身がそう言っているならともかく、これはキャプションの間違いではないか〉などという議論が交《か》わされていた。日高さんはそれを見て、

「だから私がそう言ってるんですけどねえ」

と苦笑していたこともある。

宮野善治郎大尉（戦死後・中佐）の命日である六月十六日には、宮野大尉の三番機だった大原亮治さん（終戦時・飛行兵曹長）と一緒に靖国神社で昇殿参拝もしたし、毎年七月に行われていた二五二空「舟木《ふなき》部隊」（昭和十九年、硫黄島で戦った頃の二五二空）の慰霊昇殿参拝にも、

「二五二空は私が最後にいた航空隊だし、舟木忠夫《ただお》司令は空母『鳳翔』でお世話になった人だから」

と、二五二空戦友会を一手に引き受けていた角田和男《つのだかずお》さん（終戦時・中尉）とともに出席していた。谷田部海軍航空隊の戦友会「谷田部空の会」の集いで、茨城県の谷田部空跡地にも行った。

若い世代を誘って、海軍時代の戦闘機乗りの先輩、後輩たちの墓参りにも、しばしば足を運んだ。

新郷英城中佐、岡嶋清熊《おかじまきよくま》少佐、白根斐夫《しらねあやお》少佐（戦死後・中佐）、笹井醇一《ささいじゅんいち》中尉（戦死後・少佐）……日高さんはいつも、その人たちの思い出を、昨日のことのように語るのがつねだった。

新郷中佐の墓は、調布飛行場の近くにある。

「ここだと毎日、飛行機が見られていいなあ」

日高さんは心底うらやましそうに言った。飛行機への情熱は、いまだ衰えていないようだった。

そんな日高さんの様子に異変が感じられたのは、平成二十（二〇〇八）年の夏頃だっただろうか。緑内障をわずらい、急に目が悪くなったようで、会っても、目の前で声をかけないと気づかない。駅や街の案内表示も見えていないらしかった。

その頃、日高さんから、大切に保管していた海軍時代の書類や辞令、写真、海兵六十六期の戦時中からのクラス会会報などが、段ボール箱三個に分けて、宅配便で私のもとへ送られてきた。

「後々、誰の手に渡るか、あるいは処分されるか、わからないのは忍びないので、持っておいてください。お役に立つなら、ご自由に使ってください」

と。おそらく、形見分けのつもりだったのだろうと思う。

「これまでに話したことも、私はもう、書いていただいて構いませんから」

やがて、あれほど頻繁《ひんぱん》だった日高さんからの音信はプッツリ途絶え、平成二十二（二〇一〇）年夏、訃報《ふほう》が届いた。七月十五日に亡くなったという。享年九十二。

「国のために死ぬことが名誉のように言われていた時代だったけど、私は必ずしもそうは思わなかった。長く生きて奉公することが国に尽くす道。自分が死んだら敵が喜ぶだけ、だから死ぬもんか、と思っていました。

しかし振り返ってみると、少年時代の夢がかなってパイロットになれて、海軍では零戦、戦後はジェット機を操縦して、存分に空を飛ぶことができた。つくづく恵まれた人生だったと思いますね」

いまも、日高さんの笑顔と声は脳裏から離れない。だが、日高さんが、南太平洋海戦で戦死した部下たち全員の顔写真を肌身離さず持ち歩いていたこと、そして、それらの写真とともに足繁く靖国神社に詣《もう》で、頭《こうべ》を垂《た》れていたことを、私は知っている。

戦場での自身の判断について一切の弁解をしなかった日高さんだったが、柔和な笑顔の向こうに隠された指揮官の苦悩は、その生が終わるまで続いた。

――少なくとも私は、このことをずっと忘れずにいたいと思っている。

日高盛康（ひだか　もりやす）
大正六（一九一七）年、東京生まれ。祖父は明治期に常備艦隊司令長官を務めた海軍大将男爵日高壮之丞。昭和十（一九三五）年、学習院中等科を卒業、海軍兵学校に六十六期生として入校。昭和十三（一九三八）年、海兵卒業、練習艦「八雲《やぐも》」、空母「赤城」乗組などを経て昭和十四（一九三九）年、少尉任官。翌年、第三十三期飛行学生を卒業、戦闘機搭乗員になる。空母「飛龍」「瑞鳳」「鳳翔」、ふたたび「瑞鳳」、さらに「瑞鶴」「瑞鳳」「隼鷹」「龍鳳」と、空母に乗り組み、「瑞鶴」で第二次ソロモン海戦、「瑞鳳」で南太平洋海戦、「い」号作戦など主要な戦闘に参加。その後、教官配置を経て、戦闘三〇四飛行隊長として終戦の日まで戦った。終戦時、海軍少佐。戦後は保安隊（陸上自衛隊の前身）入隊を経て航空自衛隊に転換し、ジェット機のパイロットとなる。自衛隊を1等空佐で退官ののちは富士重工のテストパイロットを務め、国産初のジェット練習機T－1などを手がけた。平成二十二（二〇一〇）年七月歿。享年九十二。

兄所有のライカを首から下げた日高さん（少尉）。帽子の針金を抜いて、好みの形につぶしている

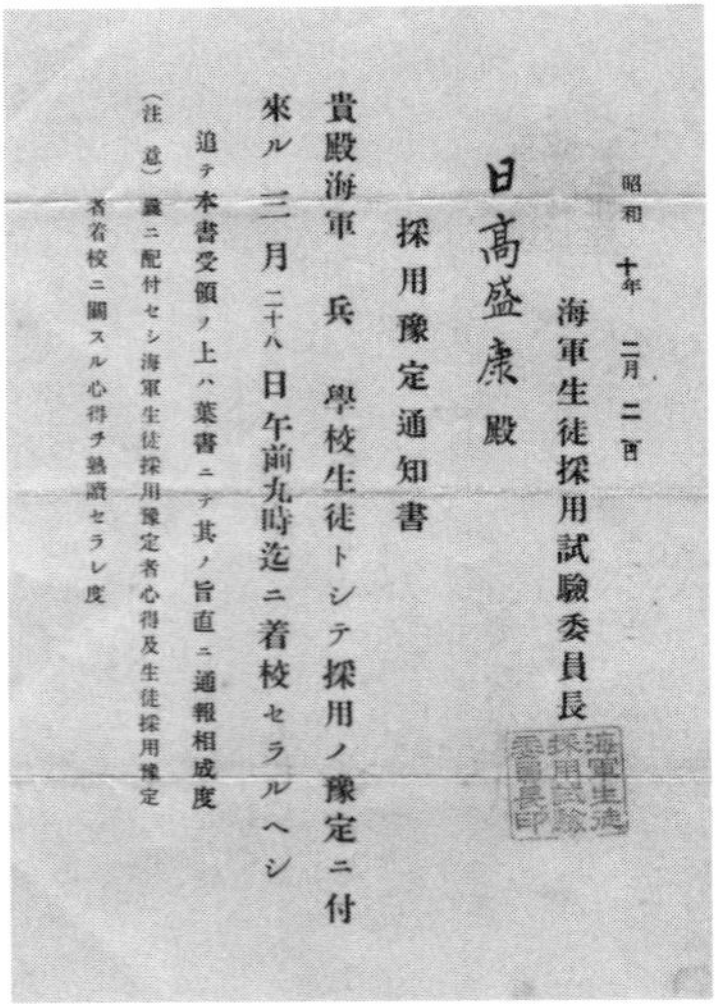

昭和十年二月二日

海軍生徒採用試驗委員長 海軍生徒採用試驗委員長印

日高盛康 殿

採用豫定通知書

貴殿海軍兵學校生徒トシテ採用ノ豫定ニ付

來ル三月二十八日午前九時迄ニ着校セラルヘシ

追テ本書受領ノ上ハ葉書ニテ其ノ旨直ニ通報相成度

（注意）曩ニ配付セシ海軍生徒採用豫定者心得及生徒採用豫定者着校ニ關スル心得ヲ熟讀セラレ度

昭和10年、海軍兵学校に合格。採用予定通知書

昭和15年正月、菅平スキー場で。飛行学生のクラスメートと。左から下田一郎、日高さん、植山利正、須藤朔の各少尉。日高さんのライカはⅡ型

昭和17年6月、ミッドウェー海戦の頃の「瑞鳳」戦闘機隊。前列左から森田三飛曹、大久保二飛曹、粟生三飛曹。中列左から河原飛曹長、日高大尉、江馬一飛曹。後列左から都地三飛曹、一人おいて光元一飛曹

昭和17年10月、空母「瑞鳳」艦上で、零戦二一型の前に立つ日高さん

「い」号作戦中の昭和18年4月14日、ニューギニア東部のミルネ湾攻撃に出撃のため、ラバウル東飛行場に整列する「瑞鳳」戦闘機隊。右から4人めが日高さん。手前のシルエットは、右が聯合艦隊司令長官・山本五十六大将、左は南東方面艦隊司令長官・草鹿仁一中将

昭和20年5月、少佐に進級し、戦闘三〇四飛行隊長となった日高さん

第五章・小《こ》町《まち》 定《さだむ》

真珠湾から海軍最後の空戦まで、大戦全期間を戦い抜く

昭和16年、「赤城」時代

航空母艦搭乗員として徹底的にしごかれた超大柄戦闘機乗り

行楽客や家族連れ、若いカップルなどでにぎわう横浜・山下公園に係留されている「日本郵船氷川丸《ひかわまる》」。いまや、横浜の風景の一部として溶け込んでいて、あらためて気に留める人はそう多くない。ましてや、昭和五（一九三〇）年の就役以来、戦前、戦後を通じ、北米シアトル航路の花形だったこの豪華貨客船が、大東亜戦争中、海軍に徴用され病院船となって、幾度かの沈没の危機を乗り越えながらも多くの傷病兵の命を救ったことを知る人はどれほどいるだろうか。

――私は、南方戦線で重傷を負い、この船に乗って日本に還《かえ》ってきた人を、幾人か知っている。そのうちの一人が、歴戦の零戦搭乗員だった小町定さんである。

小町さんは、昭和十九（一九四四）年六月十九日、日本の委任統治領であり「絶対国防圏」とされたマリアナ諸島への米軍侵攻を受けて、それを迎え撃つべくトラック基地を出撃。途中、燃料補給のためグアム島に着陸しようとしたところを米海軍の戦闘機・グラマンＦ６Ｆの奇襲を受け、撃墜されて九死に一生は得たものの、大火傷を負ったのだ。

このとき、混乱をきわめる戦場から、小町さんが救出されたこと自体、奇跡にちかい。もしここで、小町さんが戦死したり、無事に帰ってこられなかったりしたら、小町さんの家族や会社はもちろん、私が紡《つむ》いでいる零戦搭乗員の物語も生まれてこなかった。一人の運命がのちにおよぼす影響の大きさを思えば、数百万の人命が喪《うしな》われた戦争の惨禍《さんか》はまさに想像を絶する。

いま、氷川丸の展示パネルを見ると、華やかな北米航路のことばかり重点的に語られているが、私には、チャップリンが乗船したことよりも、病院船として、多くの将兵を生きて内地に帰してくれたことのほうがはるかに意義深く感じられる。

山下公園に足を向け、氷川丸の前に立つたび、私は小町さんを思い、この船――物言わぬ鉄の塊《かたまり》であるかもしれないけれど――に、しばし頭《こうべ》を垂《た》れるのだ。

小町さんは、元海軍飛行兵曹長。昭和十六（一九四一）年十二月八日の真珠湾作戦から、昭和二十年八月十八日の日本海軍最後の空戦まで、途中、重傷を負いながらも、大東亜戦争の全期間を戦い抜いた。戦後は、焦土《しょうど》となった東京・蒲田《かまた》で釘の行商から身を起こし、材木店、建築会社を経て駅前にビルを建てて経営した。昭和五十三（一九七八）年、結成された元零戦搭乗員の全国組織「零戦搭乗員会」の事務局は、平成十四（二〇〇二）年に解散するまで、小町さんのグランタウンビルに置かれていた。

私が、小町さんと出会ったのは、平成七（一九九五）年、夏のこと。小町さんは当時七十五歳、大正生まれの日本人男性としては長身で、堂々たる体軀《たいく》からは圧倒的な迫力をみなぎらせていた。

あらかじめアポイントメントはとっていたにもかかわらず、第一声が、

「何しに来たの？」

だったことは序章に書いた。

「俺はさあ、取材は好きじゃないんだよね」

「取材が好きではない」というのは、それ以前に受けた取材にことごとく裏切られたことの裏返しでもある。つまり、言葉尻をとらえて真意を曲げられたり、戦死した戦友を犬死によばわりされたり、戦った仲間を戦犯あつかいされたり、逆に日本海軍では称号すら存在せず、搭乗員のあいだでは唾棄《だき》すべきものとされていた「エース」よばわりで、意に添わない持ち上げられ方をされたり、そんな積み重ねがあってのことだった。

「話すことなんか何もないよ。戦争の話はこりごりだ」

しかし、小町さんは、見かけやぶっきらぼうな物言いとはうらはらに、ほんとうは若い人と話すのが好きで、心遣いの細やかな人であることを知るのに、それほど時間はかからなかった。何度も訪ねるうち、徐々に心を開いてくれたのか、小町さんは自らの体験を少しずつ話してくれるようになった。

本物の元零戦搭乗員たちの多くが嫌う、戦記マニア向けのいわゆる「エース本」には、小町さんの撃墜機数が十八機とも、四十機とも書かれている。だがこれらは、いずれも根拠のない数字である。

小町さん本人は、自分が敵機を何機撃墜したなどという武勇伝を話すことを、何よりも嫌っていた。「十八機説」については、「誰が数えたのか知らないが、自分で記憶している数字じゃない。でも、人に話すことじゃないから」と言い、「四十機説」には、「そんなでたらめな数字、いったいどこから出てきたんだ？」と目を剝《む》いた。

「『撃墜何機』ってヒーローみたいに言う人がいるけど、墜《お》とした相手にも家族がいるんだぞ」
あるとき、ポツリと漏《も》らした一言に、小町さんの真情がこめられていたと思う。

小町さんは大正九（一九二〇）年四月十八日、石川県の半農半商（製綿業）の家に、七人きょうだいの三男として生まれた。

ちょうど十代の多感な時期、中国大陸では満州事変、上海事変、支那事変と事変が頻発《ひんぱつ》していて、大きくなったら兵隊になるのが当然だと思っていた。中学を二年で中退し、いったん大阪の商社に就職するが、昭和十三（一九三八）年、十八歳で海軍を志願して呉《くれ》海兵団に入団した。

そこで飛行機乗りを志すようになり、操縦練習生を受験。昭和十四（一九三九）年十一月、四十九期生として霞ケ浦海軍航空隊に入隊する。

「はじめは飛行機の操縦なんて、自分ができるようになる自信はなかった。特殊飛行の同乗訓練のときなど、教員、教官が皆、軽業師《かるわざし》のように見えたものです。横一列で入隊してくる予科練と違い、操練は一般兵からの選抜ですから、同期生でも海軍での年次や階級に差がある。目の回るような猛訓練でしたが、訓練を終えれば、練習生どうしでも階級が下の者は、食卓番や上の者の肌着の洗濯、靴磨きをしなきゃいけない。最下級で入った私は席のあたたまる暇もなかったですね。

私は、いまは身長が縮んで百七十五センチになったけど、当時は百八十一センチありました。とび抜けて大きかったので、同じことをしても目立つのか、よく殴られましたよ」

霞ケ浦で練習機での訓練を終えると、戦闘機専修に選ばれて大分海軍航空隊へ。ここでは複葉の九五式艦上戦闘機で実戦的な訓練を重ね、続いて大村海軍航空隊に移った。

「複葉の九五戦から低翼単葉の九六戦に乗り換えましたが、なんとすばらしい飛行機だろうと思いましたね。大村では、教員たちの射撃訓練の腕前に度肝《どぎも》を抜かれました。自分の腕とのあまりにも大きな差に、これほどまでにならねば敵を墜とせないのか、と。

昭和十五（一九四〇）年の秋頃、大村空にもはじめて零戦が配備されました。すでに重慶《じゅうけい》上空の大戦果のことは耳にしていたから、搭乗員一同、待ちに待った零戦です。このとき零戦を九六戦と並べてみたら、まったく大人と子供ほどの差があって、あれほどすばらしいと思った九六戦がかすむほどの戦闘機だ、と胸を躍《おど》らせました。それからはもっぱら零戦による訓練が続き、すっかり零戦の操縦が身についた十月、空母『赤城《あかぎ》』への転勤命令がきました。

自分では、零戦ならもう任せとけ、ぐらいの自信をもって胸を張って着任したんですが、いざ来てみると、ほかの搭乗員は全員、私より先輩ばかり。操縦の腕前は言うにおよばず、地上にいても機上に上がっても、頭を上げられるところはどこにもないような有り様でした」

着任翌日からさっそく、母艦搭乗員としての訓練がはじまった。まずは飛行場の決められた位置にピッタリと着地する「定点着陸」。それができるようになれば、航行中の母艦で、車輪を飛行甲板につけてすぐに上昇する「接艦（タッチ・アンド・ゴー）訓練」。さらに進めば、母艦に実際に着艦し、発艦する「発着艦訓練」。それが終わると、鹿児島基地をベースに空戦訓練、射撃訓練が、連日、繰り返される。

「母艦搭乗員とはこれほどまでに同じ訓練をやり続けるのか、これを何年も繰り返していたら、誰もが剣豪・宮本武蔵のような名人級の戦闘機乗りになるだろうと思いました。何ヵ月かこのようにしごかれ、自分でも宮本武蔵は無理でもその弟子ぐらいにはなれたかと思った昭和十六（一九四一）年五月、新造の空母『翔鶴《しょうかく》』への転勤命令がきたんです」

「翔鶴」はまだ竣工《しゅんこう》しておらず、艦内の艤装《ぎそう》のため横須賀のドックにあった。搭乗員たちは、配備予定の零戦を次々と受領し、常用十八機、補用三機の戦力が揃《そろ》う。それから数日後、「翔鶴」は処女航海を行い、横須賀沖を航行中に飛行機を着艦させ、収容した。

「このときの零戦は、全機もとより新品で、全機の平均飛行時間は十時間そこそこ。エンジンも機体もピカピカの状態でした。これほどピカピカの零戦を揃えたのは、あとにも先にも記憶にありません」

余談だが、先述のように、小町さんは当時の青年としてはかなり背が高い。比較的小柄な人が多い戦闘機乗りのなかでは、きわめて異例である。しかし本人によれば、この背の高さが幸いすることも多かったという。

「小さいほうがすばしこく見えて得なんだけど、体が大きいメリットは確かにありました。まず、背面になったり、マイナスＧ（重力加速度）がかかって体が浮き上がった状態でも、フットバーに足が届く。背面飛行で腰バンドにぶら下がったような状態でも、操縦桿《かん》が極限まで動かせて微妙な操作がきくんです。それから着艦のとき。ふつうは着艦直前に、エンジンの陰になって一瞬母艦が見えなくなるんですが、私の場合は座席をいっぱいに上げれば、エンジンカウリングの上から着艦の瞬間まで飛行甲板が見続けられた。だから他の人よりは着艦はたいへん楽でした」

この頃の母艦搭乗員の猛訓練が日米開戦をにらんでのものであったとは、搭乗員たちには知る由《よし》もなかった。小町さん（当時・一等飛行兵）の飛行時間は約八百時間に達していた。

真珠湾攻撃から珊瑚海海戦へ。劣悪な戦闘機の無線電話への怒り

昭和十六（一九四一）年十一月二十二日、「翔鶴」は、南千島の択捉島《えとろふ》単冠湾《ひとかっぷ》に入港した。ハワイ作戦の任務をおびた、南雲忠一《なぐもちゅういち》中将率いる機動部隊の全兵力が、ここにひそかに集結していた。出撃前、旗艦「赤城」に全搭乗員が集められ、真珠湾攻撃の計画が明かされる。

「びっくりしました。こりゃあ大変なことになったぞ、と。それから航海中はみんな興奮状態で、毎晩ビールを浴びるように飲んでいました。出港前に可燃物を全部陸揚げしたくせに、ビールだけはズラッと通路に並んでいて、飲み放題。プロ野球のビールかけさながらに、ビールでデッキを洗うような日が続きました。

しかしそれも、一、二日前には整然としてきましたね。

前の晩はふんどしや肌着を全部新しいのに取りかえて、興奮してみんな寝つかれませんでした。目をぱっちり開けてるやつ、ごそごそ荷物をまとめてるやつ。軍医が看護兵を連れてまわってきて、みんなに精神安定剤を注射して、それでやっと二、三時間眠れたかどうか。

私の任務は、母艦の上空直衛。攻撃隊で行きたかったから、命令とはいえ、これは残念でした」

「翔鶴」はその後、ラバウル攻略戦、ニューギニアのラエ・サラモア攻撃を経て、昭和十七年四月には印度

洋作戦に参加。小町さんは四月九日のトリンコマリ攻撃で、イギリス空軍のホーカー・ハリケーン戦闘機を相手に初空戦を体験する。

「敵は何十機も上がってきましたが、戦意があるのかないのか。一応突っ込んではくるけれど、あとは逃げるばかりでした。その頃の我々は連戦連勝で闘志まんまん。早く墜とさないと獲物にありつけないから、われがちに飛びかかっていきました」

報告された戦果は撃墜四十四機。小町さんもそのうちの一機を撃墜した。

印度洋作戦を終えた「翔鶴」は帰途、本土初空襲（四月十八日）の報に、急遽、米機動部隊の追撃に向かったが、とても追いつくものではなく、四月二十五日には日本海軍の内南洋の拠点・トラックに入港した。

ちょうどこの頃、アメリカとオーストラリアの補給路を分断し、敵の反攻の南方からの足がかりとなり得るオーストラリアを孤立化（米豪遮断《しゃだん》）するため、ポートモレスビー攻略作戦が発動された。「翔鶴」「瑞鶴《ずいかく》」からなる第五航空戦隊は、臨時に第四艦隊司令長官・井上成美《いのうえしげよし》中将の指揮下に入り、敵機動部隊と戦うため、オーストラリア東北方の珊瑚海に進出した。

別に、小型空母「翔鳳《しょうほう》」は、上陸部隊を乗せた輸送船団の護衛のため、一路ポートモレスビーを目指していた。ところが「翔鳳」は、五月七日の昼前に、米機動部隊艦上機の集中攻撃を受けてあっけなく沈んでしまう。

その直後、「翔鶴」「瑞鶴」を発進した合計七十八機の攻撃隊は、米給油艦「ネオショー」と駆逐艦「シムス」を攻撃したが、このとき小町さんは、一機の艦爆が被弾、火だるまとなりながらも反転し、「ネオショー」に体当りを敢行したのを見て、身の内が引き締まるのを覚えた。結局、この日は敵機動部隊を攻撃することはできなかった。

翌五月八日。小町さんは、夜明けとともに母艦上空直衛のため発艦した。一時間も経《た》った頃、敵艦隊発見の報をうけて攻撃隊が続々と発艦するのが見えた。みごとな大編隊である。小町さんは、母艦上空三千メートルで小さくなってゆく攻撃隊を見送りながら、聞こえるはずもないのに大きな声で、

「がんばれよ！」

と声をかけた。

上空直衛は緊張の連続であった。というのも、当時の零戦では無線電話（音声）は雑音が多く、ほとんど通じなかったので、いったん飛び上がってしまえば母艦とまったく連絡がとれず、自分の眼だけが頼りであったからである。モールス信号の無線電信のほうなら多少は使えたが、残念ながら操縦練習生出身者の多くは、海軍兵学校や予科練出身搭乗員のようなモールス信号の特訓を受けていない。

「いまどき、タクシーでも無線で客のいるところへ急行できるのに、我々にはそれがなかった。世界一の戦艦『大和』『武蔵』や零戦を作る力のある日本で、どうして新兵器でもなんでもない無線電話が使い物にならなかったのか、いまでも無性に腹が立ちます。電話さえあれば、もっと有効な使い方ができたのに。

母艦には、司令官も参謀も、艦長もみんないるのに、上空を飛んでる戦闘機の指揮もできないんですから。敵機の進入方向さえわかれば、何十浬《カイリ》か手前で捕捉《ほそく》することもできるんですが、飛んでしまえばそのまま音信不通。搭乗員は無言のまま飛び続け、母艦はだんまりのまま戦闘の結果を待っているのみで、こんな戦争があるかと思いましたよ」

ほどなく、母艦の前方数浬先を航行中の駆逐艦より、敵機来襲を知らせる黒煙が上がり、発砲が始まるの

が見えた。

「敵機の大編隊を発見し、そこへ突っ込んでいって一撃をかけたときには、すでに敵機は母艦のすぐ近くにまで来ていました。二撃めにはもう真上。グラマンF４F戦闘機は艦爆を守ろうと挑んでくるし、しかも、下方からは味方艦隊がまちがえて撃ってくる。対空砲火も血迷っていて、飛んでる飛行機は全部敵だと思って、バンバン撃ってくる。

とにかく敵機を一機も近づけてはいけない、そう思って必死の思いで戦い続けました。そんななか、私の小隊長・宮澤武男一飛曹は、母艦が危ない、とみるや自ら敵の雷撃機に体当たりして戦死しました。こっちは十数機で、敵の大編隊（八十四機）を相手にするんだから、みんな必死でしたよ。真珠湾のときは不満を覚えたけど、いざ敵襲を受けると上空直衛がどれほど大切か。その大変さを思い知った戦いでした」

小町機もかなりの敵弾を受けていた。戦闘が一段落してふと下を見ると、「翔鶴」が敵弾を受け、飛行甲板から煙がもうもうと上がっていた。

「くやしくて涙が出ました。それで、無傷だった『瑞鶴』に着艦したら、私の機の被弾があんまり多いので使用不能と判断されて、『その飛行機レッコー（解き放つ＝投棄すること）』と声が聞こえたと思ったら、大勢の手であっという間に海中に投棄されてしまいました。ハワイ作戦以来、ずっと大切に乗ってきた零戦なのに、ショックでしたよ。『瑞鶴』の搭乗員室も、戦死者が多くてみんなしょんぼりしていました」

この世界史上初の空母対空母の戦いは、「珊瑚《さんご》海海戦」と名づけられた。

日本側は小型空母「翔鳳」を失い、「翔鶴」が中破、米側は大型空母「レキシントン」が沈み、「ヨークタウン」が大破と、数の上では日本側がやや優勢だったが、ハワイ以来のベテラン搭乗員の多くを失い、またこの戦闘のため、肝心のポートモレスビー攻略作戦を中止せざるを得なくなった点では、実質的な敗北といえた。

珊瑚海海戦と小町さんについては、後日談がある。

平成九（一九九七）年五月、珊瑚海海戦五十五周年のとき、小町さんは、アメリカで行われたシンポジウムにパネリストとして招かれた。そのとき小町さんは、アメリカ人司会者の、

「それで小町さんは、珊瑚海海戦は日米どちらが勝利したと考えていますか？」

との質問に、つい正直に、

「それは、日本側はポートモレスビー攻略を諦《あきら》めたわけだから、日本の負けだと思う」

と答えたところ、満場の拍手と「ブラボー！」の歓声、あまりにも無邪気なアメリカ人のリアクションに、

「しまった！　乗せられた。こんな戦略的なことを、長官でも艦長でもない一下士官が言うべきではなかった」

……と思ったそうである。

珊瑚海海戦に参加した小町さんは、そのまま「瑞鶴」に乗り、五月二十一日、呉に帰ってきた。すぐに休暇をゆるされ石川県に帰郷したが、その頃にはすでに「珊瑚海海戦での大戦果」が行進曲「軍艦」（軍艦マーチ）とともに鳴り物入りで報じられており、小町さんも、英雄だ、軍神だ、と、郷里の人々の熱狂的な歓

迎をうけた。小学校の講堂で講演をさせられることになり、村長、小学校長以下、小学生にいたるまで、講堂をぎっしり埋め尽くした村人たちの前で、汗をかきかき、機密にふれない程度のことを話した。休暇が終わって帰るときには、村の人たちが総出で見送ってくれたという。

三たびの海戦を生き抜き、劣勢のラバウル防衛戦での激闘へ

「翔鶴」は、内地で、被弾した損傷個所の修理を急ぐとともに、機材、搭乗員を補充し、ソロモン諸島ガダルカナル島の争奪戦に参加するため、昭和十七（一九四二）年八月十六日、瀬戸内海を出航した。

すでに六月五日、日米機動部隊がふたたび激突したミッドウェー海戦で、日本海軍は「赤城」「加賀《かが》」「蒼《そう》龍《りゅう》」「飛龍《ひりゅう》」の四隻の主力空母を失い、初の大敗を喫《きっ》している。太平洋の潮目は、明らかに変わろうとしていた。それを決定づけたのが、続くガダルカナル島の戦いである。

ガダルカナル島には、米豪遮断作戦の一環として日本海軍が飛行場を設営していたが、完成直前の八月七日、米軍が突如、ガダルカナル島と対岸のツラギ島に上陸し、またたく間に占領したのである。

八月二十四日、日米機動部隊が三たび激突。日本側は小型空母「龍驤《りゅうじょう》」を失い、米側は「エンタープライズ」が中破した。この戦いを「第二次ソロモン海戦」と呼ぶ。

小町さんは、敵機動部隊攻撃の直掩《ちょくえん》機として出撃した。

「翔鶴」「瑞鶴」から発進したのは、零戦十機、九九艦爆（急降下爆撃機）二十七機。

防衛省防衛研究所図書館に残る「翔鶴」飛行隊戦闘行動調書によると、攻撃隊は午後二時二十分、敵機

動部隊を発見、艦爆隊は急降下爆撃に入るが、敵は電探（レーダー）で日本側の動きを察知しており、五十三機ものグラマンＦ４Ｆを上空に上げて待ち構えていた。

「多勢に無勢ですが、とにかく味方の攻撃隊を守らないと、と敵機が攻撃してくる前に突入していきました。はじめの一撃、二撃と命中の手ごたえがあって『やった！』と思ったけど、なにしろ相手はたくさんいるから、ぼやぼやしてたら自分がやられてしまう。撃墜を確認している暇はありません。一機を相手にしていたら別の敵機が向かってくるし、それはもう、しつこく食いさがってきましたね。

もう、ピンチの連続です。とにかく優位を保とうと、上へ、上へと高度を上げていきましたが、敵はかわるがわる下から撃ち上げてくる。高度四千メートルで空戦が始まったのが、とうとう八千メートルにまで上がってしまいました。これ以上、高度を上げすぎると性能が低下するから不利だな、と、攻撃隊の進んだ方向を見ると、敵艦隊が右往左往している航跡が見え、なかに空母が一隻、大火災を起こしているのが見えました。

それを見て、よし、攻撃は成功した、グラマンを引きつける役目は果たしたと思い、操縦桿をぐっと引き、フットバーをバーンと蹴って、機をきりもみに入れました。下にはまだグラマンがうようよいましたが、その真ん中を突っ切って、そのままきりもみで降下していき、高度千メートルで立て直して、やっと離脱することができました」

ところが、空戦に時間をかけすぎたのか、集合予定地点に行ってみても味方機の姿が一機も見えない。激戦で散りぢりになったのか、待ちくたびれて先に帰ったのかは知る由もない。

「さあ困った。一難去ってまた一難。一人で帰れるはずがない。心細いなんてもんじゃないですよ。俺の命は今日でおしまい、と思いました。しかし、燃料のあるうちは生きていられるわけだから、とにかく飛んでみよう、とあてどもなく飛び続けたんです」

グラマンを振り切ってから飛ぶこと三時間。夕暮れどき、真っ赤な夕焼けのなかを太陽が海に沈もうとしている。そのときはるか彼方、太陽が沈む手前の水平線上に、ポツ、ポツと小豆粒ぐらいの小さな点を発見した。

「フネだ！　と一目散に飛んでいくと、それは味方の軽巡洋艦一隻、駆逐艦四隻からなる水雷戦隊でした。バンクをしながら巡洋艦の真横に着水すると、一度はピタッと止まってくれました。よし、これは助かったぞ、と思ったら、なにを思ったか、そのままスピードを上げて行ってしまいました。珊瑚海海戦のときも、そうやって見捨てられて死んだ戦友がいたので、これはもうだめだとがっかりしました。

ちょうど、着水のとき、機体から外れた増槽《ぞうそう》が――増槽をつけたまま空戦やってたわけですが――プカプカ浮いていたので、それにつかまろうとしましたが、大きすぎて手が回らないし、つるつる滑ってつかめない。頭にきてエイッと蹴っとばし、仕方がないから波の上に横になりました。ライフジャケットの浮力でしばらくは浮いていられますからね。

頭から波をかぶりながら見上げると、空には星が光っていました。

どれほど時間が経ったか、先に通りすぎた駆逐艦の一隻が、探照灯で海面を照らしながら戻ってきてくれた。『ここだ！』と夢中で手を振ったら、カッターをおろしてくれました。しかし、もう疲れ果てて、ボートに上がる体力も残ってない。すると、誰かにぐっと襟首《えりくび》をつかまれて、二人がかりでボートの上に引き上げられました」

ちなみに、小町さんは、この戦いを、続いて起きた「南太平洋海戦」と記憶していた。だが、日本側に残る記録、同僚の搭乗員の日記、水雷戦隊に救助された状況から、これは第二次ソロモン海戦の体験であることは確実である。これは、珊瑚海海戦、第二次ソロモン海戦、南太平洋海戦と、わずか半年足らずのあいだに空母対空母の三つの海戦に立て続けに参加し、記憶が混乱していたものと思われる。

「南太平洋海戦」は、第二次ソロモン海戦から約二ヵ月後、十月二十六日に日米機動部隊が激突した大規模な戦いである。

この戦闘で、日本側は米空母「ホーネット」を撃沈、「エンタープライズ」に損傷を与え、飛行機七十四機を失わしめたが、空母「翔鶴」と「瑞鳳」が被弾、飛行機九十二機と搭乗員百四十五名を失った。「翔鶴」飛行機隊の戦闘行動調書によると、小町さんはこの日、母艦上空直衛として二度にわたり発艦、敵機と交戦している。

結果的にこの戦いが、日本の機動部隊が米機動部隊に対し、互角以上に戦った最後の機会となった。

「翔鶴」は、昭和十七年十一月六日、横須賀に帰還した。ここで戦闘機隊は解隊され、総員が交代して新しく再編成されることになった。小町さんの次の任地は、大村海軍航空隊である。

解散にあたり、艦長・有馬正文《ありままさふみ》大佐が、生き残りの全搭乗員を前に別れの訓示を行った。

「航空戦に素人の私が指揮をして、君たちを大勢死なせてしまった、申し訳ないと、滂沱《ぼうだ》たる涙をぬぐおうともされません。訓示をしながら、涙が頬《ほお》を伝わって顎《あご》からポタポタ落ちているのが見えました。それを見て、内地勤務を喜んでいた自分の心が恥ずかしくなりました。立派な艦長でしたよ」

大村空の教員となった小町さんは、その直後に結婚した。妻は敬虔《けいけん》なクリスチャンであり、海軍に入った頃からの長い交際だった。

一時は、キリスト教の教えと戦闘機搭乗員の任務との葛藤《かっとう》に互いに悩んだ時期もあったが、珊瑚海海戦から帰った頃、

「あなたが殺意を抱いて人を殺すのなら許されないけど、国家のために義務を果たすのだから」

との手紙があり、内地帰還を機に結婚の運びとなったのである。とはいえ当時のこと、式は挙げられなかったという。

「家内が身ひとつで下宿にやってきて、今日からどうぞよろしく、それだけです。だから、いまの結婚式なんか見ると羨《うらや》ましいですよ」


大村空での平和な一年間を経て、小町さんにふたたび戦地行きの転勤が発令されたのは、昭和十八（一九四三）年十一月のことだった。行き先は、ラバウルの第二〇四《ふたまるよん》海軍航空隊である。

「もうすぐ正月なのに、えらいところに行かされるなあ、と思いましたが、意外にサバサバした気持ちでした。

しかし着任してみると、積極的に攻めていく時期はとっくに過ぎていて、まさに最後の砦《とりで》として攻撃されっぱなし。びっくりしましたよ。毎日、敵機が二百機も三百機も戦爆連合（戦闘機と爆撃機が一緒に）で空襲にくるんだから。

ほんとに毎日毎日、定期便ですよ。朝めしを食べて、そろそろ来るぞ、と言ってたら、カンカンカンカ

ン、空襲警報の鐘《かね》が鳴る。こちらの戦闘機は三、四十機。それが毎日減っていく。整備員が必死の努力で機数をキープする、そんな毎日でした。

その後、第二五三《ふたごおさん》海軍航空隊に転勤になりましたが、やることは一緒。『おいお前、明日から二五三に行ってくれ』と言われ、ハイ、と言って隣のトベラ飛行場に引っ越しただけです」

「二百機も三百機もの敵機を、三十機やそこらの零戦で迎え撃つんだから、正面からぶつかったら大変です。

その頃、大型爆撃機の編隊に対しては、爆撃コースに入ろうとするところをまず三号爆弾（空中爆弾）で出ばなをくじき、編隊からはぐれた敵機を狙い撃ちにするという戦法をとっていました」

三号爆弾は、重量三十キロ。両翼に一発ずつ、計二発を積む。投下後一定時数で炸裂《さくれつ》し、黄燐弾《おうりんだん》がタコの足のように広がって敵機を包み込み、燃料タンクに火をつけるというものだ。

「ただ私は、母艦での習慣がしみついていて、何がなんでも敵機が爆弾を投下する前にやっつけないと気がすまないんです。敵機が帰るところを狙ったほうが楽な戦いはできたと思うし、基地は母艦とちがって爆弾で沈むことはないんですが、敵に戦果を挙げさせるのがどうしても許せなかった。

二五三空には、『零戦虎徹《こてつ》』と自称する岩本徹三《いわもとてつぞう》飛曹長がいましたが、彼は私と正反対で、人が苦心惨憺《さんたん》して攻撃して、傷ついた敵機が帰ろうとするところを狙う。彼のほうが四年も先輩ですが、『火を噴いて墜ちていく敵機を攻撃して、それで俺が撃墜したって、ずるいんじゃないですか』と、食ってかかったことがありましたよ。それでも岩本さんは、『そんなこと言っても、生きて帰せばまた空襲に来るんだぜ』と、まったく意に介していませんでしたが。

あと困ったのが、分隊長クラスの指揮官に実戦経験の少ない若い士官が多かったので、緊急発進の邀撃戦《ようげきせん》になっても、ほとんどが指揮官機ではなく、私の後ろについてくる。仕方がないから大勢引きつれたまま、高度をとって、『突っ込むぞ！』とバンクを振って合図して、敵機の編隊めがけて突撃する。

当時の若い搭乗員には、私が大村空で受け持ったクラスが大勢いました。なぜかみんな、非常に慕《した》ってくれましてね。教員時代、彼らに誠意をもってぶつかってよかったな、と嬉《うれ》しかったですね。しかし、彼らもみんなバタバタと戦死しちゃって、ほとんど生き残っていません」


グアムでの空戦で大火傷《おおやけど》を負うも氷川丸で内地に生還。そして八月十八日、最後の空戦

昭和十九（一九四四）二月十七日、聯合艦隊の重要拠点であるトラック基地群が米機動部隊による大空襲を受け、所在航空部隊もふくめて壊滅状態になったのを機に、二月二十日、二五三空の主力二十三機は、ラバウルよりトラックに後退した。

トラックは空襲の爪痕《つめあと》も生々しく、小町さんが進出した竹島飛行場は、爆撃でできた穴だらけであったが、その後も米軍の大型爆撃機・コンソリデーテッドB－24による絶え間のない空襲にさらされていた。

小町さん（当時・上飛曹）はここでも連日、三号爆弾をもって邀撃に上がり、戦果を重ねた。

「三号爆弾を落とすときは、人によって、また場合によってやり方は異なりますが、約千メートルの高度差をもって敵編隊と同航し、その前方に出て、ちょうど自分の主翼のつけ根後方あたりに敵機が見えたとき、切り返して背面ダイブで、垂直になって突っ込むんです。しかし、大型機はなかなか、黄燐弾が命中してガソリンを引くことはあっても、その場で墜ちることは少なかったですね」

三月のある日、零戦五機を率いていつものように邀撃に飛び立った小町さんは、B－24の編隊に接敵中、燃料タンクに被弾して両翼からガソリンを噴き出したが、なおも攻撃を続行したことがある。

この小町さんの勇猛果敢な闘志は戦闘機搭乗員の鑑《かがみ》である、として、司令・福田太郎中佐より表彰され、特別善行章一線が付与されることになった。

「善行章」は、下士官兵の軍服右腕の階級章の上につける「へ」の字形の線で、大過なく勤めていれば階級に関係なく、「善行」がなくとも三年ごとに付与される。だが、善行章の「へ」の字の頂点に金属製の桜をあしらった「特別善行章」は、文字通り抜きんでた働きをしたり、味方の危険を未然に防いだり、人命救助をするなどの特別なことが認められない限り、付与されることはなかった。

「総員集合がかかって、なんじゃいな、と思ったら突然名前を呼ばれて、みんなの前で褒《ほ》められました。まあ、私を表彰するというより、若い搭乗員にハッパをかける意味があったんじゃないですかね」

昭和十九年六月十一日、十二日と、米機動部隊はのべ千四百機にのぼる艦上機をサイパン、テニアン、グアム各島の攻撃に発進させた。二日間の空襲で、マリアナ諸島に展開していた日本側航空兵力は壊滅した。米艦隊はさらに、十三日にはサイパン、テニアンへの艦砲射撃を開始している。

六月十五日、米軍がサイパンに上陸を開始する。聯合艦隊司令長官・豊田副武《とよだそえむ》大将は、マリアナ決戦を意味する「あ」号作戦発動を下令した。

六月十九日から二十日にかけ、日米両機動部隊が激突。しかし日本側は、空母三隻と搭載機の大半を失い、またもや大敗を喫した。この戦いは「マリアナ沖海戦」と呼ばれる。

いっぽう、六月十九日には、岡本晴年《おかもとはるとし》少佐の率いる二五三空零戦隊十三機が、トラックの竹島基地を発進してサイパン攻撃に向かった。この時期の海軍航空隊では、よほどの大編隊を率いて行くのでない限り、少佐ともなるとじっさいに空中で指揮をとることは少ない。それでもこの日、岡本少佐が一番機になったのは、若い指揮官のあまりのふがいなさゆえだった。出撃前夜、指揮官を命じられた二人の若い大尉が、

「サイパンは遠いし、こんな少数機で出撃しても敵の餌食《えじき》になるだけだ」

と、自分たちが指揮して行くことに消極的な態度を見せ、それを岡本少佐が、

「では俺が行く。お前たちはもう飛ぶな！」

と一喝《いっかつ》し、彼らもしぶしぶ出撃することになったのだ。このことは下士官搭乗員にも伝わっていて、小町さんは出撃前から、なにかいやな予感がしていた。

トラックからサイパンまでは約六百浬《カイリ》（約千百キロ）。航続距離の長い零戦でも、空戦を前提とした無着陸の往復は無理である。発進して飛ぶこと三時間あまり、やがて海の向こうにグアム島が見えてくる。岡本少佐は、ここで燃料補給をしようと、高度を下げて編隊を解き、一列縦隊で着陸態勢に入った。

ところがそこはすでに米軍の制空権下にあり、約十機のグラマンＦ６Ｆが遊弋《ゆうよく》していたのである。無線の通じない零戦隊はそのことを知る由もなかった。小町さんの回想――。

「高度五百メートルで解散、一列縦隊になって、一番機・岡本少佐、二番機・栢木《かやき》一男中尉、三番機・私の順で着陸態勢に入りました。まず岡本機が無事着陸し、栢木機がまさに接地しようとしたところでグラマン

が上空から降ってきたんです。いま思えば、指揮官はどうして一回り、上空を警戒しなかったのか。

栢木中尉は左腕を機銃弾に撃ち抜かれて重傷を負いました。そのときの私の高度は百メートル足らず。完全に着陸態勢に入っていたので失速寸前の状態でした。急いで脚を上げ、フラップをおさめ、機銃の安全装置をはずして戦闘態勢に入りましたが、スピードは急には上がりません。

そのとき、栢木機を撃った敵機が、下から撃ち上げてきました。曳痕弾が飛んでくるのがはっきり見えたけど避けようがない。カンカンカン、と命中音が聞こえ、『やられた！』と思ったとたん、煙とガソリンが操縦席に噴き出してきて、次の瞬間、バン！　と爆発しました。炎で目も開けていられないし、息もできない。顔に吹きつける炎を避けようと機体を横滑りさせてみたけど、全然効果はなかった。しかし、生きる本能でしょうかね、目も見えないのに、もう海面だ！　と思ってエンジンのスイッチを切り、機首を引き上げたところがドンピシャリ、海面でした。いま考えても、あの数秒の間に、よく着水の操作ができたと思いますね」

この日の空戦で、二五三空零戦隊は、平野龍雄大尉以下四名を失った。

小町さんは、顔と手足に大火傷を負ったが奇跡的に助かり、数日後、迎えの陸攻に乗ってグアムを脱出、トラックに帰り、そこから病院船「氷川丸」で内地に送還された。この病院船が、現在、横浜の山下公園に係留されている「日本郵船氷川丸」である。

「顔も手足もベロンベロンで、ビフテキのレアぐらいには焼けていました。あんまり痛々しいから『氷川丸』の乗組員が同情してくれて、内地では砂糖がなくて困っているから家族に持って帰りなさい、と砂糖をどっさりくれました。

それを土産《みやげ》に家内の疎開《そかい》先に行ってみたんですが、包帯をぐるぐる巻かれてミイラのような私の姿に、家内が卒倒するぐらいにびっくりして。でも喜んでくれましたよ」

重傷を負っても、戦局の悪化はベテラン搭乗員を休ませてくれない。小町さんはわずか二ヵ月の入院ののち、京都府の日本海側に急造された練習航空隊・峯山《みねやま》海軍航空隊の教員となり、まもなく准士官である飛行兵曹長に進級。昭和二十（一九四五）年六月、横須賀海軍航空隊に転勤、ここで終戦を迎えた。

「天皇陛下の玉音放送は聞きましたが、意味がよくわかりませんでした。そのうち情報が入ってきて、終戦だと。

想像もしなかった事態で、びっくりしました。敗北ということと、日本を明け渡すということがどういうことにつながるのか。数日間は、デマと想像で神経がピリピリして、殺気立っていました」

しかし、横空戦闘機隊の戦いは、まだ終わっていなかった。

玉音放送は国民に終戦を告げるものではあっても「停戦命令」ではなく、大本営が陸海軍に、自衛のための戦闘をのぞく戦闘行動を停止する命令を出したのは八月十六日午後のこと。八月十九日、海軍軍令部は、支那方面艦隊をのぞく全部隊にいっさいの戦闘行動を停止することを命じるが、その期限は八月二十二日零時である。

「自衛のための戦闘は可」とされていた八月十七日、日本本土を偵察飛行に飛来した米陸軍の四発新型爆撃機・コンソリデーテッドB－32ドミネーター四機を、厚木基地の三〇二空零戦隊十二機が邀撃し、翌十八日には同じくB－32二機を、横空の零戦、紫電改、雷電計十数機が邀撃した。横空では、終戦が告げられてもなお、機銃弾を全弾装備した戦闘機が列線に並べられ、搭乗員たちは戦う気概をみなぎらせて指揮所に待機していた。

「敵大型機、千葉上空を南下中」

との情報に、搭乗員たちは色めきたった。

「それ、やっつけろ！　と、みんな気が立っていますから、われがちに飛び上がった。私は紫電改に乗って、真っ先に離陸しました。誰からも命令された覚えはないし、いちいちお伺《うかが》いをたてている暇《ひま》なんかありません。東京湾の出口付近で追いついて、ラバウル、トラックで鍛えた直上方攻撃で一撃。敵機に二十ミリ機銃弾が炸裂するのが見えました。余勢をかって急上昇して、伊豆半島の上でもう一撃。相手はとにかく、降下しながら全速で逃げるものだから、紫電改でも二撃が精いっぱいでした。零戦だったら、とてもあそこまで追えなかったと思います」

この不運なB－32は墜落こそ免《まぬが》れたが、機銃の射手が一人、機上戦死した。この件に関して米軍からのクレームはなく、これが日本海軍戦闘機隊の最後の空中戦闘になった。

終戦が告げられても、厚木の第三〇二海軍航空隊のように、徹底抗戦を叫んで全国に飛行機を飛ばし、ビラを撒《ま》いたりほかの部隊に蹶起《けっき》を呼びかけたりする不穏な動きは残っている。マッカーサーの進駐計画が伝わると、横空では、飛行機さえあれば一人でどこへでも飛んで行くことができ、何をしでかすかわからない搭乗員を優先的に郷里に帰すことになった。

小町さんも、退職金がわりの証券一枚と汽車の切符がわりの伝票一枚だけを受け取り、追い立てられるようにして横空をあとにした。

ところが、郷里の駅に着いてみると、駅員が「そんな伝票のことは聞いていない」と通してくれず、挙句《あげく》の果てにキセル乗車の疑いまでかけられて、復員早々、駅員と喧嘩になってしまった。また証券のほうも、銀行へ行くと「そんな話は聞いてない」と換金に応じてくれなかった。

「帝国海軍の大ペテンにひっかかった思いでした。恨《うら》み骨髄《こつずい》、もう金輪際《こんりんざい》、国のために命なんか懸《か》けてやるもんか、と思いましたよ」

郷里に帰ってみると、三年前にはあれほど熱狂的に迎えてくれた村の人たちの目が、妙に冷ややかになっているのが肌で感じられた。村長も、挨拶してもご苦労さんとも言わず、

「この食糧のないときに、小町さんのところは家族が増えて大変だな」

と嫌みを言った。

そのうち、デマか嫌がらせか、進駐軍が小町を探している、真珠湾に行った軍人は戦犯になって、皆絞首《こうしゅ》刑《けい》に処せられるらしい、などという噂《うわさ》がまことしやかにささやかれるようになった。いま振り返れば取り越し苦労に過ぎなかったわけだが、終戦直後の混乱で情報も錯綜《さくそう》し、現に戦犯容疑者の逮捕が次々と行われていただけに、この噂には真実味が感じられた。

ここまで生き残ってきたのに戦犯になんかされてたまるか。小町さんは、この小さな村にいることに危険を感じ、自分を知る者が誰もいない東京に出る決心をした。

出発の日、長兄がなけなしの米三升を餞別《せんべつ》に持たせて、見送ってくれた。

「絞首刑にだけはなるなよ」

今生《こんじょう》の別れを覚悟して東京に向かった。昭和二十年十一月のことである。小町さん、このとき二十五歳。

「だって、約束したんだ、あいつらと。靖国神社で逢おうって」

妻をつれて東京に出たのはいいが、さしあたって泊まるところがない。芝の増上寺の軒下《のきした》で最初の一夜を過ごし、その後、妻の縁者を頼って何軒かまわってみたが、いずれも体よく断られてしまった。途方に暮れていると、幸い、小田急登戸《のぼりと》駅前の駄菓子《だがし》屋で、屋根裏部屋を貸してもらえることになった。

翌日から小町さんは、仕事を求めて新宿に通い始めた。当時の新宿は焼け野原ではあったが闇市があり、どこから出てくるのかものすごい人出で賑《にぎ》わっていた。電車も、客室に乗り切れないほどの人が溢《あふ》れんばかりにひしめいていて、小田急に乗るのも命がけである。

毎日、仕事が見つからず、しょんぼりとして帰る日が続いた。食事は、一貫目（三・七五キログラム）十八銭で買ってきたサツマイモを薄く切って、それをフライパンで焼いたもの。これが翌日の弁当にもなり、夕食にもなり、何日かをこれでもたせなくてはならなかった。

ある日、古新聞の求人広告を見て、神田へ日雇い作業員の応募に行ったが、ほかに着るものがなく着古しているとはいえ、海軍の将校マントを羽織《はお》った自分の姿を鏡で見て、プライドを捨てることができなくなった。その日も仕事にありつけず、むなしく家に帰ってきた。

また、ある工場で焼け跡整理の作業員を募集していることを知り、履歴書をもって面接に行ったことがあった。履歴書には、ほかに書くことがないので真珠湾以来の全戦歴を、半紙三枚に書きつらねた。小町さんは、戦闘機搭乗員になってしばらく、通信教育で書道を学び、毛筆にはいささか自信がある。会社の重役は黙ってそれを読み下していたが、読み終わるとふかぶかと頭を下げて、

「申し訳ありません。当社ではあなたのような方に働いていただく場所がありません」

と、丁重《ていちょう》に断ってきた。

進退きわまった小町さんは、戦前に数年間、働いていた大阪の商社に手紙を出し、窮状《きゅうじょう》を訴えた。すると折り返し、すぐに大阪に来いとの連絡があった。一縷《いちる》の望みを抱いて大阪に赴いた小町さんに、その会社の社長は、いまは焼け跡に建物を建てるのに釘がいる、この釘を東京へ送ってやるから売ったらいい、と、釘を十六樽《たる》(一樽は六十キログラム)、代金後払いで送ってくれた。

ところが、右から左へすぐ売れると思った釘が、一週間たっても二週間たっても全然売れない。毎日、建築会社に売り込んでみるものの、相手にもされなかった。

そんなある日のこと、国鉄蒲田駅前の建築会社で、釘を売るのに軒下を貸してくれることになった。ただし、買い上げてくれるのではなく、毎日、売れた分だけの代金をくれるのである。やっと釘は売れるようになったが、大阪の商社からは愛想を尽かされてしまう。

しかし、毎日売上金をもらいに建築会社に日参しているうちに、体が大きくて力持ちなこと、字が上手で計算が得意なことが社長に気に入られ、いつしかその会社で働くようになった。

そのうち、社長のすすめで材木商を営むようになったが、売るほうの小町さんが材木について素人なのに、客のほうはプロばかり。買い叩かれるばかりで、毎日店を開けるたび、客が来るのが怖かったという。材木商をしばらくやったあと、建築会社を始める。材木商とちがい、各専門職に仕事を任せ、自分は号令をかける立場でいられる、というのがその理由だった。しかしこの仕事も、心ない客に代金を払ってもらえず、出来上がりに根拠のないクレームをつけられて訴えられたり、けっして楽な商売ではなかった。素性のよくない在日外国人の客との支払トラブルで被告人席に座らされたこと二回。小町さんは弁護士すら雇わずに正々堂々と所信を述べ、二度とも裁判には勝っている。

苦しいながらも伸びてきた建築会社だったが、小町さんは、近代的なビルの時代に対応することに限界を感じていた。そこで、自分のビルを持つことを決意、ある銀行に融資を申し込む。

「銀行が、一週間かけて近所を聞き回ったり、人物調査をしたらしいです。あとで支店長が言ってましたが、『小町さんは口は悪いけど、腹のなかは空《から》っぽで、どんなことがあっても約束は守る、信用できる人ですよ』と、誰かが言ってくれたらしいんです。それで融資にＯＫが出まして、しかもオイルショックでインフレになる直前に建てたものだから、建築費も安く上がった。それで家賃も安くできたから、テナントはあっという間に埋まりました」

昭和四十八（一九七三）年、「グランタウンビル」の完成である。

昭和五十三（一九七八）年、零戦の元搭乗員が結集した初の全国組織「零戦搭乗員会」が発足したとき、小町さんは、昔の仲間たちに請《こ》われてグランタウンビルの事務所を、零戦搭乗員会の事務局として提供。以後、ここが零戦搭乗員の溜まり場となり、憩《いこ》いの場となる。

小町さんは、苦労人だけに一癖《ひとくせ》も二癖もあるし、人の好き嫌いも激しい。なのに、誰からも好かれ、一目置かれていた。

私が小町さんと出会い、零戦搭乗員の取材のために何度もグランタウンビルの事務局に通うようになった後も、いつもドアを開けると、

「あんた誰？　何しに来たの？　俺は忙しいんだ、さっさと用を済ませてくれよ」

などと言いながら、

「では、これで……」

私が腰を浮かしかけると、

「なんだよ、もう帰るのか。コーヒーぐらい飲んで行けよ」

と引き留められ、つい長居をしてしまうのが常だった。

その小町さんが腰痛に悩まされ、体調を悪くして事務局運営が困難になったことから、「零戦搭乗員会」が解散し、若い世代が事務局運営を担うことで戦友会としての活動を継承する「零戦の会」（現・ＮＰＯ法人零戦の会）になったのが平成十四（二〇〇二）年。

平成十八（二〇〇六）年九月、靖国神社で挙行した「零戦の会」総会に出席したのが、公の場では小町さ

んの最後の姿になった。

このとき、小町さんは居酒屋で催された二次会にもわざわざ出て、

「零戦の会には『心』がある。これで私も安心できる」

と、いつもの憎まれ口ではなく、若い世代の役員を盛んに持ち上げてくれた。ありがたいとは思いつつも遺言のような気がして、つい不吉な予感がした。


小町さんが亡くなったのは、平成二十四（二〇一二）年七月十五日のことだった。享年九十二。通夜は七月二十二日、告別式は二十三日、キリスト教式でしめやかに執《と》り行われた。


棺《ひつぎ》の上に飾られた遺影は、私が小町さんの事務所で撮影したものだった。

「俺の葬式写真、撮ってくれ」

と頼まれ、取材とは別に撮った写真である。

「もっといい男に撮れないのか」「顔色が赤すぎる。焼き直してくれ」

などと、何度かダメ出しされ、数回プリントをし直して、ようやく受け取ってもらったが、気に入った様子でもなかったので、きっとお蔵入りになるだろうと思っていた。しかし小町さんは、もしものとき、この写真を遺影に使うつもりでちゃんと分けて置いていたそうだ。

小町さんは、戦時中、珊瑚海海戦、第二次ソロモン海戦、マリアナ決戦と、三機の零戦を海に沈めたことを、終生残念に思っていたようだった。

〈にもかかわらず、私がいまなお健在であることを思うとき、ただただ不思議な神様の力が守ってくださったことを感じないではいられない。そして限りない感謝の念を忘れられない。それにしても私は、最後まで宮本武蔵にはなれなかったことを一人恥じるのである〉

と、小町さんは遺稿となった手記に記している。自分を救出してくれた「氷川丸」と乗組員への感謝、救出の手段もなく玉砕した将兵への慚愧《ざんき》の念……。

取材を敬遠していた小町さんは、空戦の話よりも、時おり見せるそんな気持ちをこそ誰かに伝えたかったのだと思う。

そんな小町さんは、靖国神社への参拝を、ことのほか大切にしていた。自身の宗旨《しゅうし》のことはけっして人に言わないが、家族はみな、クリスチャンである。それなのになぜ靖国神社に？　と聞かれると、

「だって、約束したんだ、あいつらと。靖国神社で逢《あ》おうって」

と、答えるのがつねであった。

「みんな若かったんだよ。かわいそうだよな」

政治や外交で、総理大臣の参拝が問題視される、いわゆる「靖国問題」、その一要因である、先の大戦を「侵略戦争」とする歴史認識の問題についても、戦争の最前線でじかに戦った一人として、憤《いきどお》りを隠さなかった。

「侵略戦争のためなら、誰が爆弾抱いて突っ込みますか」

これは、零戦を駆《か》って若い命を国にささげた、物言わぬすべての搭乗員の声でもあろう。

小町 定（こまち さだむ）

大正九（一九二〇）年、石川県生まれ。昭和十三（一九三八）年、海軍を志願、呉海兵団に入団。昭和十五（一九四〇）年、第四十九期操縦練習生卒業。空母「赤城」乗組を経て、昭和十六（一九四一）年、「翔鶴」乗組。ハワイ作戦、印度洋作戦、珊瑚海海戦、第二次ソロモン海戦、南太平洋海戦に参加。内地帰還後、昭和十八（一九四三）年十二月、二〇四空、のち二五三空にてラバウル、トラックの航空戦に参加。昭和十九（一九四四）年六月十九日、マリアナ決戦のためグアムに向かい、着陸寸前のところをグラマンＦ６Ｆに奇襲・撃墜され重傷を負う。その後、峯山海軍航空隊教官を経て、横須賀海軍航空隊で終戦を迎えた。終戦時、飛行兵曹長。戦後、釘の行商から身を起こし、材木業、建築業を経て、東京都大田区でビルのオーナーとなる。平成二十四（二〇一二）年歿。享年九十二。

昭和16年6月、鹿児島基地の「赤城」戦闘機隊。前列左から丸田二飛曹、羽生一飛、堀口一飛、高須賀一飛、佐野一飛、森一飛。中列左から乙訓一飛曹、指宿中尉、板谷少佐、進藤大尉、小山内飛曹長。後列左から、小町一飛、田中一飛曹、谷口二飛曹、岩城一飛曹、林一飛曹、大原二飛曹、高原二飛曹、井石三飛曹

「翔鶴」艦上で。マストをバックにした合成写真

昭和16年、「赤城」時代。鹿児島基地で

昭和16年11月、大分基地における「翔鶴」戦闘機隊。前列左から山本二飛曹、佐々木原二飛曹、田中三飛曹、真田一飛、宮澤二飛曹、川俣三飛曹。2列目左から川西二飛曹、飯塚中尉、帆足大尉、安部飛曹長、西出一飛曹。3列目左から林一飛曹、住田一飛曹、松田一飛曹、岡部二飛曹、小町一飛、半澤一飛曹。4列目左から河野一飛、南一飛曹、一ノ瀬二飛曹、堀口一飛

昭和19年1月17日、撃墜69機の大戦果に沸く搭乗員たち。手前中央に小高登貫飛長、後方中央に小町上飛曹

昭和19年、二五三空時代。前列右が小町上飛曹。後列左端・岩本徹三飛曹長、中央は熊谷鉄太郎飛曹長

昭和19年3月、B－24との交戦で表彰される小町上飛曹（中央）

第六章・志《し》賀《が》淑《よし》雄《お》

半世紀の沈黙を破って

昭和13年、南京基地・第十三航空隊
分隊士時代

二人の殿下とともに学び、鍛えられ、喧嘩もした兵学校時代

「私はね」

はじめて会ったとき、志賀淑雄さんは言った。平成七（一九九五）年秋のことである。

「戦争で大勢の部下を死なせてきた。昔の部下や戦死した仲間のためには何でもするが、私自身は表に出る資格のない人間です。——戦死した、本に載らないような搭乗員にも、立派な男が大勢いました。惜しい男ばかりでした。彼らのことを、どうか正確に伝えていってください」

志賀さんはこのとき八十一歳。警察装備を扱う会社を経営し、また、全国の元零戦搭乗員千百名で組織する戦友会「零戦搭乗員会」の代表世話人（会長）を務めていた。

海軍兵学校（六十二期）を卒業した志賀さんは、戦闘機隊指揮官として、真珠湾攻撃、アリューシャン作戦、南太平洋海戦などに参加。その後、海軍航空技術廠テストパイロットとして新鋭機「紫電改《しでんかい》」や「烈《れっ》風《ぷう》」を手がけ、さらには大戦末期、「紫電改」を主力に編成され、押し寄せる米軍機を相手に気を吐いた第三四三海軍航空隊飛行長の要職にあった。

少し戦記の本を読んだことがある人ならだれもが知る名前でありながら、本人は冒頭の言葉のように表に出ることを好まず、その戦歴や心情は断片的にしか伝わってこなかった。

私の取材に対しても、協力はするが、志賀さん自身のことについては触れないよう、固く釘を刺されていた。その志賀さんが、私のインタビューに応え、人生を本に綴《つづ》ることを許してくれたのは、かつての部下たちの強い要望によるものだった。

私が、元零戦搭乗員を訪ね歩き、その証言を集めた『零戦　最後の証言』（一九九九年、光人社）という本を上梓するとき、昔の部下のあいだから、

「どうして志賀さんが出ないんだ」

という声が上がったのだ。なかでも、三四三空で志賀さんの部下であった山田良市さん（終戦時・戦闘第七〇一飛行隊分隊長、元航空幕僚長）が、私の目の前で志賀さんに、

「飛行長、ずるい。飛行長が出ないなら私も出ない。取材に協力もしない。そうすると神立君のこれまでの努力が無になりますが、それでも宜しいか」

と、強い調子で直談判してくれたことが大きかった。

志賀さんは、なおもしばらく逡巡《しゅんじゅん》していたが、改めてインタビューを申し込むと、

「わかった。人間、ことが起こってから五十年も経てば、『当事者』から『生き証人』になる。『生き証人』として話をしましょう。こうなったら俎上《そじょう》の鯛《たい》だ。煮るなり焼くなりお好きなように。でも、お手柔らかに願います」

このとき、確かに志賀さんは、「俎上の鯉《こい》」ではなく「俎上の鯛」と言った。私は、単に言い間違えたの

か、それとも「鯉」ではなく「鯛」というところにプライドを見せたのか、というぐらいに思っていたが、あれは、

「鯉はまな板の上でじたばたしないが、鯛はじたばたする。まだ迷ってるんだよ」

という意味だったとはたと気づいたのは、ずっとのち、志賀さんが体調を崩し、もう会えなくなってからのことである。

ともあれ、志賀さんが取材に応じ、本に出ることを承諾してくれたものの、いざ『零戦　最後の証言』が世に出ると、旧部下のあいだからは、

「これじゃ、まるで志賀さんの懺悔録《ざんげろく》じゃないか」

という声が上がったものだ。それほど志賀さんの話は謙虚で、また控えめなものだった。

当時の取材ノートを見返しても、その印象は変わらない。だが、本に書いたあとも志賀さんとの交流は続き、その間、新たに聞くことができた話や、確認のとれた事柄も少なくない。志賀さんは戦後六十周年の平成十七（二〇〇五）年十一月二十三日、九十一歳で亡くなったが、歿後十年を迎えたいま、あらためてその言葉や生き方を振り返ってみようと思う。

志賀さんは、大正三（一九一四）年、海軍中佐・四元賢助《よつもとけんすけ》（のち少将）の三男（男五人、女三人）として東京に生まれた。

父は鹿児島出身、海軍兵学校を二十期生として卒業し、日清戦争（一八九四〜一八九五）に従軍。日露戦争（一九〇四〜一九〇五）中は兵学校教官として、山本五十六（三十二期・のち大将）、豊田貞次郎《とよだていじろう》、豊田

副武（ともに三十三期・同）などを指導しており、自分の子供たちの教育にも非常に厳格な人であった。

父の転勤、予備役編入、死去にともなって広島県の呉《くれ》、三次《みよし》、そして山口県と転居を重ね、山口中学校五年のとき、広島県江田島《えたじま》の海軍兵学校に合格。昭和六（一九三一）年四月、第六十二期生として入校した。兵学校の気風は、クラスによってまったく別、と言っていいほどの違いがある。それは、戦後半世紀以上がたっても、クラス会に出れば、部外者にも肌で伝わってくるぐらいのものだった。

志賀さんの六十二期は、伏見宮博英王《ふしみのみやひろひでおう》（のち伏見博英伯爵《はくしゃく》・昭和十八年八月二十六日戦死。少佐）、朝香宮正彦王《あさかのみやまさひこおう》（のち音羽正彦侯爵《おとわまさひここうしゃく》・昭和十九年二月六日戦死。少佐）と二人の皇族がいる、いわゆる「殿下クラス」だが、一説によると、海軍兵学校史上、まれにみるほど気性の荒いクラスだったという。

志賀さんは、両殿下ともに親しくしていたが、二人の個性はまったくタイプの異なるものだった。伏見宮は、いかにも宮様然とした坊ちゃんタイプ、朝香宮はさばけた人で、親しみのもてる人柄だったという。ただ、食事のときは、そんな印象とはちょっと違った嗜好《しこう》もみせた。

兵学校の朝食は午前七時。半斤《きん》のパンと白砂糖、それに味噌汁《みそしる》というメニューだったが、パンは切り方によって、焼き皮の厚いところとそうでないところがある。パンの周囲の焦《こ》げたところを「アーマー」（装甲）と称し、歯ごたえがある上に密度が高く、実質的な量が多いので、生徒たちの多くは、そこの部分があたると喜んだ。伏見宮博英王はこの部分を好んで食べたのに対し、朝香宮正彦王は、白い部分だけを手でちぎって食べ、アーマーは決して口にしようとはしなかったという。

殿下といえども海軍士官の卵だから、雑用の当番も平等に割り当てられる。あるとき、伏見宮と一緒に掃除当番となった志賀さんは、連れだって水を汲《く》みに出た。

「水汲み場に着くと、すでに先客が何人か並んでいる。すると、そのなかの一人が、殿下の姿をみとめて、お先にどうぞ、と順番を譲ろうとした。皇族であっても特別あつかいはしないことになっているから、私は、『殿下、いけません』とお止めしたんですが、殿下は『いいよね』と前に割り込んでしまった。頭にきて私は、ツカツカと歩み寄ると殿下のバケツを蹴っ飛ばした。それが思いのほか、大きな音がしたんです。このときはそれだけのことでしたが、この話には尾ひれがついて、いつのまにか殿下をぶん殴ったことになってたらしい。のちに結婚のとき、身元調査でこのことが相手に伝わって、話題にのぼったことがありました」

しかしほどなく、志賀さんは、伏見宮の仕返しを受ける。

夏季休暇のさいに交際のはじまった広島の女学生の写真の裏に〈My Angel〉と書いて、自習時間に取り出してはそれを眺めていたが、机を並べていた伏見宮が、それを教官に言いつけたのである。

「男女七歳にして席を同じうせず」と言われ、現代とは男女交際の感覚そのものがちがった時代、志賀さんはたっぷりと教官の説教を聞くこととなった。

「しかし、その後、私の祖父が死んだとき、帰ってよろしいと休暇を与えられ、郷里に帰ることができたのは、伏見宮の口添えによるものだったとあとで知りました」

こうして、喧嘩をしながらも友情がはぐくまれてゆく。皇族とともに学び、鍛えられた経験をもつ志賀さんたち海軍士官は、ずっとのちになっても、国粋主義者や陸軍の一部勢力が唱《とな》えたような、神がかりでフィクショナルな天皇観にはついていきにくかった。

「でもそれは、軍人としての立憲君主に対する忠誠心とはまったく別の問題でした」

と、志賀さんは言う。

兵学校には、おもに最上級生が最下級生を鍛える伝統があるから、クラスカラーは新入生の頃の一号生徒（最上級生）の影響を色濃く受けつぐ。各クラスが最上級生になるとき、新入生の指導方針を決め、間にはさまったクラスもそれに従うのが通例だった。

なかでも鉄拳制裁には、クラスによって大きな波がある。校長が上級生による鉄拳制裁を禁じた時代もあったが、六十二期が入校したときの最上級生、五十九期は、後輩を徹底的に殴って鍛える方針だった。五十九期生には、横山保、小福田租《みつぎ》、新郷英城、相生高秀と、のちに戦闘機で名を馳《は》せたつわものが揃っている。

「ちょっとやりすぎではないか」

との思いで、次に最上級生になった六十期は、六十三期をそれほど殴らなかった。六十期も、鈴木實、進藤三郎、山下政雄、伊藤俊隆、兼子正、岡本晴年ら、錚々《そうそう》たる戦闘機指揮官を輩出している。そして、六十一期が最上級生になると、鉄拳廃止という思い切った改革をやった。そのため、新入生として入校した六十四期生は、鉄拳制裁をほとんど知らずに育った。

二年続いて紳士的なクラスが一号になったわけだが、その反動で、五十九期にさんざん絞られた六十二期が最上級生になるとき、

「あれで教育改革をやったつもりかも知れんが、殴られずに育った奴はどうもとろくさい」

と、鉄拳を復活させる。

なかでも、新たに入校した六十五期生に怖れられたのが、「ヨツ」こと志賀さんと、「周防《すおう》元帥」こと周防

元成《もとなり》である。周防もまた、のちに戦闘機搭乗員となる。志賀さんと周防には、それぞれ「青鬼」「赤鬼」というニックネームもつけられていた。

鉄拳の是非についてはいろんな見方があり、時代によっても考え方は違ってくるだろう。

だが、ここでの鉄拳は、私的制裁やいじめではなく、当時としての一つの教育手段であった。ちょっとしたミスや気の緩みが、自らの死につながるのみならず、戦いの帰趨《きすう》や部下の生死まで左右しかねない軍隊において、そのことを「体で覚えさせる」のは、至極効果的な方法だと考えられていたのだ。

兵学校教育の主眼は、「将たる器を育てる教育」ということだが、同時にそれは、志賀さんの言葉を借りれば、「訓練されたシェパードを送り出すための教育」でもあった。

志賀さんの鉄拳には後日談がある。

終戦から半世紀以上が経った平成九（一九九七）年十二月八日、東京・原宿の「水交会」（旧海軍、海上自衛隊の親睦施設）で、恒例の零戦搭乗員会の忘年会が行われた。

この日は、藤田怡与藏さん、原田要さん、田中國義《くによし》さん、小町定さん、大原亮治さんら、戦史にその名を残すかつてのゼロファイターたちが数十名、ずらりと顔を揃えていた。志賀さんは、この会の代表世話人を、後輩・六十九期の岩下邦雄さん（大尉）にバトンタッチしたばかりだった。元搭乗員ではない私も、許しを得て、たまたまこの場の末席にいた。

そして、偶然のいたずらか、同日同時刻、零戦搭乗員会のすぐ隣の部屋で、海兵六十五期のクラス会が行われていたのだ。六十五期の人たちが、隣の立看板を見て、

「零戦搭乗員会なら志賀さんがいるはずだ」

と、五、六人で表敬訪問にやってきた。そのうちの一人は、海上自衛隊で自衛艦隊司令官を務めた本村哲《もとむらてつ》郎《ろう》さんだった。

「四元生徒にご挨拶に参りました。六十五期の○○です」

「○○です」

昭和九年の四元生徒なら、

「声が小さい！」

とやり直しを命じたかも知れない。だが、それから六十数年。志賀さんにとっても予期せぬ相手から奇襲を受けたようなものである。「公明正大に殴った」と自他ともに認めていても、少しは気にしていたのだろう。志賀さんは、ちょっと驚いた表情を見せたが、すぐに、

「君たちか！　昔はたくさん殴って申し訳なかった」

と、深ぶかと頭を下げた。六十五期を代表して、本村さんが、

「いや、われわれは殴られたことを恨んでなんかおりません。それに、今、ここにいるのは志賀さんで、われわれをぶん殴ったのは四元生徒です。志賀さんに対して根に持つようなことは毛頭ありません」

と、当意即妙の答えを返した。

最上級生になった昭和九（一九三四）年五月二十七日、東郷平八郎大将率いる聯合艦隊がロシア・バルチック艦隊を破った日本海海戦から二十九年の海軍記念日の式典で、志賀さんにとって将来の希望進路を決定

づける出来事があった。

この日、紺の第一種軍装姿で練兵場に整列した生徒たちの上空で、空母「龍驤《りゅうじょう》」分隊長・源田實大尉以下、青木與《あとう》、永徳彰《えいとくあきら》の世に言う「源田サーカス」が、編隊アクロバット飛行を披露したのだ。

「あれには感激しましたね。腹の底から響く爆音、すごい迫力でした。親友の周防元成、高橋忠夫（昭和十二年殉職）とともにすっかりイカれてしまい、飛行機乗りになることを改めて誓いました」

昭和十（一九三五）年、兵学校を卒業。遠洋航海（オーストラリア、ハワイ）、各術科学校での講習を経て昭和十一（一九三六）年、少尉に任官したが、その間の昭和十一年二月二十六日、砲術学校で実習中、陸軍の一部青年将校が部隊を率いて重臣を襲った二・二六事件に遭遇する。

海軍は陸軍反乱部隊の決起に反対、一戦も辞さない構えだったが、志賀さんも機銃小隊長を命ぜられ、霞が関の海軍省庁舎の二階テラスに機銃を据えて警備にあたった。

そして、少尉任官と同時に軽巡洋艦「神通《じんつう》」乗組となり、そこから、中国大陸・上海の邦人保護、治安維持にあたる上海陸戦隊に小隊長として派遣される。まだ平和な時代で、志賀さんは、なりたて少尉にもかかわらず、当時はめずらしかった茶色の背広、茶色の革靴というでたちで、夜な夜なダンスホールに通っていたという。

「ダンスホールは、ブルーバードという店でした。なかなか華やかなところでしたね。戦後、日産がブルーバードという車を発売したとき、その名の響きが懐かしくて買ったことがあります」

大東亜戦争開戦を待たずして、すでに不足していた士官搭乗員

昭和十一（一九三六）年十二月、念願かなって第二十八期飛行学生を命ぜられた志賀さんは、茨城県の霞ケ浦海軍航空隊に転勤、飛行訓練に入った。

当時は艦上爆撃機（急降下爆撃機）が出はじめた頃で、それが爆弾を落とせば身軽に空戦もできる、という触れ込みだったことから、志賀さんは当初、艦爆搭乗員になることを志望した。ところが結局、戦闘機専修と決まり、昭和十二（一九三七）年九月、大分県の佐伯《さいき》海軍航空隊で戦闘機の訓練をはじめる。

その間の昭和十二年七月には支那事変が勃発。海軍は航空兵力をもって陸上戦闘を支援し、にわかに飛行機の重要性がクローズアップされるようになっていた。

「そして、昭和十三（一九三八）年一月三十日、南京に進出していた第十三航空隊への転勤命令がきて、九六戦（九六式艦上戦闘機）に乗り、済州島経由で南京へ向かいました。

その頃、中国大陸では航空隊の指揮官クラスが大勢戦死していて、中攻（九六式陸上攻撃機）隊の損害も多かった。中攻というのはもともと、太平洋の委任統治領の島々を基地にして、アメリカ艦隊がやってくるのを索敵、攻撃するためにつくられた機種で、中国で戦略爆撃するのは本来の用途じゃないんですが……。

陸軍がこんな戦争を始めるから、中攻がいっぱい犠牲になるんだ、という憤りはありましたね。俺は出番があってありがたいけどな、とも思いましたが」

志賀さんは二月十八日、南京に着任したが、着いたその日に、自分の分隊長になるはずだった金子隆司大

尉が出撃して還ってこず、前線に来たことをひしひしと感じたという。

「金子大尉は、私が兵学校に入校したときの最上級生、霞ケ浦でも教官で、指導を受けました。霞ケ浦にいたとき、われわれ飛行学生に断髪令が言い渡されたことがありました。おとなしく坊主頭にした者もいましたが、私は絶対に切らないよ、と切らなかったんです。

そしたらある晩、自習室に金子大尉が来て、なぜお前たちは髪を切らないのか、と言う。それで、

『わかりました。髪を切って、それだけ軍人精神が旺盛になる、それだけ操縦がうまくなるんなら切りましょう。どうですか。教官だって長いじゃないですか』

と言ったらぶん殴られましたね。結局、その後も髪は切りませんでしたが。

戦地で金子大尉のところへ行くと決まったとき、向こうも気にしてるだろうし、こんどはかわいがってくれるかな、と思ってたんですが……」

志賀さんが着任し、金子大尉が戦死した晩、南京市街の支那料理店に航空隊の分隊長、分隊士クラスの若手士官が集い、歓迎会が催された。

「すると乾杯のとき、みんなが『バンコーツ！』と声を張り上げて唱和する。そんな乾杯の発声、聞いたこともなかったから面食《めんく》らって、傍《そば》にいた田熊繁雄《たぐましげお》大尉に、

『バンコツって何ですか？』

ときくと、田熊大尉は、

『一将功成《いっしょうこうな》りて万骨枯《ばんこつか》る、だよ』

と澄まして答えました。そうか、俺たち現場将校はその『万骨』になる立場なんだな、と、ここでも戦場

に来たことを実感しましたね」

そして一週間後の二月二十五日、志賀さんは初陣《ういじん》を迎える。

この日、田熊大尉以下、十八機の九六戦は、三十五機の中攻隊を護衛して、南昌に向け出撃した。志賀さんははじめての出撃ながら、第二中隊長として九機を率いることになった。

「南昌上空に差しかかると、敵は高角砲をポンポン撃ち上げてきた。そして、新井友吉《あらいともきち》一空曹（元・岡村サーカスの名パイロット）機がスッと私の機の前に出てくると、ダダダーッと機銃を発射した。敵機発見の合図です。

するともう、中攻隊のことも、列機のことも、田熊大尉のことも私の頭のなかから消えてしまって、ただ夢中で敵編隊のなかへ突っこみました。で、敵機を追うんだけどもなかなか射撃できる態勢になれなくて、そのうち誰かに追いかけられた複葉のE15（ソ連製ポリカルポフИ《イー》15）が一機、私の目の前を下から上に横切った。すかさずそれを撃つと、大きな翼が吹っ飛んだ。墜《お》とした！　と思ったら、胸がスーッと落ち着いていきました。あの感覚は生まれてはじめてで、その後も味わったことはありません。

一機墜として、ようやく周囲を見渡す余裕が出てきました。で、高度が下がったのでそろそろ上空に上がろうと思ったら、ピピピ……という機銃の発射音が聞こえ、同時にカーンと被弾した。こんどはその敵機と格闘戦です。そこで、ひねり込み、というのを思い出して二、三回まわって、これは撃てる、というときにダイブで逃げられてしまいました。

この日は、田熊大尉が環ってきませんでした。これは明らかに私の責任だと、いまも申し訳なく思っています。はじめての空戦で、どうしていいのかわからなかった。私の三番機・越智寿男《おちひさお》一空（一等航空兵）も還りませんでした。

基地に還って、撃墜一機、被弾一発、と報告しました。ところが翌日、整備員が私のところへやってきて、『分隊士、参考までに申し上げますが、被弾一発ではなくて二十八発でしたよ』と。そんなにやられてることさえ、気がついていなかったんですね」

第十三航空隊は、三月二十二日付で中攻を主力とする航空隊として改編され、志賀さんは同じく第一線部隊である第十二航空隊に異動するが、その後も中国大陸上空では、南郷茂章《なんごうもちふみ》大尉、手島秀雄大尉と戦闘機隊指揮官の戦死が続き、大東亜戦争を待たずして、すでに士官搭乗員の不足が表面化していた。それまで、海軍では飛行学生一クラスあたり四～六名しか戦闘機搭乗員を養成してこなかったため、もとより余裕などなかったのだ。

そんななか、若い志賀さんは、部下とはいっても年長で、操縦経験もはるかに長い黒岩利雄一空曹、赤松貞明《さだあき》一空曹、森貢《もりみつぐ》一空曹、新井友吉一空曹ら下士官搭乗員から大事にされ、マスコットのような存在になっていた。

「彼ら操縦練習生出身の搭乗員は、ほんとうに素晴らしかった。私を、殺さないように守ってくれ、指揮官として育ててくれました。

黒岩なんか、私が指揮所の折椅子《おりいす》にふんぞり返っているところにすうっと来て、『分隊士』『何や』『童貞ですか』と、性教育までしてくれる。私は、わりと何でもあけすけ言うほうだったから、あれを分隊士にしておけばおもしろいぞ、都合いいぞ、と思われてたんじゃないでしょうか。

大陸に着任して三、四ヵ月経った頃、南昌空襲で、低空を逃げるE16（ソ連製ポリカルポフИ16）を追いかけまわしたことがありました。敵はしぶとくてなかなか墜ちない。もうすぐ敵飛行場上空だ、早く墜とさなければ、と思っていたら、上空から誰かがピューッと降下してきて、ダダダーッと、そいつを一撃で墜としてしまった。

この野郎！　俺がもう一息で墜とすところだったのに、と思いながら基地に還って、

『誰だ、あれは』

と聞くと、

『私です、すみません』

名乗り出たのは奥山益美《ますみ》二空曹でした。

『協同撃墜だぞ』

と言ったら、

『もちろんです、もちろんです』

と恐縮した様子でしたが、しかし見事な攻撃でしたよ。優秀な男でした。その後、海軍を除隊して航空技術廠のテストパイロットになり、十二試艦戦（零戦の試作機）二号機の空中分解事故で殉職してしまいましたが」

志賀さんによると、海軍の戦闘機乗りが飛行服の襟元に白いマフラーを巻くようになったのは、この頃のことだという。海軍の制式の装備ではなくすべて私物で、材質は富士絹、あるいは羽二重、長さは五、六

尺。

風防の覆いがない九五戦、九六戦などでは襟から風が入るのを防ぎ、摩擦が少ないので左右の見張りも楽、絹製のため、空中火災のときなど顔面の炎よけにもなる。万が一、海面に不時着水したときには、足に結んで長く垂らせば、フカよけの効果もあると言われていた。

「白いマフラーは見た目にも凜々《りり》しくて、搭乗員が整列すると、いかにも精鋭という感じがしたものです。私は、昭和十三年の八月に内地に帰るまで、ほとんどの空戦に参加しましたが、中国空軍は弱くはないが、こちらのように名人をズラッとそろえたような感じではなかったですね。

ただ、海軍の仮想敵はアメリカ海軍なのに、どうしてこんな、陸軍の始めた戦争で部下を死なせなきゃいけないんだ、とはいつも思っていましたよ。

南郷大尉が戦死(昭和十三年七月十八日)されるちょっと前、南郷大尉、相生高秀大尉と三人で南京の町に支那料理を食べに行ったことがあります。帰りに満天の星をながめながらバスを待っていると、南郷さんが相生さんに、

『相生、この戦争は根が深いぞ』

と言った。私はまだ若くて、意味がよくわかりませんでしたが、この言葉ははっきり耳に残っています」

南郷大尉は、講道館の二代目館長を務めた海軍少将・南郷次郎の長男、学習院から海軍兵学校に進み、戦闘機搭乗員になった人で、そのときは英国留学から帰ったばかりであった。人格、技倆《ぎりょう》、識見ともにすぐれた名戦闘機隊長であり、戦死に際しては、弔問に訪れた山本五十六海軍次官が号泣したというエピソードが残っている。

昭和十三年八月十五日、志賀さんは横須賀海軍航空隊（横空）に転勤を命ぜられ、内地に帰還した。ここまでの半年間の空戦で、志賀さんは六機の撃墜戦果を挙げていた。

横空では、分隊長・源田實大尉のもとで分隊士となった。そこには、中国大陸上空で十三機の敵機を撃墜、異例の特別進級をした古賀清登《きよと》空曹長がおり、さっそく空戦の手ほどきを受けた。

「ところが、格闘戦で一回まわるともう、私の後ろにピタッとついてる。もう一度、とやっても勝てませんでした。これを教わってから行ってたら、もっと墜とせたかな、と思いましたが」

そしてこんどは、たった二週間で佐伯海軍航空隊分隊長に発令される。佐伯空は戦闘機搭乗員の錬成《れんせい》部隊である。

「なんでこんなペイペイの中尉が分隊長に、と思ったら、大尉クラスが大勢戦死して足りなくなっていたんですね。

分隊士は、小林巳代治《みよじ》特務少尉でした。操練九期、大正十五（一九二六）年から飛行機の操縦をしている大ベテランで、私が戦地に行く前にも教わった人です。

『小林さん、あなたが事実上の分隊長ですよ』

と。私は、薄暮着陸や夜間着陸もやったことがなく、分隊長がそれではまずいですから、『模範』という名目で訓練飛行をしていました。

この頃は、個性的で優秀な搭乗員が大勢いて、いろんな逸話の多い時代でした。

飛行訓練が終わると、上陸（外出）しても金がかかる。海軍大学校にも行かなきゃならんが、自室で受験勉強なんかしていると、点取り虫と言われそう。時間をもてあまして、士官室でわあわあと、それで逸話が広がっていく。ラジオもまだあまり普及していない時代の楽しみの一つですね。人の気持ちも、まだおおらかでした」

志賀さんは、佐伯空から昭和十三年十二月、空母「赤城」乗組に転じ、はじめて母艦勤務となる。昭和十四年度に海軍航空本部が監督し、聯合艦隊の「赤城」「蒼龍」「龍驤」の飛行機全機と大村海軍航空隊が、横須賀海軍航空隊に会して実施された「航空戦技」とその研究会で、海軍戦闘機隊は編隊協同空戦を旨《むね》とすることが決められ、

「エースという考え方は日本にはない」

という意思統一が図《はか》られた。これ以降、海軍の戦闘機搭乗員による撃墜戦果は、個人を賞揚するのではなく、部隊全体の戦果を構成する一要素以上の扱いではなくなる。

志賀さんは、昭和十四(一九三九)年十一月には大分海軍航空隊分隊長に転じ、大尉に進級。翌昭和十五(一九四〇)年九月に結婚し、姓が四元から志賀にかわった。

その後、一年半にわたって大分空にいることになるが、当時、大分空先任分隊長(部隊に数名いる分隊長のうち、海軍での序列がいちばん上位の者)だった鈴木實さん(終戦時・中佐)は、大分空時代の志賀さんについて、

「私もモテたほうだけど、志賀君にはかなわなかった。休みの日はたいてい別府に出かけてましたが、みんなそれぞれ縄張りがあって、よく遊んでいましたよ」

と回想している。

昭和十六（一九四一）年四月、空母「加賀」戦闘機先任分隊長になった志賀さんは、一時、臨時「飛龍」分隊長として海南島《かいなん》方面に出動したあと、八月には「加賀」に復帰し、開戦を迎えることになる。乗機は零戦になっていた。

「『加賀』戦闘機隊は、鹿児島の鴨池《かもいけ》飛行場で訓練をやっていました。九月になると戦闘機隊は佐伯基地に進出、そこには『赤城』の板谷《いたや》茂少佐や進藤三郎大尉、『蒼龍』の菅波政治《すがなみまさはる》大尉や同期の飯田房太大尉など、みんないましたね。

そこで訓練をやってた十月はじめ、分隊長以上集合、ということで、佐伯基地にはコンクリート造りの指揮所があったんですが、そこの二階で待っていると、第一航空艦隊航空参謀の源田實中佐が零戦で飛んできました。源田さんが言うには、

『近く、鳥も飛ばない北太平洋を迂回《うかい》して、北からハワイ・真珠湾に突入、奇襲攻撃をかける』

みんな、おとなしく聞いていましたね。しかし、私は源田さんとは横空以来、気安かったので、あとで文句を言いに行きました。

『源田参謀、どういうことですか。由来《ゆらい》、軍艦が陸地と戦争するのはいちばんいけないことだと戒《いまし》められている。司令部は、われわれが艦隊どうしで戦闘したら、アメリカに負けるとでも思ってるんですか。正々堂々、太平洋におびき出せばいいじゃないですか』

すると、

『余計なことを言うな』

と一喝《いっかつ》されましたね。あとで飯田に、

『大変なことになったな』

と言った覚えがあります。彼は黙ってうなずいていました。

まだ時間はある。これだけの人間が聞いた以上、その日まで秘密を守るのは大変だ、ほんとうにそう思いました。郷里に帰るのも怖かったですよ」

開戦前に一度、志賀さんは同郷の飯田大尉とともに、山口県に帰郷している。

「私は長女が生まれたばかりでした。飯田に、

『早く結婚して子供をつくれよ』

と言うと、

『うん、じゃ、この子をもらうよ。貴様の娘なら美人だろ』

『そうか、じゃあ二十年待たなきゃいかんぞ』

なんて話をしましたが、彼はその後、真珠湾で自爆してしまいました」

「加賀」は、昭和十六年十一月十九日、佐伯湾を出航し、二十二日、択捉島《えとろふ》単冠湾《ひとかっぷ》より出撃、一路、ハワイ北方海域に向かった。真珠湾作戦に参加するのは、「赤城」「加賀」「蒼龍」「飛龍」「翔鶴」「瑞鶴」の六隻の空母を主力とする機動部隊である。

大作戦を前に、指揮官たちは、いかに部下たちに平常心を保たせるかに心を砕《くだ》いた。志賀さんは、ピリピリした空気を肌で感じ、自分で描いた得意の春画を数十枚、士官室外側の通路に貼りだし、展覧会を開いたという。

「これに火をつけていいのかな」と思うほど美しかった真珠湾の敵艦隊

そして、十二月八日午前一時三十分（日本時間）、「加賀」では志賀さんの零戦を先頭に、まず第一次発進部隊の零戦九機、九七艦攻二十六機が発艦した。

志賀さんは、この対米戦最初の戦いに、いちばん最初に発艦しようと、旗艦「赤城」の発艦信号旗が揚《あ》がるのをいまやおそしと待ち構えていた。が、実際の発艦は「赤城」零戦隊の板谷少佐機のほうがわずかに早く、二番めになってしまったという。

第一次発進部隊は、六隻の空母から発艦した零戦四十三機、九九艦爆（急降下爆撃）五十一機、九七艦攻八十九機（雷撃四十、水平爆撃四十九）、合計百八十三機の大編隊で、総指揮官は淵田美津雄《ふちだみつお》中佐である。

「朝日をバックに、堂々の大編隊を見た感激は忘れられません。男の本懐、これに過ぐるものはないな、と」

飛ぶこと約二時間、断雲のあいだから真珠湾が見えてきた。黄色い複葉機が、朝の遊覧飛行を楽しんでいるのが見える。

「あ、民間機だ。誰も墜とすなよ」

志賀さんは思った。が、奇襲が成功するまでは無線封止、しかも戦闘機どうしで通話できる無線電話はないから、部下たちに伝えようがない。

戦闘機隊は、奇襲が成功するまでは攻撃隊の邪魔《じゃま》になってはいけない。なるべく地上に爆音が聞こえないよう、高度を六千メートルにとり、エンジンを絞って飛んだ。

やがて、真珠湾に停泊する米艦隊の姿が、くっきりとその姿をあらわす。

「静かな日曜の朝でした」

と、志賀さんは回想する。

「東から太陽を背にして入ったんですが、真珠湾には、ライトグレーに塗られた米戦艦が二列にズラッと並んでいました。大艦隊が朝日に映えて、ほんとうに美しかった。これに火をつけていいのかな、とふと思ったぐらいです」

志賀さんは、上空で敵戦闘機の出現を警戒しながら、攻撃開始の一部始終を目で追っている。ちょうど、オアフ島北端のカフク岬が、白く生えた断雲の下から絵のように見えてきたとき、総指揮官・淵田中佐が信号弾一発を発射した。奇襲成功の合図である。ちなみに、奇襲の場合は信号弾一発、雷撃隊が真っ先に突っ込み、敵に発見されたり反撃をうけたりして強襲になってしまった場合には、信号弾二発で艦爆隊が最初に投弾する手はずになっていた。

「ところが、緊張して信号弾が目に入らないやつがいたのか、淵田中佐はもう一度、信号弾を撃ちました。二発は強襲の合図なんですが、状況から考えて、これは（強襲と）まちがえるほうがおかしい。あとで淵田さんに聞いたら、やはりあの二発目はダメ押しだったと。

それなのに艦爆隊が、二発めを見て強襲と勘違いして、そのまま目標に向かっていく。雷撃隊は、と見ると、単縦陣になって、まだ高度を下げつつ西海岸を回っている途中です。艦爆の一番機は、フォード島の飛行場に向かってピューッと急降下すると、二百五十キロ爆弾を落とした。それがまた、格納庫のど真ん中に命中したんです。『馬鹿野郎！』と思わず叫びました。

格納庫からバッと火が出て、煙がモクモクと出てきた。爆煙で雷撃隊が目標を見失うようなことになれば、敵艦隊の撃滅という作戦の意味がなくなりますから、気が気ではありません。『煙の方向は？』と見ると、幸い北風で爆煙は湾口の方へ流れてゆき、敵艦隊は姿を見せたままでした。『ああ、よかった』と思ったら、また一発。すると、何分もしないうちに港一帯、まるで花籠《はなかご》のように見えるほど、激しい対空砲火が撃ち上げられました。あれ、アメリカはわかってて待ち構えていたのかな、と気味悪く感じるほど、反撃の立ち上がりは早かった。

雷撃隊はまだ入らない。やがて、艦爆の攻撃がほとんど終わったと思われた頃、ようやく『赤城』の一番機が発射点につきました。魚雷を発射すると、チャポン、と波紋が起こって、白い雷跡がツーッとのびてゆく。命中したら大きな水柱が上がります」

艦爆隊が先に投弾したために、雷撃隊は対空砲火のなか、強襲ぎみの攻撃を余儀なくされた。

「最初に『赤城』の雷撃隊が入ったときには、対空砲火が艦爆隊にそなえてまだ上を向いていたのか間に合いましたが、続いて入った『加賀』雷撃隊は、まともにやられて、十二機のうち五機が未帰還という大きな損害を出しました。艦爆が先に入らなければ、あれほどやられずにすんだと思いますね」

攻撃が成功し、敵戦闘機の邀撃《ようげき》がなければ、零戦隊は敵飛行場を銃撃することになっている。志賀さんは、「赤城」零戦隊がヒッカム飛行場に銃撃に入るのを見て、それに続くべくバンクを振り、右手を頭上で前後させる手信号で、九機編隊を単縦陣の隊形に改める。

「港のほうとちがって、こちらはあまり対空砲火はなかったですね。格納庫の前に四発の重爆撃機・ボーイングB－17がズラッと並んでて、それを銃撃したんですが、燃料を抜いてあるのか燃えなかった。

そのとき、ちょうど着陸しようとしているB－17を、さかんに攻撃している九九艦爆がいました。勇敢なのがいるなあ、と思ってたら、あとで聞くと、南昌の敵飛行場強行着陸で知られる『加賀』の小川正一《しょういち》大尉でした。『いくら撃っても墜ちなかったよ』って言ってましたが。

それで、ヒッカムの銃撃を切り上げて、煙のなかに飛び込んで、左に太平洋を見ながら超低空、高度十メートルぐらいでバーバスポイントの米海軍基地に向かいました。きれいな景色でしたね、トウモロコシ畑が広がっていて、赤い自動車が走っていて。

バーバスポイントには小型機が並んでいました。それで、そいつにまた三撃。こんどは、気持ちよく焼かせていただきました。ここでは一人、空に向けてピストルで応戦している米兵の姿が見えたそうですが、対空砲火はなかったと思います。

結局、敵戦闘機は見なかったですね。しかし、私の三番機・佐野清之進《せいのしん》二飛曹は、バーバスポイントまでは私についてきていたのに、その後、姿が見えなくなり、行方不明になりました。佐野機はどうも敵の飛行機と空中衝突したらしい、とあとで聞かされました。

攻撃が終わって、戦果確認をしようと真珠湾上空、高度五千メートルまで上がってみましたが、上空から見たら、真珠湾は完全に一つの雲のような煙に覆われ、ときどき、そのなかで大爆発が起こっている。地面も海面も、ほとんど見えない状態でした。よし、完全にやっつけたな、これでよし、と思い、バーバスポイントの北、カエナ岬西方十キロ上空、高度二千メートルの集合地点に向かいました」

「加賀」零戦隊は、第一次、第二次をあわせて四機の未帰還機を出していた。攻撃状況のおさらいをするため、志賀さんは搭乗員を集め、オアフ島が見えたところから順に、場面ごとに部下からの報告を受けた。

「最初に見えた黄色い複葉機……」

と志賀さんが言いかけたとき、

「はい、私が墜としました」

手を挙げたのは山本旭《あきら》一飛曹である。静岡県出身の二十八歳、風呂が嫌いで身なりには無頓着《むとんちゃく》だが、明るく温厚篤実《とくじつ》な性格で、上下を問わず誰からも愛されていた。その空戦技術には、志賀さんも全幅の信頼を寄せている。だが、相手は明らかに攻撃目標ではない民間機である。志賀さんは、

「馬鹿野郎！　民間機を墜とすやつがあるか」

と山本一飛曹を叱った。山本一飛曹は昭和十九年十一月二十四日、サイパン島からはじめて飛来したB－29を邀撃、戦死するが、真珠湾攻撃ののち、

「大東亜戦争の撃墜第一号を記録したのに怒られちゃったよ」

と、同僚にぼやいていたと伝えられている。

真珠湾攻撃で日本側は、米戦艦四隻と標的艦一隻を撃沈、戦艦四隻、その他十三隻に大きな損害を与え、飛行機二百三十一機を撃墜破するなどの戦果を挙げた。資料によって異なるが、米側の死者・行方不明者は二千四百二名、負傷者二千三百八十二名を数えた。

いっぽう、日本側の損失は、飛行機二十九機（零戦九機、九九艦爆十五機、九七艦攻五機）と特殊潜航艇五隻で、戦死者は六十四名（うち飛行機搭乗員五十五名。別に、十二月九日、上空哨戒《しょうかい》の零戦一機が着艦に失敗、搭乗員一名死亡）。また、米軍の激しい対空砲火を浴びて、要修理の飛行機は百機あまりにのぼっ

た。

こうして真珠湾奇襲攻撃は成功し、米太平洋艦隊を壊滅させた機動部隊は意気揚々と引き揚げたが、隊員たちのまったくあずかり知らないところで、外交上の重大なミスが起きていたことが、やがて明らかになる。

日米交渉の打ち切りを伝える最後通牒《つうちょう》を、攻撃開始の三十分前に米政府に伝える手はずになっていたにもかかわらず、ワシントン日本大使館の職務怠慢《たいまん》で通告が遅れ、攻撃開始に間に合わなかったのだ。アメリカがこの失態を見逃すはずもなく、真珠湾攻撃は「卑怯《ひきょう》なだまし討ちである」と喧伝《けんでん》され、かえって米国内の世論をひとつにまとめる結果となった。

最後通牒が遅れたことを、志賀さんたち搭乗員は当時知る由《よし》もなかったが、戦後になって聞かされた「だまし討ち」の汚名は、当事者にとってじつに心外なものだった。

「だまし討ちと言うけどね、それまでにもう、戦争が始まらなければいけない状態になっていたんじゃないですか。少なくとも私たちが攻撃したとき、だましどころか完全な防備がしてありましたよ。でないと、あんなに素早く反撃はできません。

アメリカとしたら、『だまし討ち』ということにしないと、軍上層部の顔が立たなかったんだと思いますね。それで世論を盛り上げた。世論の国ですからね。

もし最後通牒が完全に間に合っていたとしても、われわれは同じ戦果を挙げてみせたでしょう。ドックなどの港湾施設や燃料タンクを攻撃しなかったのには、いまでも悔いが残りますが」

「加賀」はその後、内地に帰り、年を越して昭和十七（一九四二）年一月九日にはふたたび出撃、一月二十日、南太平洋・ニューブリテン島のラバウル攻略戦に参加した。

この日、「加賀」からは志賀さん率いる零戦九機、橋口喬《たかし》少佐率いる九七艦攻二十七機が発進。「赤城」「翔鶴」「瑞鶴」の飛行機隊とともに、総勢百九機の大編隊だった。

「この日は敵の双発機が上がってきただけで、そいつはすぐ、『赤城』の戦闘機隊が撃墜しました。それで、低空に降りて、山の上の飛行場（ブナカナウ飛行場・のちに日本海軍の陸上攻撃機基地となる）を銃撃したときに、私の二番機・平石《ひらいし》勲《いさお》二飛曹が地上砲火にやられたんです。

その朝、発艦前に彼が落下傘バンドを持ってきてくれたんですが、私は、いらないよ、と受け取らなかった。それまで敵地上空に行くときは、捕虜になるなんてことは考えないから、落下傘バンドはつけない習慣だったんです。彼は何か言いたそうに真っ赤な顔をして、バンドを戻しに行きました。

そして、飛行場を銃撃して上昇するときに、平石機が燃料タンクを撃ち抜かれて、燃料を噴きながら私のほうに追いついてきた。それで私は、編隊を組みやすいようにとエンジンを絞ったんですね。すると、彼も私に合わせてエンジンを絞ったものだから、排気炎（アフターファイア）がパッと出て、燃料に引火した。あっという間に炎は機体の下に燃え広がり、私は思わず『飛び降りろ！』と叫んだんですが、そのままダイブで海面に激突してしまいました。墜ちる直前、平石が、操縦席で炎に包まれながら手を振るのが見えました。

帰艦して、無意識にバンドを外そうとして、ハッと気がつきました。ああ、平石は、私がつけないもんだから、自分のバンドも外しちゃったんだな、と。ところがあとから考えると、この日はもう、ラバウルの湾に友軍の艦船が入ってたんですね。平石は勘のいい男でしたから、今日は落下傘で降りても捕虜にはならないと思って、バンドを届けてくれたんでしょう」

平石二飛曹は昭和九年、呉海兵団に入り、同十年、操縦練習生二十七期を首席で卒業している。腕は確かで操縦歴は志賀さんより二年古い。だが、同年兵の飛行機搭乗員が皆、昭和十六年のあいだに一飛曹になっているのに、進級が据《す》え置かれていた。

「平石は、私が大分空にいたとき、民間から献納された報国号の命名式のスタント飛行でも二番機をつとめてくれました。飛行隊長の八木勝利《やぎかつとし》少佐が、君は若いから、列機には優秀なのをつけろ、とつけてくれたんです。三番機は尾関行治《おぜきゆきはる》でした。

ただ、平石は、腕は申し分ないんですが喧嘩坊主でね、そのあたりが私と似ていて、馬が合ったんですが。

『加賀』に転勤した頃、要務で大分空に着陸すると、先輩の確か鈴木實大尉（筆者注：この時期、鈴木大尉は中国戦線に出ていて大分空にいなかった。おそらく新郷英城大尉か伊藤俊隆大尉と思われる）が、

『平石のやつには困ったよ』

と言う。

『また何かしでかしましたか』

『町に出て喧嘩してな、上官（戦闘機搭乗員の虎熊正《とらくまただし》空曹長）をぶん殴って善行章剝奪《はくだつ》だよ』

それで、『私の列機にくれませんか』とお願いしたんです。

『とってくれるか』

『お願いします。あれならどこへつれて行っても大丈夫。森の石松みたいな男ですよ』

それで『加賀』に転勤してきてね、平石は、

『分隊長、絶対に分隊長を殺しませんから』

と言ってくれた。

『大丈夫だよ、そんなこと言うな。ここではお前、喧嘩する相手はおらんからな、よかったな』

真珠湾でも、彼は私の二番機でした」

志賀さんの、平石二飛曹の思い出話はなおも続く。

「平石は親一人、子一人なんですよ。実家は広島の奥のほうで。ある日、一緒に試飛行に上がったとき、ほんとうは規則違反なんですが、

『離陸したら、今日は俺が二番機の位置につくから。自分の家まで飛んでこい』

と言って、彼について飛んでみたら、山のなかに一軒家がある。するとあの野郎ね、もうやめろ、というぐらい自分の家の上空を派手《はで》に飛びまわって。そしたら家のなかから人が二人、転がるように出てきて、手を振るのが見えました。

これは憲兵隊にでも通報されたら俺は懲罰だよ、と思って、やめろ、と上でバンク（機体を左右に傾ける）するんだけど、やつはそんなもの見ちゃいない。

ずいぶんやって戻ってきて、

『ありがとうございました。分隊長にはどこまでもついて行きますから』

それがこんな、頼りない隊長についてきたから死んじゃったんですね」

昭和十七年四月、内地に帰った志賀さんに、完成したばかりの空母「隼鷹」飛行隊長の辞令が届いた。「隼鷹」は、日本郵船のサンフランシスコ航路に使われる予定であった大型貨客船「橿原丸《かしはらまる》」を、建造途中で海軍が買収、空母に改造した艦である。搭載機・常用四十八機、補用十機と、正規空母に近い飛行機搭載能力を持っていたが、もとが貨客船だから、速力と防御力はやや劣っていた。

「華やかな第一線空母から商船改造空母へ、艦長も予備役応召の大佐（石井芸江大佐）で、誰が見ても明らかな左遷だった」

と、志賀さんは言う。

「源田参謀に、なんで私を降ろすんですか、と詰め寄りましたが、『お前、岡田艦長（岡田次作《じさく》大佐）と何かあったろ』と言われ、引きさがらざるを得ませんでした。

最初の印象がね、この人、田舎《いなか》の村長さんだ、と。そういう気持ちが相手にも伝わるんでしょうね、なんとなく反《そ》りが合わなかった。岡田艦長が飛行機の大先輩だったとは、戦後まで知らなかったんです。

しかしあのまま『加賀』にいたら、ミッドウェー海戦で間違いなく死んでましたね。艦橋に爆弾が命中して、艦長も、下の搭乗員待機室にいた小川正一大尉らも、みんな戦死してるんですから。そういう意味では私の命の恩人と言えるのかもしれません」

海戦の戦果は互角でも、練達搭乗員の損失が日本軍の重大なダメージに

機動部隊による真珠湾攻撃、基地航空部隊によるフィリピンの米軍基地空襲にはじまり、南方の油田地帯を押さえるまでの第一段作戦は予想以上に順調に進んだが、第二段作戦として、聯合艦隊は、ハワイと日本本土の中間にあたり、米軍が基地を置くミッドウェー島を攻略、そこへ敵艦隊をおびきよせて一挙に撃滅しようともくろんだ。

それと同時に、海軍軍令部の提案で、米軍による北からの反攻に備え、北太平洋・アリューシャン列島西部のアッツ島、キスカ島を攻略する作戦の実施が決まる。

空母「赤城」「加賀」「蒼龍」「飛龍」を主力とする第一機動部隊はミッドウェー作戦へ、「隼鷹」「龍驤」を主力とする第二機動部隊はアリューシャン作戦へ、それぞれ投入されることになった。「隼鷹」は、処女航海がこの出撃、という、まさにぶっつけ本番での実戦投入である。

ところが、志賀さんが着任してみると、「隼鷹」に配備予定の飛行機は九六戦で、しかも一個分隊だけの編成であった。

「いまどき九六戦で戦《いくさ》ができるか」

怒った志賀さんは、鈴鹿の航空廠へ赴き、志賀さんの転勤を知らない監督官が、「加賀」から受領に来たと思い込んでいるのを幸い、全機零戦で揃えて、何食わぬ顔で「隼鷹」飛行機隊が訓練中の佐伯基地に帰ってきたという。

「飛行長の崎長嘉郎《さきながよしろう》中佐が、『エッ、うちは九六戦だよ』とびっくりしていましたね。『持ってきたんだからいいでしょ』と、そのままアリューシャン作戦に行きました」

「龍驤」をのぞく第一、第二機動部隊の各空母には、ミッドウェー島占領後の進駐部隊となるため、新たに編成された第六航空隊の零戦、計三十三機が分乗していた。

「隼鷹」と「龍驤」は、アメリカ・アラスカ州のダッチハーバーを空襲、その後、南下して、便乗させた六空零戦隊を運ぶことになっている。

「六空の搭乗員は十二名、『隼鷹』固有の搭載機にはDⅡ、六空戦闘機隊にはUの部隊識別記号と百番代の機番号が、それぞれの垂直尾翼に記されていました。六空の指揮官は、後輩（海兵六十五期）の宮野善治郎《みやのぜんじろう》大尉でした。

宮野君とはいろんな話をしましたね。

『ダッチハーバーみたいな田舎へ行かされるのは、貴様《きさま》も不満だろうけど、問題はミッドウェーだよ。いかにして犠牲を出さずに向こうまで行くかということだ』

ある晩、宮野君が、雑談の合間にふと真顔になって、

『先輩、この戦争、勝てると思いますか？』

と聞いてきた。彼はそれまで、第三航空隊で台湾から東南アジアを転戦してきたんですが、

『P－40なんか、何機来たって問題じゃないんです。でも、敵は、墜としても墜としても（新しい飛行機を）持ってくるのに、こちらは、飛行機も搭乗員も補充がまったくないんですよ。台湾を出る時は四十五機揃えて行ったのに、新郷さんの隊（台南空）など最後は二十何機。搭乗員に下痢《げり》やマラリアも出ますが、何

しろ飛べる飛行機が間に合わんのです。それで内地に帰ったら飛行機の奪い合いで、今回の十二機を揃えてくるのも大変でした。いまに搭乗員だって足りなくなりますよ。――先輩、こんなことで勝てますか』と。私自身はこれまで、機動部隊で連戦連勝を重ねてきて、戦局の行く末を深刻に考えたことがなかった。いや、アメリカの国力の強大さについては理解しているつもりでしたから、考えないようにしていた、と言ったほうが正しいのかもしれません。

『いや、勝たなきゃいかん、しっかりしようぜ』

と答えた覚えがありますが、当時、搭乗員で戦争の見通しについて、そこまではっきりと悲観的なことを言う者はめずらしかった。彼には先を見るセンスがあったんですね。私は内心、物事を冷静に見ている、偉い奴だと感心しました」

ダッチハーバー空襲は悪天候にはばまれ、数次にわたって出撃したもののさしたる戦果は挙げられず、かえってツンドラ地帯に不時着したほぼ無傷の零戦（「龍驤」の古賀忠義《こがただよし》一飛曹機）が敵手にわたり、「無敵零戦」の神話が崩れ去るきっかけとなってしまった。

「黙って零戦で揃えてきたのはいいけれど、『隼鷹』の戦闘機は当初、九六戦が配備される予定だったので、整備員は九六戦用に用意されていて、零戦を完全に整備できる者が少なかった。それと、受領した零戦自体、燃料の混合比などが暑いところ向けに調整されていて、寒いアリューシャンでは調子が出なかったんですね。これは私の失敗でした」

昭和十七年八月、米軍のガダルカナル島侵攻がはじまると、海軍は、ガ島を奪回、戦線を維持するために全力を投入、空母「飛鷹」「隼鷹」からなる第二航空戦隊もまた、十月四日、佐伯を出港、トラックを経てソロモン諸島方面に出撃した。

ちょうどその頃、アメリカ海軍機動部隊も付近の海域に出動してきており、衝突は時間の問題となっていた。

志賀さんら搭乗員もそのつもりで来たるべき空母決戦にそなえていたが、十月十六日、ガ島北岸に日本軍が揚陸したばかりの食糧、弾薬が米駆逐艦二隻の艦砲射撃で灰燼《かいじん》に帰したのを機に、聯合艦隊は第二航空戦隊にガ島ルンガ泊地の敵輸送船団攻撃を命じた。

これをうけて二航戦では、翌十七日、二隻の空母からそれぞれ零戦九機、艦攻九機、計三十六機を出撃させることになり、十六日の夜になって搭乗員に命令が伝えられた。

しかし、八百キロ陸用爆弾を抱えた艦攻の水平爆撃では、スピードも遅い上に、定針といって目標に投弾するまでの数分間、水平直線飛行をしなければならず、敵戦闘機がうようよいるはずのガ島上空では、それは自殺行為に等しかった。

志賀さんは、

「敵機動部隊が近くにいるのがわかっていながら、どうしてそんな危険をおかすんだ。どうしてもというなら、駆逐艦などは二百五十キロ爆弾で十分だから、艦攻よりは身軽な艦爆を出せばいい」

と考え、

「明日の掩護《えんご》は自信がもてない。艦攻を艦爆に変更されたし」

と意見具申したが、司令部の容れるところとはならなかったという。このことについて、当時二航戦参謀だった奥宮正武少佐は、戦後、著書のなかで、〈急降下によってバラバラになってしまう艦爆よりも、艦攻のほうが戦闘機による掩護もしやすいと考えた〉と述べている。この、現場指揮官と幕僚との見解の相違、言葉を換えれば現場の実感と机上での作戦立案の乖離《かいり》が、結果として無用の犠牲を生む原因となった。

「十六日の晩、列機の佐藤隆亮《たかのり》一飛曹と、阪野高雄《ばんのたかお》一飛（一等飛行兵）が私の部屋に来て、『隊長、艦攻隊の搭乗員が大変です。来てください』と言う。私は、やっぱり、と思いながら、従兵にビールを用意させて、それをかついで搭乗員室に行きました。

すると、確かにだいぶ荒れている。これはいかん、と思い、

『明日は敵戦闘機が来ても、われわれは空戦に入らない。艦攻一機に零戦一機、上について守って、必ずお前たちをつれて帰る』

と大見得《おおみえ》を切ったんですが……」

十月十七日午前三時三十分、総勢三十六機の攻撃隊は母艦を発進。途中、「隼鷹」の艦攻一機が故障で引き返す。こともあろうにこの一機は、爆撃のリーダーとなるべき嚮導機（機長・大多和達也《おおたわたつや》飛曹長）であった。残る三十五機は、「隼鷹」艦攻隊（指揮官・伊東忠男大尉）、「飛鷹」艦攻隊（入来院良秋《いりきいんよしあき》大尉）、「隼鷹」戦闘機隊（志賀大尉）の順に編隊を組んで、一路ガ島に向かった。

「それまで、二航戦としての打ち合わせや合同訓練は一度もなかったですね。それと、源田参謀の発案で、飛行機隊は発艦したら艦長の指揮を離れ、二航戦としての序列に従って行動することになっていました。

だから、大見得を切った手前もあって、自分の艦の艦攻隊を直掩したかったんですが、戦闘機隊は六十期の兼子大尉の方が私より先任なので「飛鷹」が前、艦攻隊は同じ六十五期でも伊東大尉の方が入来院大尉よ

り先任なので「隼鷹」が先、と順番が入れ替わってしまったんです。でもまあ、前にネコちゃん（兼子大尉）の隊がいるから大丈夫とは思ったんですが」

艦攻隊の高度は四千メートル、戦闘機隊はそれぞれ、その五百メートル後上方に位置していた。

「ガ島上空にさしかかると、断雲がいくつか出ていて、高度六千メートルのところには層雲が広がっていました。私はその陰に敵戦闘機がいるんじゃないかと気になって、列機を引きつれて雲の上に出てみました。そして相当あたりを見渡したんですが、何も見つからず、艦攻隊のところへ戻ろうとしたときに、グラマンF4Fが降ってきたんです」

その間に、嚮導機不在の「隼鷹」艦攻隊は定針を誤り、伊東大尉は敵地上空で爆撃のやり直しを決める。続いて入った「飛鷹」艦攻隊は、嚮導機がいるのでそのまま投弾する。「隼鷹」艦攻隊が大きく旋回してもとの爆撃針路に入ったとき、志賀さんは、断雲の陰から、キラッキラッと太陽の光を反射させて、ずんぐりとした機体を身軽に切り返す数機のグラマンF4Fの姿を見た。あっと思う間もなく、敵機は、一目散に艦攻隊に向けて突っ込んできた。

「『しまった！』と見る間に、たちまち艦攻の二番機が左翼から火を噴き、一番機（伊東大尉機）も右翼付け根から火焔《かえん》を吐き出しました。しかし、艦攻隊は燃えながらも編隊を崩さない。私は何ともいえない気持ちで、それを目で追っていきました。もしもあのとき、グラマンが襲ってきたら、私もやられていたでしょう。艦攻隊はそのまま投弾して、先に二番機がグラッと傾いて、墜ちていきました。グラマンは、確か九機ぐらいだったと思います（実際には二十八機が上がっていた）。一撃をかけて逃げていく敵機を追いかけて、いちばん後ろのやつに一撃しましたが、艦攻隊が気になって、最期を確認しないままに反転しました」

先に投弾して敵戦闘機の奇襲をまぬがれた「飛鷹」艦攻隊の丸山泰輔一飛曹は、

「帰投針路に入って後ろを振り返ったら、爆撃針路に入ろうとする『隼鷹』艦攻隊がグラマンにたかられて、次々に燃えて墜ちてゆくのが見えました。それが、昔のカメラの、マグネシウムのフラッシュを焚《た》いた時のような閃光《せんこう》を発して燃えるんですよ。赤い炎じゃなくて、白く明るく輝いて、キラキラと粉を吹くように……。光と白煙を吐きながら、次から次へと墜ちてゆく。何とも悲壮な光景でした」

と回想する。「飛鷹」戦闘機隊先任搭乗員・原田要一飛曹がグラマンと刺し違え、重傷を負ってガダルカナル島に不時着したのもこのときのことである。

この日、「隼鷹」艦攻隊六機が撃墜され、二機が不時着。「飛鷹」艦攻隊も対空砲火で一機自爆、一機が不時着。これほど大きな犠牲を出したにもかかわらず、爆撃による戦果はゼロであった。

「グラマンが隠れてたんじゃなく、これは完全に私の見落としでした。艦攻十七機に零戦十八機、一機に一機ずつついて盾《たて》になれば完全に守りきれたはずなのに、あんな拙劣《せつれつ》な掩護をしてしまい、ほんとうに申し訳なかったと思っています。私のいちばんの痛恨事でした。

しかも私は、艦攻隊の爆撃やり直しには気がつかなかった。自分ではそんなに時間はとらなかったつもりでしたが、雲の上を見ているあいだにもう一回、まわってきてたんですね。

燃えながらも編隊をくずさず、投弾を果たした伊藤大尉と列機の姿は、脳裏から離れることはありません。立派でしたよ」

その後、「飛鷹」は機関故障で戦列を離れたが、「隼鷹」は残った「飛鷹」艦攻隊を洋上で移乗させてなおも戦列にとどまり、十月二十六日の南太平洋海戦を迎えた。

この日、第一航空戦隊の空母「翔鶴」「瑞鶴」「瑞鳳」および第二航空戦隊の「隼鷹」を主力とする日本海軍機動部隊は、空母「エンタープライズ」「ホーネット」の米機動部隊と激突。のべ六次にわたる攻撃で「ホーネット」を撃沈、「エンタープライズ」を中破させ、飛行機七十四機を失わせたが、日本側も「翔鶴」「瑞鳳」が被弾、飛行機九十二機と百四十五名もの搭乗員を失った。

「隼鷹」は、二十六日午前七時五分、敵との距離二百八十浬《カイリ》（約五百二十キロ）で、零戦十二機、九九艦爆十七機からなる第一次攻撃隊を発進させた。指揮官は志賀さんである。

発艦から約二時間後、「隼鷹」隊は空母「エンタープライズ」を発見、ただちに攻撃にうつった。「エンタープライズ」は、先の「翔鶴」艦爆隊の攻撃で二発の直撃弾、一発の至近弾をうけていたが、被害は軽く、まだ発着艦もできる状態だった。

「断雲の間から、いきなり一隻の空母が現われ、飛行甲板からグラマンが二機ぐらい、発艦するのが見えました。

『あ、いいぞ、あれに行くんだな』と、艦爆が単縦陣で降下していく上を、戦闘機のほうがスピードが速いのでつんのめらないようにエンジンを絞って蛇行運動しながら、ついて行きました。とにかく、艦爆はどっちに行く？　敵戦闘機は？　と考えながら、対空砲火なんか全然目に入りませんでしたね。そして、いくつかの断雲をぬけて、あっと思ったら戦艦の真上に出てしまったんです。

『あれ、戦艦だ』、艦爆の三浦尚彦大尉機について行ったはずだったんですが、雲の中ではぐれたんでしょう。三浦機がいつ火を噴いたのかもわかりませんでした。

あっという間に高度七十メートルぐらいにまで下がったと思います。戦艦の大きな煙突が目の前に現われて、てっぺんに金網が張ってあるのがはっきりと見えましたよ。

前方を見ると、爆撃を終えた艦爆にグラマンがとりつこうとしているものだから、それを追い払って——こういうときは掩護が主任務だから追い払えばいいんですが、列機は敵戦闘機を見たら墜とさずにはいられないのか、何機か墜としてきたようです」

しかし、志賀さんは意識しなかったが敵の防御砲火はすさまじく、艦爆隊十七機のうち九機が撃墜されている。

なかでも新鋭戦艦「サウスダコタ」に装備された新型のエリコン二十ミリ機銃、ボフォース四十ミリ機銃の威力は絶大で、その真上を飛び抜けた志賀機が撃墜されなかったのは奇跡といえよう。

「隼鷹」ではさらに、第二次攻撃隊として、臨時に着艦していた「瑞鶴」の白根斐夫大尉以下零戦八機と、入来院大尉以下艦攻（雷撃）七機を発進させる。入来院大尉の艦攻隊は、敵空母に魚雷三本、巡洋艦に一本の命中を報告したが、入来院大尉機ほか一機が撃墜され、艦攻の全機が被弾した。

続けて「隼鷹」は、帰ってきたばかりの第一次攻撃隊の生き残り可動機を集めて、零戦六機、艦爆四機からなる第三次攻撃隊を編成した。

総指揮官は志賀大尉、艦爆隊は、第一次攻撃で山口正夫、三浦尚彦両大尉が戦死したので、初陣の加藤瞬《とし》孝《たか》中尉があたることになった。

初めての戦闘で、熾烈《しれつ》な防御砲火をくぐりぬけてやっと生還した加藤中尉は、報告の声もしどろもどろで、まだショックから立ち直っていなかった。搭乗員待機室で奥宮二航戦参謀から、

「加藤中尉、もう一度願います。今度は君が指揮官をやってもらいたい」

と伝えられた加藤中尉は、

「えっ！　また行くんですか」

と、驚いた様子で立ち上がった。志賀さんの回想。

「加藤中尉はトンちゃんの愛称で親しまれている、かわいい男でした。びっくりしている彼に、『トンちゃん、戦争だぞ、俺がついてるから、攻撃がすんだら、戦闘機を誘導せずにまっすぐに帰ればいいから』

と励まして出撃したんです」

飛ぶこと一時間十五分、すでに日は傾き、夕闇が迫ろうとしている。

「すると、静かな海に、静かに走る敵空母を発見しました。火災もなく煙もひかず、でも不思議に敵戦闘機も上がってこない（注：この空母は「ホーネット」であり、すでに放棄されていた）。

トンちゃんは、と見ると、急降下に入ってゆく。命中しないと水煙が上がるはずですが、それがないから全弾命中だな、と。遅発信管で艦のなかで爆発しますからね、こりゃ成功だ、と思いました。トンちゃんは攻撃が終わると、私が言ったとおりに一目散に帰っちゃいました。

で、帰ろうとしたら、二番機の佐藤隆亮一飛曹が編隊からピューッと離れて行くので、敵機発見か？　と思ったら、敵空母のすぐ近くまで飛んで引き返してきた。『あれはなにしてたんだ？』とあとで聞いたら、『完全にやっつけとりました』と。敵艦の被害状況を見に行ってたんです。勇敢な男でした（昭和十八年一月二十三日戦死）」

すでにあたりは真っ暗である。志賀さんが列機をとりまとめ、クルシー（無線帰投装置）のスイッチを入れると、母艦からの電波が入ってきた。発進前、志賀さんは海兵で一期先輩の通信長・佐伯洋大尉に、

「無線封止なんて言って電波を出さなかったら、帰ってきたらぶっ飛ばすぞ」

と言い置いて出てきたが、通信長は律儀に電波を発信してくれたのだ。故障しやすいクルシーが生きていたのも、幸運だった。

ぶつからないよう距離を開き、しかしはぐれないよう、志賀機の翼端灯《よくたんとう》をたよりにガッチリと編隊を組んだまま、針の指し示す方向に飛ぶこと一時間あまり、突然、クルシーの針がパタッと倒れた。志賀さんが下を見ると、漆黒の海面に、パッと母艦の中心線のランプが、縦一線に灯《とも》った。「隼鷹」だった。

「列機も暗闇のなか、よくついてきてくれました。私はやかましい隊長でしたが、列機はほんとうに優秀で、どんな状況でも大丈夫、という安心感がありましたね」

と、志賀さんは言う。

南太平洋海戦は、結果的に、日本海軍の機動部隊が米海軍の機動部隊に対して互角以上にわたり合った最後の海戦となったが、ここで多くの練達の搭乗員を失ったことは、以後の作戦に重大な影響を与えることになる。しかもこの日、陸軍によるガダルカナル島総攻撃も失敗に終わり、すべての作戦が振り出しに戻ってしまった。ガ島周辺の制空権は、ラバウル、ブインから飛来した零戦隊が制圧している数時間をのぞき、ほぼ米軍に握られていた。陸軍兵力や食糧・弾薬を送ることさえままならず、戦術としてもっともまずい、戦力の逐次投入、各個撃破の悪循環に陥《おちい》っていた。

テストパイロットとしてかかわった紫電改は「下町のおてんば娘」

戦い疲れた「隼鷹」は、十月三十日、日本海軍の中部太平洋の拠点・トラックに入港した。

「トラックに海軍省の人事局員が来ていて、呼ばれて行ってみると、『いや、ご苦労様。君、悪いけど内地転勤はないんだ』と言う。『望むところです。いまなら戦場の勘にひたっていて、どこまでもやれます。一度帰ると、また出たときにやられるから、当分戦地に置いてください』というわけで、こんどは『飛鷹』飛行隊長の内示が出ました。

これまでは兼子正大尉の下だったから、よし、こんどは俺が二航戦の総指揮官だ、と張り切りましたね。ところがすぐにその転勤が取り消しになって、こんどは航空技術廠飛行実験部員（テストパイロット）への転勤辞令と、前任者のクラスメート・周防元成大尉からの手紙が届いたんです」

周防大尉は、その操縦技倆は士官随一と謳《うた》われ、のちに航空自衛隊に入ったときも、空戦技術、射撃ともはじめから米人教官をはるかに凌《しの》いでいたとの逸話をもつ名パイロットである。

その手紙には、

〈貴様は戦地が長すぎる。いつまでも置いておくと死ぬから、飛行実験部員に推薦しておいた。零戦ではこれからもたないと思うから、頼むぞ。貴様なら新型機の最終速試験もやってくれるだろう〉

という意味のことが書いてあった。

「手紙とともに、それまでの飛行実験のデータを記したノートが添《そ》えられ、いろいろな書きおきを残して、彼は第二五二《ふたごおふた》海軍航空隊の飛行隊長として転出してしまっていました。なんだ、せっかく『飛鷹』の飛行隊長になったのに、余計なことをしやがって、と思いましたが……」

テストパイロットの仕事は、戦場とはまたちがった意味で危険やむずかしさの伴うものであった。

「テストパイロットの頃が、いちばん真剣に仕事をしたかもしれない」

とも、志賀さんは言う。

その後、二年近くにおよぶテストパイロットの期間中、志賀さんの仕事のなかで大きなものは、まず川西航空機が開発した「紫電改」の実用化、つぎに、零戦の後継機として三菱航空機が開発した「烈風」のテストだろう。

「紫電改（Ｎ１Ｋ２－Ｊ）」は、正式には「紫電二一型」と呼ぶ。水上戦闘機「強風」をベースに陸上機とした「紫電（Ｎ１Ｋ１－Ｊ）」をさらに改良した局地戦闘機（迎撃機）である。「紫電」が中翼のため脚が長く、引込脚の構造が、いったん縮めてから引込むという複雑な仕組みになったことから故障が多かったのを、低翼にすることで改善、ほかの部分にも改良を重ねた。エンジンは中島製の「誉《ほまれ》」で、零戦に採用された「栄」エンジンと同等の外寸ながら、出力は二倍近い二千馬力を狙った意欲作だったが、オイル漏《も》れなどの故障が多く、その解決が急務だった。

「烈風」は、「十七試艦上戦闘機」の名で、零戦の後継機として開発された。設計は、零戦、局地戦闘機「雷電」と同じく、三菱航空機の堀越二郎技師が担当した。すべてにおいて、零戦を凌駕する性能をめざしたが、海軍側が、格闘戦性能に重きをおいた要求をし、翼面荷重（主翼面積あたりの機体重量。小さいほど格闘戦には有利だが、速度は犠牲になる）を小さくせざるを得なかったこと、最初に搭載した「誉」エンジンの馬力不足などから、期待された性能を発揮することができず、のちに改良が試みられたものの実戦には間に合わなかった。

志賀さんの回想――。

「紫電改に最初に乗った印象は、零戦が深窓の令嬢とするなら、紫電改は下町のおてんば娘。洗練された飛行機ではないが、二十ミリ機銃四挺《ちょう》は有効だし、降着装置さえ良くなれば、あとはエンジンのトラブルだけだ。これは実戦に使える、と思いました。

アメリカのグラマンＦ６Ｆでもなんでも、牙《きば》をむいたイノシシみたいな飛行機でしょう。それに対抗するには令嬢じゃ駄目だ、おてんば娘でないと。そういう意味で期待のもてる飛行機でしたね」

しかし、烈風に対しては志賀さんの点はきわめて辛い。

「周防は烈風を早く出さなきゃいかん、と思っていたようですが、見てみたら、これは大きすぎる、役に立たん、という印象でした。

烈風の海軍側の初飛行は、昭和十九（一九四四）年五月三十一日、三重県の鈴鹿飛行場で私がやったんです。最初に離陸してみたら、上げ舵がとれない。大丈夫かな、と思い、すぐに脚上げにしたら、脚がおさまったとたん、舵がきくようになりました。

ホッとして、着陸して報告、改修の上、その後数日間にわたって一通りの特殊飛行を試してみたんですが、乗り心地がじつによくて飛行機としてはよくできているものの、やはりこれは使えないな、というのが私の結論でした。

まったく零戦の再来で、零戦を大きくしただけのものです。なにか切れがなくて大味。これでは後継機になりえません。

いちばんいけないのはその大きさでした。寸法は三座（三人乗り）の九七艦攻並みで、重量はさらに重い。被弾面積が大きすぎ、しかも防弾は考えていないから、どこに敵弾が命中しても火がつく。どうぞ撃ってください、というようなものです。

戦闘機というのは、要は機銃を撃つための飛行機でしょう。それが、同じ二十ミリ機銃四挺を運ぶのにこんなに大きいのでは、話にならない。

しかしこれは、設計者の堀越さんの責任じゃありません。堀越さんもそのへんのことはわかっていて、なるべく小さくもっていきたかったのに、海軍側の思想、要求が間違っていた。弾丸を撃つことではなく、飛ぶ技術、小回りをきかせて敵機のうしろに回る技術、そういうことを重視しすぎた要求にこたえた結果、ああなったんです。

局地戦闘機「雷電」にしても、あれはインターセプター（迎撃機）としてはよくできた飛行機なのに、格闘戦に弱いからと、海軍の搭乗員はみんな乗りたがらない。堀越さんに謝ったことがありますよ。

実戦にほんとうに欲しかったのは、高高度性能とスピードだったんですが……。

烈風は実戦に間に合わなくてむしろよかった。ほんとうにそう思います」

昭和十八（一九四三）年十月六日、米海軍機動部隊は、四百機もの艦上機をもって、日本軍が占領していた中部太平洋のウェーク島を急襲した。ウェーク島に駐留していた戦闘機隊は、周防大尉が飛行隊長をつとめる第二五二海軍航空隊である。

二五二空零戦隊は、支那事変以来歴戦の搭乗員をふくむのべ二十六機でこれを邀撃、離陸直後の不利な態勢から果敢に立ち向かったが、十四機撃墜（うち不確実四機）を報じたのと引き換えに十六機が撃墜され、残った零戦も爆撃により地上で全滅という、惨憺《さんたん》たる戦いになった。

この日、零戦とはじめて対戦したのが、アメリカ海軍の新鋭機・グラマンＦ６Ｆヘルキャットである。

Ｆ６Ｆは、従来のＦ４Ｆのエンジンが千二百馬力だったのに対し、離昇出力二千百馬力という強力なエンジンをもち、弾丸の初速が速く威力の大きい十二・七ミリ機銃六挺を装備している。さらに、パイロットを保護するため背面に堅牢な防弾板と自動消火装置を備え、最高速度も時速三百二十七ノット（約六百六キロ）と、実戦配備がはじまったばかりの零戦五二型の三百八ノット（約五百七十キロ）より十九ノットも速い。

米側記録によると、この初対決でのＦ６Ｆのじっさいの損失は六機（別に地上砲火による損失十二機）に過ぎなかった。

Ｆ６Ｆと二五二空零戦隊の戦いは、十一月にかけ数度にわたるが、零戦はその都度、苦杯をなめさせられた。そんななか、周防大尉は、内地への飛行機便に託して、志賀さんに簡単な手紙を送っている。

〈相手は新手、おそらくＦ６Ｆと思われる。速力、上昇力ともに手ごわい相手だ。ゼロではもうどうにもならぬ。次を急いでくれ〉

紫電改は、「誉」発動機の故障をかかえながらも実験が進み、昭和十九年三月には、志賀さんの手で最終速試験が行われた。これは、機体強度が何ノットのスピードまで耐えられるかを確かめるためのもので、非常な危険をともなうものだった。

テスト前、志賀さんは、かつて零戦の空中分解事故を解析し、海軍航空における振動問題の権威だった松平精《ただし》技師に、

「私を殺しなさんなよ」

と声をかけ、家を出るときは夫人に、

「今日は大事なテストがあるから」

と言いおいて、覚悟をもって臨んだが、一度は補助翼の羽布が剝離《はくり》して、あわや、ということもあったものの、最終的に、時速四百三十ノット（約七百九十六キロ）の高速を記録して、実験は終了した。

「アメリカでは、これを一回やると何万ドルもの手当をもらえたそうですが、日本では、危険手当の六十円だけでした。しかし、これだけやって大丈夫、と思っていたのに、のちに第三四三海軍航空隊の仲睦愛《なかむつあい》飛長（飛行兵長）機が、B－29攻撃のときに空中分解してしまいました。空戦のときは、じつに予期以上の動きをするものなんです」

志賀さんは昭和十九年五月、少佐に進級したが、その後肺浸潤《はいしんじゅん》を患い、横須賀海軍病院に入院。十一月十五日付で戦艦「大和」型三番艦を建造途中で設計変更した超大型空母「信濃」飛行長に発令されるが、一度、工事中の艦を見学に行っただけで、「信濃」は十一月二十九日、呉への回航中、米潜水艦の魚雷を受けあえなく撃沈される（艦長以下千四百三十五名戦死）。

そして、

「退院させてくれ、と看護兵をぶん投げたりして、『あなたのような人は、病院にいてもらうわけにはいき

ません』と放り出された」

直後の昭和十九年十二月二十五日、第三四三海軍航空隊（三四三空）飛行長に発令され、翌昭和二十（一九四五）年一月八日、着任した。

三四三空は、軍令部参謀だった源田實大佐の、〈精強な戦闘機隊をもって敵機を片っ端から撃ち墜とし、制空権を奪回して戦勢回復の突破口に〉との構想から生まれた、日本海軍の最後の切り札的航空隊だった。本拠地は愛媛県の松山基地（現・松山空港）。司令・源田實大佐、副長・中島正中佐（のち、相生高秀少佐）、飛行長が志賀さんで、主力機は、志賀さんが心血をそそいだ紫電改である。

戦闘機隊の主力は、戦闘第七〇一飛行隊（飛行隊長・鴛淵《おしぶち》孝《たかし》大尉）、戦闘第四〇七飛行隊（飛行隊長・林《はやし》喜重《よししげ》大尉）、戦闘第三〇一飛行隊（飛行隊長・菅野《かんの》直《なおし》大尉）の三個飛行隊で、それに偵察機「彩雲《さいうん》」で編成された偵察第四飛行隊、錬成部隊として戦闘第四〇一飛行隊が加わった。

三人の飛行隊長は、いずれも源田司令みずから調査、指名したつわもの揃いで、鴛淵大尉、林大尉はラバウル、ソロモンの激戦をくぐり抜け、菅野大尉はパラオ、ヤップ、フィリピンで活躍している。ほかの搭乗員たちも、操縦練習生出身の大ベテラン、磯崎千利《ちとし》中尉や松場秋夫少尉らが中心になって航空本部の名簿をあたり、集められた搭乗員が基幹となっていた。

「しかしそれでも、正直な話、開戦当時の精鋭とは比べられないですね。士官搭乗員の一部は、たとえば速《はや》水経康《みつねやす》大尉など、横空にいていい男だなあ、と目をつけていたのを司令に推薦したりしましたが、搭乗員全員をこちらで選べるものでもないですし。

それでも、士気はきわめて旺盛でした。松山に着任したとき、若い三人の隊長――鴛淵二十五歳、林二十四歳、菅野二十三歳――に、紫電改や空戦についての注意事項を教えようとしたら、みんな馬耳東風《ばじとうふう》、全然相手にしてくれない。私は当時まだ三十歳、まだまだ飛ぶつもりでいたんですが、これは俺の出番はないな、と。

それで司令に、私はこれから甲板士官《かんばんしかん》に徹します、と言って、主計科や整備との連携に力を入れることにしたんですが、それが結果的にはよかったと思います」

三人の飛行隊長の個性や、搭乗員たちの気風については、

「一言で言えば、鴛淵は知将、林は仁将、菅野は勇将、その異なった個性が、じつにみごとなチームワークを生んでいました。

搭乗員も、南方から帰ってきた連中、とくに戦闘四〇七なんか、暴れん坊が揃ってましたね。整列すると、野獣が飛行服を着たようなのが並んでるんですから。

案の定、いろいろと問題を起こしてくれました。長崎県の大村基地に進出したあとのことですが、酔っぱらって、大村駅から次の竹松駅まで機関車を運転して警察につかまったのもいるし、喧嘩はしょっちゅうです。そのたびに私が出ていくんですが、隊員たちには、喧嘩は絶対にするな、ただしやるなら絶対に負けるな、と言っていました」

三四三空の初陣は、昭和二十年三月十九日のことであった。

「古来、これで十分という状態で戦を始めた例はない。目標は敵戦闘機」

源田司令の訓示である。

この日、敵機動部隊来襲の報に、満を持して発進した紫電改五十四機、紫電七機は、圧倒的多数の敵艦上機群と空戦、五十二機の撃墜戦果を報告した。わがほうの損害は十六機（敵発見を報じたのちに撃墜された偵察機一機をふくむ）、地上大破五機だった。空戦に戦果誤認はつきもので、実際には敵味方の損失はほぼ同じであったという戦後の検証もあるが、敗色濃厚なこの時期としては、かなりの善戦だったといえるだろう。

「この日の空戦は、地上からもよく見えました。敵が来たときには、こちらはすでに発進を終え、ちょうどよい間合いで待ちかまえている。司令と並んで、始まりますよ、と見ていると、一撃するごとに敵機が調子よく墜ちてゆく。

『これは開戦時の再現ですよ』

と司令に言った記憶がありますが、結局、そのあとが続かなかった」

四月に沖縄戦がはじまり、「菊水《きくすい》作戦」と称して大規模な特攻作戦が実施されるようになると、三四三空もその一環として沖縄方面の制空戦に駆り出されるようになり、並行して、本土上空に来襲する米陸軍の大型爆撃機・ボーイングB－29の邀撃、海上に不時着水した敵のパイロットを救助するため飛来する飛行艇狩りなど、本来の任務を超えて酷使されるようになる。そして、戦局の変化にともない、三四三空の主力は鹿児島県の鹿屋《かのや》、国分《こくぶ》、長崎県の大村と、移動を重ねた。

「大村基地に移動してしばらく経った頃、司令が何か考えごとをしている様子なので、さてはうちにも特攻の話がきたかと、

『司令、何かあったんじゃないですか。特攻言ってきたんでしょう』

と訊きました。司令は、

『うん』

と答えたきり、私が、

『どうするんですか』

重ねて訊いても返事がない。

私は、特攻にははじめから反対でした。指揮官として、絶対にやっちゃいけない。自分が行かずにお前ら死んでこい、というのは命令の域じゃないですよ。行くのなら、長官や司令がみずから行け、と。だから私は、司令に、

『わかりました。もしそれしか戦う方法がないのなら、まず私が、隊長、分隊長、兵学校出の士官をつれて行って必ず敵空母にぶち当たってみせます。最後には司令も行ってくださいますね。予備士官や予科練の若いのは絶対に出しちゃいけません』

と申し上げたんです。ほんとうは私も行きたくないけど、どうしてもというなら仕方がない。司令は、

『よし、わかった』

その後、この話は立ち消えになったようで、それきり何も言ってきませんでした」

特攻出撃こそなかったが、三四三空の戦いは熾烈で、隊員たちは次々と斃《たお》れていった。

「四月二十一日に林喜重、六月二十二日にその後任の林啓次郎、七月二十四日に鴛淵、八月一日に菅野と、隊長の戦死が続き、六月頃になると飛行機や部品、搭乗員の補充もままならなくなった。そのうえ燃料も不足して、あってもオクタン価の低い質の悪いもので、そのせいで、同じ紫電改であっても実質的にかなり性

能が低下して、実力を発揮できなくなってきました。

機銃弾も、戦前にスイス・エリコン社から輸入したもののなかには腟内《とうない》爆発（銃身内爆発）するおそれのあるものがあり、危険なので使用厳禁、となっていましたが、それが大村の第二十一航空廠の倉庫から間違って出てしまった。菅野が戦死したのはそのためでした……」

菅野大尉は八月一日、屋久島北方で、米陸軍の大型爆撃機・コンソリデーテッドB－24の編隊を攻撃中、二十ミリ機銃の腟内爆発で主翼に大穴が開き、空戦場から離脱して単機になったところを、ノースアメリカンP－51ムスタング戦闘機に撃墜されたと推定されている。


終戦の四日後、大村基地で発令された皇統護持のための秘密作戦

八月に入ると、志賀さんは列機を一人つけ、黙々と紫電改の慣熟飛行をはじめた。いざというときには、ふたたび先頭に立って戦う決意を秘めてのことである。だが、もはや戦争の勝敗は、誰の目にも明らかだった。

「大村に、錦海荘《きんかいそう》という海軍専用の宿泊施設があったんですが、そこの女将《おかみ》に、

『飛行長さん、日本はどうなるとですか』

ときかれ、返事に困ったことがありました。

『どう言っていいかわからん。日本は負けたことはない。負けちゃいかんと思う。しかし、勝つとは思えない』

これがいつわらざる気持ちでした。補充が続かず燃料も足りず、戦おうにも戦えなかったですからね」

八月六日、広島に「新型爆弾」が投下される。はじめのうち、この爆弾が原子爆弾であることはわからなかったが、その被害状況は大村の三四三空にも伝えられている。そして八月九日——。

「この頃は燃料がなく、飛行作業は一日おきにしかできませんでした。九日は、敵機が来襲しても出撃しない、ということになり、私は搭乗員全員を引率して飛行場裏山に山登りに行きました。

山の中腹に差しかかった頃、誰かが『飛行機！』と叫び、続いて『落下傘！』の声が聞こえました。長崎の方向に目をやると、青空に白い落下傘が見えたような気がして、間もなくピカッと。一瞬、顔がポッと熱くなる気がしましたよ。

『あっ！　あれは広島に落とされたやつと一緒だよ。すぐに下山！』

下山してもどうにもならんな、これは大変なことになったぞ、と思いながら、隊に戻りました。繰《く》り言《ごと》になりますが、もし燃料が潤沢《じゅんたく》にあって、三機でも四機でも、上空哨戒の戦闘機を発進させていたら……と悔やまれます」

八月十四日の午後二時頃、一機の輸送機が、前触れなく大村基地に着陸してきた。

志賀さんは、誰か参謀でも来たかと思い、自動車をそちらに差し向けた。大村基地では防諜《ぼうちょう》上の理由から、隊への訪問者は必ず志賀さんを通して指示をうけることになっていたが、その車は、客を乗せたまま志賀さんの前を素通りして行ってしまった。

「戦闘七〇一飛行隊の山田良市大尉が最初に応対したんですが、『俺は勅任官《ちょくにんかん》だ。司令に会いたい』と、横《おう》柄《へい》な態度だったらしい。

それで、車が司令のいる防空壕《ごう》に着く頃を見計らって——というのは、私からの電話の内容がそのまま防空壕のなかに放送されるからなんですが——電話を入れた。

『いま、そちらに向かった男は、きわめて傲岸不遜《ごうがんふそん》なる不審な男である。したがって、よく確かめて司令のところにお通しせよ』

しばらくして、『飛行長来《き》たれ』という連絡がきたから、あれ、怒ったかな、と思いながら急いで車で司令の防空壕に行くと、ちょうど入れ違いに、白い司令専用車に人品骨柄卑《じんぴんこつがらいや》しからざる人物が乗りこみ、司令が目礼して見送るところでした」

この男は、川南豊作《かわなみとよさく》（一九〇二〜一九六八）。長崎の造船会社・川南工業社長である。俗に「箱舟」とよばれる輸送船（構造を簡略化した戦時標準船）の大量建造で財をなし、軍令部顧問の肩書ももっていた。ずっとのち、昭和三十六（一九六一）年には、元陸軍少将・桜井徳太郎《さくらいとくたろう》、五・一五事件の首謀者・三上卓《みかみたく》らとともに、「三無《さんゆう》事件」というクーデター未遂事件を起こし、投獄される。「三無」とは、「無戦争、無失業、無税」の社会を天皇を中心につくるという、川南の思想に由来する。

源田司令は、志賀さんを壕に招き入れると、

「明日、終戦の御詔《ごしょうちょく》勅がくだる」

と、川南がもってきたばかりの情報を伝えた。

「そのとき私は、『そうですか、よかったですね』と言ったのを憶《おぼ》えています。司令はそれに対して何も言いませんでした」

このときからの三四三空の動きは、生存者のあいだでも特に日付、前後関係の記憶がまちまちで、確かな記録も残されていないが、志賀さん、山田良市さんほかの記憶をすり合わせた結果は、こうである。

八月十五日、玉音放送は、大村基地にいる三四三空搭乗員の総員が、飛行場に整列して聴いた。

その後、司令の訓示があったが、巷間《こうかん》伝えられる〈わが三四三空は断じて降伏しない〉という、徹底抗戦の意思表示についての記憶は、志賀さんにはない。

そして十五日午後、司令は状況を確かめに、大分基地にあった第五航空艦隊司令部に飛んだ（三四三空戦友会が著した『三四三空隊誌』によれば十六日）。

司令の留守中、志賀さんは、隊員の士気を弛緩《しかん》させないためと、自分が命を懸けて育てた紫電改との今生《こんじょう》の別れのつもりで、可動機全機、約十八機を率いて「総飛行」をおこなった。

「この頃は、多くても十八機揃えるのが精いっぱいでした。ここで事故でも起こされたらいい笑いものだから、飛行場のまわりを一周して着陸しただけですが、これが見る人によっては、抗戦のデモンストレーションととられたのかもしれません」

また、それと前後して、戦争継続を叫び叛乱《はんらん》をおこした厚木の第三〇二海軍航空隊から、抗戦の呼びかけの使者が飛来した。

「双発機、おそらく『銀河《ぎんが》』か『月光《げっこう》』で、兵から累進《るいしん》した特務士官か兵曹長の年配の搭乗員でしたが、『三四三空は行動をともにしない。余計なことをするな。帰れ！』

と、私が追い返しました。三四三空の気風からいっても、三〇二空のような行動はあり得なかったと思いますね。三〇二空にしても、動いていたのは結局、司令の小園安名《こぞのやすな》大佐とその取り巻きだけでしたし」

八月十七日、源田司令は戦闘三〇一飛行隊の松村正二《しょうじ》大尉を随伴《ずいはん》させ、自ら紫電改を操縦、横須賀に向かって飛び立った。

このときの模様を、横須賀海軍航空隊先任搭乗員だった大原亮治さんが記憶している。

「十七日の午後、紫電改が二機、着陸してきました。飛行場の芝生に降りたんですが、エンド近くでUターンしたときに、一機が窪《くぼ》みに脚をとられて動けなくなりました。

私は、若い搭乗員をつれて、トラックで立ち往生している飛行機のところまで行き、何人かで翼端を持ち上げて、その間にエンジンをふかして脱出させましたが、操縦者の顔を見ると源田さんでしたよ。源田さんが指揮所に入っていくと、士官たちが取り囲んで、何か話をしていましたね。

一、二日後、ふたたび紫電改に乗って帰っていきましたが、来たときは勢いこんだような感じだったのが、帰りはそんな気配が消えていたように思いました」

源田司令が、大村基地に帰ってきたのは八月十九日午前のことだった。出迎えた志賀さんに、司令は開口一番、

「お前、俺に命をくれるか」

と言った。

「あげられません。話の内容を聞くまでは、命は差し上げられません」

志賀さんは答えた。そこで司令は、東京で授けられてきた皇統護持の秘密作戦の構想を打ち明けた。

近く連合国軍が進駐してきて日本は占領されるが、天皇および国体（天皇を中心とする国家体制）の処遇に対しては、不透明なままである。天皇の処刑をふくむ最悪の事態になったときにそなえて、皇統を絶やさず国体を護持するため、皇族の子弟の一人をかくまい、養育する。その行在所《あんざいしょ》の候補地として、熊本県五家荘《ごかのしょう》があがっている、というものだった。

「はじめは半信半疑でしたね。しかし、それならば、人選もふくめ私にお任せください、ということで、方法を考えたんです。

結局、川南さんが、東京の米内光政《よないみつまさ》海軍大臣か高松宮《たかまつのみや》か、軍令部作戦部長の富岡定俊《とみおかさだとし》少将かは知りませんが、上京をうながす使者であったと思います。電報なんかだと必ず私が先に目を通しますからね、ほかに伝達手段がありません」（しかし実際には、十六日、富岡少将より源田司令に直接、連絡があったようである。大村ではなく、大分基地の第五航空艦隊司令部で伝達された可能性もある）

この特殊任務を三四三空に与えた理由として、戦後、刊行された書物のなかには、抗戦派とみられた源田大佐をおとなしくさせるための、〈毒をもって毒を制する〉妙案と書かれたものもあり、じっさいにそう考えている関係者もいたが、志賀さんはその説を真っ向から否定する。

「それは絶対にありません。整備の成松孝男大尉が自決しようとしたり、トラブルもありましたが、三四三空で抗戦ということは天地神明に誓ってありませんでした。これだけは、はっきりさせてください。

司令は余計なことを言わない人で、はかりがたい面もありましたが、終戦を受け入れるということに関しては、完全に私との間で意思の統一ができていました。〈毒をもって毒を制する〉とはうがちすぎですよ。むしろ、優秀な隊員を数多く揃えていて実行力がある、そこを見込まれたんじゃないでしょうか」

当時、三四三空が属していた第七十二航空戦隊参謀であった黒澤丈夫《くろさわたけお》さん（当時・少佐）も、

「少なくとも第五航空艦隊（七十二航戦はさらに五航艦に属していた）麾下《きか》の部隊で、抗戦、というのは聞いたことがありません」

と証言している。

少なくとも、三四三空の幹部の意思は、かなり早い時期から終戦容認の線でまとまっていたとみて、間違いはなかろう。


話を八月十九日の大村基地に戻す。

この日の昼、飛行場に三四三空の全搭乗員が集められ、源田司令が部隊解散の訓示をした。総員に「休暇を与える」というものだった。これも、千名ちかくが集まったと書かれたものがあるが、

「われわれは大村に間借りしている身ですから、各飛行隊、搭乗員と機付の整備員、あとは要務士ぐらいしかいません。せいぜい百名ぐらいでした。本隊は松山にあって、副長も軍医長も主計長もそちらにいました。機付整備員も、みんなそれぞれの掩体壕《えんたいごう》に分散していて、集めるにしても自転車か何かで飛行場じゅう走り回らないといけない。けっこう大変ですよ。とにかく人数はそんなに多くありませんでした」

と、志賀さんは言う。

訓示が終わり、司令が号令台から降りると、志賀さんが、

「解散。ただし搭乗員、准士官以上残れ」

と命じた。

「そして、残った者に、

『司令は自決される。お供《とも》したい者は午後八時に健民道場に集まれ』

と、余計なことは言わず、それだけ伝えた記憶があります。健民道場は、飛行場の裏山の途中にあって、隊員の一部の宿舎としても使われていました。

司令とは事前に打ち合わせをして、

『自決の直前までもっていきますから。みな拳銃に弾丸はこめさせます。銃をとるとき、私が〝待て〟と声をかけますから、そこでほんとうのことをおっしゃってください』

それで、集合した隊員たちに、考え直す時間を与えなきゃいけませんから、あと何分したら――私は気が短いから五分と言ったと思いますが――決行するから、それまで用を足すなり自由にしろ、妻帯者と長男は帰れ、と。再度集合するまでに、何人かは帰ったようですね。

で、集まりまして、司令から、

『残念ではあるが、ついに刀折れ矢尽きた』と。あの人の言葉はいつも簡潔です。まず別杯、ついで拳銃に弾丸をこめろと命じ、こめ終わったところで、

『待て！』

と、こう言ったんです。

『司令からお話がある』

と。ここではじめて、皇統護持作戦のことが打ち明けられました」

このときの模様を、戦闘三〇一飛行隊整備分隊長・加藤種男《たねお》大尉が記録している。志賀さんの紹介をう

け、私が加藤さんに電話をかけたとき、加藤さんはやや狼狽《ろうばい》した様子で、

「あなた、どこまで知ってるんですか。ほんとうに志賀飛行長が話を聞けと言われましたか」

と、はじめは躊躇《ちゅうちょ》したようだったが、やがて重い口を開き、さらに手記を郵送してくれた。それによると、源田司令の言葉は次のようなものであった。

〈私はいま、命も名もいらぬ同志がほしかった。試すような形になったことをお詫《わ》びする。われわれは、ある命令により死以上に勇気のある困難な重大任務に入る。この任務は生《なま》やさしいことではない。達成に何年を要するか、配置によっては土地の職業人になりきり、自活覚悟を求める。作戦は今夜、ただちに発動する。隊員からは明日、逃亡のそしりを受けることも覚悟し、もちろん他言無用と心得て、作戦命令の成功まで、肉親、友人にも絶対秘密を洩《も》らさぬ誓いを求める〉

「全員興奮のなか、自決の場所は一転して作戦会議の場となった。ただちに配置が決定されました」

と、加藤さんは回想する。

しかし、この忠臣蔵のような人選のやり方については、参加しなかった隊員たちのなかに、少なからず不快感をいだかせた面もあった。

「不満はいっさい、私が負います。それほど大事な問題でしたから」

このとき、かくまう予定だった皇族は、当時八歳の北白川宮道久王《きたしらかわのみやみちひさおう》（戦後、皇籍離脱。のちに伊勢神宮大宮司をつとめる）であったとの証言もあるが、志賀さんは皇女ときかされており、ほかの隊員たちには何も知らされていなかったという。

皇統護持の大任を担った源田部隊は、総勢二十三名（のち、元副長・中島正中佐が加わり、除名者も出るので若干の増減がある）。山口班、広島班、鹿児島班、熊本班、東京班の五班に分けられ、戦闘第七〇一飛行隊の山田良市大尉、村中一夫少尉の二名は、二十日、大村基地にあった零戦に乗って、二十三名の連判状を東京の富岡少将に届ける。二十日夜には、加藤大尉以下数名は、トラックに物資を満載して熊本に向け出発する。

志賀さんは、それらを見送ったあと、八月二十一日には磯崎千利大尉、中島大次郎少尉をつれて山口の実家に帰り、そこで待機することになった。

ところが約一週間後、ラジオで原隊復帰の命令が出ていることを知り、ふたたび大村基地に舞い戻る。その頃、大村基地では、復員する兵員による物資の持ち出しなど、さまざまな問題が起きていて、基地指揮官の第三五二海軍航空隊司令・山田竜人《りゅうじん》中佐は、喜んで志賀さんを迎えた。

以降、志賀さんは、錦海荘を宿舎に、大村基地で終戦処理にあたることになる。

「九月十四日、意外に静かに米軍が進駐してきました。敵意はもう感じなかったですね。

大型輸送機が着陸して、なかからジープが降りてきた。ああ、これがジープというやつか、と。それで、数名の将兵が飛行機から出てきたんですが、そのなかでいちばん偉い大佐が運転を始めた。上級者が運転するなど日本では考えられないことで、これには驚きました。

それから、アメリカの士官が、“How many transportations do you have?”と聞いてきたけどこれがわからなかった。たまたま横にいた予備士官が、トラックのことですよ、と教えてくれて、ああそうか、と。それで軍需部に電話をして『六台ある』。

そしたら彼がホイッスルをピッと吹いて、兵隊が十四、五名、集まってきました。それを端から六人選んで、トラックをとりにいかせた。負けたな、と思いましたね。日本では専門の運転員でもないかぎり、自動車の運転なんてできなかったですからね」

あるとき、一人の中尉が飛行場のなかを走りまわって、源田司令を探していた。その中尉の名はテイトといい、海兵隊の情報将校である。真珠湾攻撃について聞き取りがしたいのだという。

「司令は行方不明。真珠湾なら俺も行ったよ」

志賀さんが言うと、テイト中尉は、

「I found my boy!」

と叫んだ。

錦海荘で三日三晩、テイト中尉の尋問を受け、それが終わると、紫電改を横須賀に空輸するための試飛行を米軍から指示された。十月十三日から三日間かけてテストを行い、十六日、いよいよ横須賀に向かうことになる。空輸される紫電改は三機。志賀さんと、田中利男上飛曹、小野正盛上飛曹の三名が、日の丸を米軍の星のマークに塗り替えた紫電改の操縦にあたった。

出発前、山田中佐とともに米軍将校と打ち合わせをする。山田中佐が志賀さんに、

「彼、タイロン・パワーだよ」

と言ったが、そのときはまさか、本物の映画スターがここにいるとは思わなかったという。

志賀さん以下三機の紫電改は、監視役のＦ４Ｕコルセア戦闘機数機に囲まれて、一路横須賀に向かった。

「特殊飛行はいっさい駄目、と言われていましたが、これで最後だな、と思って、大村上空、誘導コースで

スローロールをやりました。するとコルセアのやつがバーッと二機近づいてきて、私の飛行機に編隊を組んだと思ったら、パッと脚を出した。

ははあ、怒ってるな、着陸しろということだな、と。それで着陸したら、『どうしてあんなことを』と言うので、『これが俺の最後の飛行だよ』と答えた。わかった、と許してくれましたけどね」

横須賀に着くと、随伴してきた米軍の輸送機も続いて着陸してきた。降りてきた機長は、先ほどのタイロン・パワー少佐である。

「『シカゴ』など、彼の映画は戦前から日本でも公開されていて、観たことがありました。そのタイロン・パワー本人であることを知って、この野郎、いつの間にパイロットに、と思いましたが、アメリカでは民間人パイロットが多くいるので、めずらしいことではないんですね。

帰りは彼の操縦する飛行機に便乗して、途中、京都の仮設飛行場に立ち寄って帰りましたが、彼が言うには、『お前は戦犯にはならないよ、安心しろ』。そうか、じゃ、俺は銃殺刑はまぬかれたな、と。中央の空気も観察してみて、これは大丈夫だな、と思って帰ってきました」

志賀さんはその後も大村基地にとどまったが、皇統護持作戦のほうは、秘密裏に活動が続けられている。

当初、行在所の候補地とされた五家荘は、熊本県と宮崎県の県境ちかく、平家の落人がのがれてきたと伝えられる土地で、平家の子孫が暮らしている。

ただ、この地を調査した加藤種男さんによると、五家荘も秘境というわけではなく、皇族をひそかにかくまう目的に適した土地とは言いがたい印象があった。隊員たちはさらに、皇室発祥の地とされる高千穂《たかちほ》をはじめ、南九州に行在所の適地をもとめて潜行したが、条件にあう場所はなかなか見つからず、候補地選びは困難をきわめたという。

さらに、昭和二十年十月には、熊本県警が源田隊の動きを察知し、内偵をはじめたとの情報が入る。連合国軍最高司令官総司令部（ＧＨＱ）が、源田大佐の身柄を探しはじめる。

紆余曲折《うよきょくせつ》を経て、宮崎県の杉安《すぎやす》（現・西都《さいと》市）が行在所の候補地に選ばれたのは、十一月上旬のことだった。

本隊は、九州各地の調査状況を集約し、東京都の連絡にも好都合であったことから、大分県の佐賀関《さがのせき》に置かれることになる。

「十月下旬、私のもとに、北九州の門司《もじ》に行けと連絡があり、行ってみると、大型船を操船できる甲種船長の免許証が用意されていました。かくまう皇族を、海路で九州へ送る準備です。海軍士官は、飛行機乗りでも操艦の経験はありますからね。十一月には源田司令が一度、どういう目的かわかりませんが、大村基地に戻ってきています」

そして、十一月三十日、陸海軍が解体されると、志賀さんも同日をもって軍籍をはなれ、ふたたび山口で待機に入った。

「十二月、源田司令が私の家をたずねてきて、二、三日滞在したことがあります。ベランダで一人、黙考していて、声をかけるのもはばかられる感じでした」

昭和二十一（一九四六）年一月七日、皇統護持作戦のメンバーは大分県佐賀関に集合。これは万一のさい、ここから皇族を上陸させるための地形偵察も兼ねていた。佐賀関では、第五航空艦隊参謀長だった横井俊之少将も、海軍の機密費で機帆船を購入、そのための海運会社を興《おこ》している。

ただし、隊員一人一人は、任務遂行が可能な範囲で、それぞれに仕事をみつけ、生計を維持することが求められている。志賀さんは、大阪にいる弟の会社で生産している石鹸《せっけん》を売らないか、ともちかけられ、当座の生活の糧《かて》を得るため見本をもって売り歩いたことがあった。

「しかし、まったく武士の商法で……。山口市の八木デパートに売り込みに行ったんですが、仕入れ部があるのを知らずに正面から売り場へ行ったので、『ここは品物を売るところで、買うところではありません』と言われてしまいました。このときは、恥ずかしさで頭のてっぺんまで真っ赤になる気がしましたね。海軍少佐の経歴など、社会に出たら役に立たん、と痛感しました」

そして、昭和二十一年三月、源田司令以下七、八名の隊員とともに、終戦を知らせてくれた川南豊作の川南工業に入社した。これも、皇統護持作戦の一環である。

志賀さんははじめ、一般の社員に対しては商船学校卒といつわってドック作業員として入社し、のちに文化部という部署に移ったが、やがて元海軍士官であることがばれ、また、自分を中心に、隊員たちを、志賀さんもふくめて等距離に置こうとする源田司令の態度に業《ごう》を煮やし、

「それなら私がいる必要はないでしょう」

と辞表を提出した。

川南豊作が、志賀さんのために下関出張所をつくってくれたことで退社はせずに下関に移り、山口の自宅から通勤するようになる。

その間、昭和二十二（一九四七）年には日本国憲法が施行され、国の象徴としての天皇が明記され、地位

が保障されたことで事実上、皇統護持作戦はその意味を失った。
しかし、それが完全に終結するにはなおも長い時間を必要としたのである。

航空自衛隊入りをあきらめ、警察装備メーカー経営者の道を全う

志賀さんはその後、上京し、紆余曲折を経て昭和二十九（一九五四）年、ノーベル工業株式会社常務取締役となった。

ノーベル工業は、昭和二十六年四月二十四日、日本国有鉄道東海道本線支線（現・根岸線の一部）の桜木町駅構内で列車火災が発生、死亡者百六名、負傷者九十二名を出す大惨事となった「桜木町事件」で、日没後、ランプが強風にあおられて使い物にならず、救難活動に支障をきたした教訓から、「消えないランプ」の開発をめざして国鉄の肝《きも》いりで設立された会社である。

しかし、当初は肝心のランプ開発がどうしてもうまくゆかず、昭和二十九年に早くも倒産、新体制で操業を始めることになり、志賀さんに再建が託《たく》されることになったのだ。

志賀さんはまず、蛍光灯取りつけ販売の業務に手をつけ、それが利益を生むようになり、次いで、航空技術廠時代の友人で、紫電改のエンジンを担当した松崎敏彦元技術少佐のアイディアで「消えないランプ」の実用化にも成功。「ノーベルランプ」と名づけたそのランプを、航空自衛隊、海上自衛隊、陸上自衛隊にも納入することができ、昭和三十（一九五五）年五月、代表取締役社長に就任した。

その間に航空自衛隊が発足すると、志賀さんも強力な勧誘を受け、本人もその気になったが、工員から叩

き上げた工場長の、

「私たちを見捨てて出ていくんですか」

の一言に、いま会社から逃げ出すわけにはいかない、と思いとどまった。それでもなお、自衛隊に入った海軍兵学校のクラスメート・周防元成さんらは泊まり込みで説得に来たという。

志賀さんは、社長みずからノーベルランプを売り歩いていたが、あるとき警察から、これで提灯《ちょうちん》がつくれないか、と打診され、試行錯誤を重ねてポリエチレン製の警察照明を開発、また、伸縮式の特殊警棒ができないか、と相談されてつくってみたら即採用、以来、「あそこに頼めば何でもできる」と、小回りのきくことで重宝《ちょうほう》され、おもに官公庁、なかでも警察装備のメーカーとしては並ぶもののない会社として成長してゆくことになる。

「何でもできる、と言われた裏には、昔の海軍空技廠の技術者が、戦後もさまざまな分野で活躍していて、その人脈からの技術提供の力が大きかったですね」

と、志賀さんは言う。

商品をつくるだけでなく、平成元（一九八九）年二月二十四日、昭和天皇大喪《たいそう》の礼のさいには、皇居から多摩御陵までの沿道を埋める菊の花の手配まで手がけた。

「大喪の礼を三日後に控えた二月二十一日、皇居で行われた『殯宮伺候《ひんきゅうしこう》』に参列を許されました。陛下の棺《ひつぎ》に、内々に最後のお別れをする儀式です。

私は、この日のために、戦死した上官、同僚、部下たちの氏名を記した巻紙を用意して、背広の内ポケットに忍ばせていたんですが、しわぶき一つ聞こえない部屋で、とても巻紙を広げることはできず、心のなかで陛下に、彼らの名前を奏上《そうじょう》するとともに、軍人としての至らなさをお詫び申し上げました」

殯宮伺候に参列した元海軍戦闘機搭乗員は、志賀さん、黒澤丈夫さん（終戦時・少佐、群馬県上野村村長）、内藤祐次さん（終戦時・中尉、エーザイ株式会社会長）の三名だった。

そして、皇統護持作戦。こちらは新憲法施行後も盟約は続いており、司令以下、総員が集まって解散式が行われたのは昭和二十八（一九五三）年一月のこと。場所は大分県の鉄輪《かんなわ》温泉だった。

「日本が独立を取り戻し、アメリカも陛下を認めて、われわれの任務もこれで終わりだ、と、けじめをつける意味で集まったんです。

この任務がいつまで続いたか、ということははっきりしませんが、この解散式まで、ということでいいと思います。

ところが、場所が大きな座敷で人払いもできず、解散の辞は用意していたんですが、司令がはっきりしたことをおっしゃらなかった。それで、なかには解散の意図がうまく伝わらず、その後も即時待機を続けていた者がいたことと、われわれはこれをなんとか秘密にしておきたかったんですが、末端の誰かがしゃべって、それまでにもチラリ、チラリと漏れてはいましたが、週刊誌にすっぱ抜かれてしまった。

そこで司令に、禍根《かこん》を残さないようはっきり終了を宣言することを進言し、昭和五十六（一九八一）年一月七日、東京・原宿の東郷神社和楽殿に隊員十七名を集め、司令より任務の終結を正式に伝達、さらに海軍の元陸攻搭乗員が経営する五反田の『赤のれん』という店の二階を借り切って、二度めの解散式を行いました」

しかし、いわゆる皇統護持作戦はこの一本だけではなかった。

陸軍もふくめ、いくつかの動きが同時並行的にあり、海軍では、特攻兵器「桜花《おうか》」を主戦兵器とする第七《なな》二一《ふたいち》海軍航空隊（神雷部隊《じんらい》）にも、源田部隊と同様の任務が打診されている。神雷部隊のほうは、将来の海軍再建をにらんで、若手士官を、その戸籍をつくり変えて市井《しせい》に潜伏させるなどの任務が先に動き出し、そのために皇統護持作戦に就くことはなかったが、名を変えて地下に潜った湯野川守正さん（終戦時・大尉）は、一時期、三四三空の隊員たちと同じく川南工業で働いたことがある。このときは互いに、秘密の任務に就《つ》いていることなどおくびにも出さず、その後も長いあいだ、そのことを知らずにいたという。

「結果的に、幸い皇統護持の任務がじっさいに発動されることはなかったんですが、これは陸軍にひきずられて始まった戦争の、海軍にとってできる最後の御奉公であったと思っています」

——志賀さんの述懐である。

志賀さんはその後、平成六（一九九四）年にはノーベル工業社長を退き、会長に就任した。

また、平成四（一九九二）年から平成九（一九九七）年まで、五年間にわたり零戦搭乗員会代表世話人（会長）を務め、生き残り戦闘機搭乗員の顔として、個性の強い人たちの集団をみごとにまとめ上げていた。

米海軍にも知己《ちき》が多く、クリスマスや指揮官交代のあるたび、米軍厚木基地の将校クラブで催《もよお》されるパーティーに招待される。華やかで賑《にぎ》やかなパーティー会場の真ん中に志賀さんが立ち、

「Ladies and gentlemen.」

と挨拶を始めただけで、自然に人の輪ができる。黙っていても一座の中心になる、そんな華のある人だっ

た。

パーティーには必ず、支那事変の頃に三番機を務めた田中國義さん（終戦時・少尉）をともない、

「海軍戦闘機隊はこの人たちで持っていました。私が生きているのはこの人のおかげです」

と、部下を立てることを忘れない。志賀さんの話はつねに、

「戦果はすべて部下の手柄、失敗はすべて自分の責任」

で、このことと、

「日本海軍にエースはいない。あえて言うなら、その任を全うして戦ったすべての搭乗員がエースである」

ということは絶対に譲らず、そんな姿勢は最後までブレることはなかった。

志賀さんはまた、謹厳実直なだけでなく、なんとも言えずお茶目な一面のある人でもあった。

拙宅に、数日おきに志賀さんから電話がかかってくる。用件は、私の問いに対する回答だったり、人の紹介だったり、毎月、原宿の東郷神社で行われる零戦搭乗員会の会議への誘いだったり、さまざまである。私が留守にしているときなど、留守番電話に入っているメッセージが毎回違う。

「零戦搭乗員会の志賀です」「志賀少佐です」「えー、部下がお世話になっております。飛行長の志賀でございます」「ハァイ神立さん、志・賀・です」

私が意表をつかれるのを楽しんでいる趣《おもむき》があった。

平成九（一九九七）年夏、東京のグランドヒル市ヶ谷で催された零戦搭乗員会総会に、元戦闘三〇一飛行隊の笠井智一《かさいともかず》さん（終戦時・上飛曹）、がまだ小学校六年生だった孫・洋佑君をつれて来たことがある。

志賀さんは、

「おう、笠井。これお前さんの孫かい？」

本当にかわいくて仕方がない様子で、洋佑君をガッチリと抱き締めた。

洋佑君はその後、中学校を卒業すると自衛隊生徒として江田島に入校し、海上自衛官となって、いまは最新鋭のイージス護衛艦に乗り組んでいる。

平成十（一九九八）年八月、長野市で開催された零戦搭乗員会総会のときは、懇親会場に浴衣姿で現れて壇上に上がり、昔の部下たちと肩を組んで「同期の桜」を熱唱、舞台の袖《そで》で呆気《あっけ》にとられて見ている私に、

「たまにはこうやって羽目《はめ》を外さないと、部下がついて来ないんだよ」

と、楽しそうにウインクした。

話は前後するが、このとき、懇親会に先立って開かれた総会で、零戦搭乗員会の解散が動議されている。理由は、零戦の操縦経験をもつすべての会員が七十歳を超え、高齢化がいちじるしいこと、事務局を預かる小町定さん（終戦時・飛曹長）の体調が思わしくなく、新たな事務局のめどがつかないことだった。

会員の意見は、真っ二つに割れた。簡単に言うと、

「続けられないのならやむを得ない。男らしくきっぱりと解散しよう」

という声と、

「いや、海軍戦闘機隊は最後の一機まで編隊飛行を続けるべきだ」

という声である。

どちらもほぼ同数であった。ただ、解散を主張する人の多くも、本心としては解散したくない、しかし事務局の小町さんにこれ以上負担をかけるのはしのびない、という気持ちでいることが、陪席《ばいせき》する私にも伝わ

ってきた。

　ここで志賀さんが立ちあがった。

「みんなの意見はよくわかった。私はここで席をはずすから、存分に議論してもらいたい。私は、ここで出した結論に従うから」

　そして、去り際に私の肩をポン、ポンとたたいて、

「頼んだよ」

　と言った。志賀さんが、当時三十五歳の私に何を託そうとしたのか、その真意はわからない。だがこのときの志賀さんの一言が、事務局機能を戦後世代が担うことで零戦搭乗員会を実質的に存続させる「零戦の会」（現・NPO法人零戦の会）につながったことは間違いない。

　志賀さんが海軍空技廠のテストパイロットだった頃、苦楽をともにした人のなかに、海軍技師だった松平精さんがいる。松平さんは、海軍航空における振動問題の権威で、その研究は世界に先んじたものであった。戦後は国鉄に就職し、飛行機での振動実験の経験を生かして0系新幹線の台車部分の設計に参画、夢の超特急の実用化に大きく寄与した。

　私は、志賀さんに紹介されて松平さんにもインタビューを重ねたが、平成十二（二〇〇〇）年八月、松平さんが亡くなったときには志賀さんと一緒にタクシーに乗り、浅草の寺で営まれる通夜に同行することになった。

　この日は夕方から激しい雷雨になった。ほうほうの態で焼香を終えると、志賀さんと私は、待たせていたタクシーに乗り込んだ。目の前を稲妻が走る。轟音とともに、雷がすぐ近くに続けて落ちる。まるで狙われ

ているのではないかと思うぐらいだった。

「ずいぶん鳴りますね」

と話しかけたら、志賀さんはちょっと身を縮めて、

「遠くでやってくれよ」

と、小声でつぶやいた。

南太平洋海戦で、スコールのごとき敵機動部隊の弾幕をくぐった志賀さんが、雷を苦手にしていたのをそのとき初めて知った。

「いくら車でも、こんな雷は閉口だ。晩飯を食って帰ろう。どこか静かなところを知らないか」

と志賀さんが言うので、上野・池之端の「伊豆栄《いずえい》」に寄る。ここは元零戦搭乗員がよく利用していた鰻《うなぎ》の老舗《しにせ》である。

このときは、志賀さんともあと一年少々で会えなくなるなどとは思いもしなかった。


平成十三（二〇〇一）年は、開戦六十周年である。この年、零戦搭乗員会では、十二月七日（ハワイ現地時間）に開催される記念セレモニーにあわせて、「真珠湾攻撃六十年ハワイ慰霊の旅」が企画された。

この時点で、真珠湾作戦に参加した搭乗員は、各機種合計で三十数名が存命だった。

「ハワイには、六十年前に空襲に行ったきり、どうにも気が進まなくて一度も行ったことがないんです。しかし、真珠湾で戦死した部下もいるし、これが最後の機会になると思うから、こんどこそ行ってみようと思う」

実際に、志賀さんは家族五名で、ツアー参加を申し込んでいる。

「私が行ったら、みんな喜んでくれるかな」

行くと決めたら、旅がだんだん楽しみになってきたようだった。

ところが、旅行まで一ヵ月となった十一月上旬、突然、志賀さんが体調をくずしたという知らせが届いた。ほどなく、ツアーもキャンセルされたという。それを最後に、志賀さんからの音信はプッツリと途絶えた。

平成十七（二〇〇五）年十一月二十五日、死去。享年九十一。

東京・練馬区の江古田《えこだ》斎場で営まれた葬儀には、支那事変当時、列機をつとめた田中國義さん、三四三空時代の部下・速水経康さん、山田良市さん、関西から駆けつけた宮崎勇さん、笠井智一さんらの姿も見られた。


敗戦で自分の生き方を見失いそうになったとき、志賀さんは旧知のさる高僧のもとを訪ね、教えを乞うたという。

「志賀さんや、天秤棒《てんびんぼう》からかつぎなされや」

裸一貫《はだかいっかん》で出直せ、というのがその答えだった。

「これは、その後、いまに至るまで、私の生き方の基本になっています。自衛隊をあきらめてノーベル工業に残ったのも、この教えがあったからこそでした」

志賀さんは多くは語らなかったが、軍人として戦争に敗れたこと、指揮官として大勢の部下を喪《うしな》った責任の重さは終生消えることなく、せめてもの償いにと、毎週末、ある山のお堂にこもって慰霊の行を続けていた。それだけに、昭和天皇との最後の別れ「殯宮伺候」に参列できたことは、志賀さんにとって大きな意味をもつ出来事だった。

「死んだ部下たちのことを考えれば、私などこんな、生き恥をさらしてのうのうとしていられる立場じゃないんですが……」

志賀さんが亡くなる少し前、愛媛県在住の海軍史研究家・菅成徳《かんしげのり》さんから、段ボール箱いっぱいの資料が届いたことがある。山口県に出張に行った際、たまたま立ち寄った骨董屋《こっとうや》で見つけて、私が関心を示すのではないかと購入し、送ってくれたのだ。いくらで買ったかについては、菅さんは何も言わない。

箱を開けてみると、入っていたのは、海軍兵学校六十二期生の卒業アルバムや兵学校の教科書、プリント類。そのなかに、古ぼけた一冊のノートがあった。表紙には「海軍航空廠」の文字があり、「周防」という印鑑が押されている。

もしやと思い、開いてみると、ノートにはさまざまな飛行機のテストデータが――メモ程度のものではあるが――記されており、前半は周防元成大尉が書き、後半はまぎれもなく志賀さんが書いたものだった。

これは、南太平洋海戦を終え、空技廠テストパイロットとして転勤する志賀さんに、前任者である周防さんが、トラック基地で手紙とともに託したノートに相違ない。

しかも、ノートの終わりのほうには、戦後の一時期、志賀さんが石鹼の行商《ぎょうしょう》をしたときに使ったのであろう、石鹼の仕入れ値と上代の一覧なども記され、また、親戚《しんせき》が志賀さんに宛てた手紙まで、ページのあいだに挟まっていた。

私は、はなはだ不思議な気がした。志賀さんが生家に保管していたアルバムやノートが、何らかの事情——その少し前に、生家が解体されたことをのちに知ったが——で骨董屋に流れ、奇跡と言っても差し支えのないほどの偶然で、たまたま知人がそれを発見し、いま、私の手元にあるのだ。

テレパシーや超常現象など、私は信じない。だが志賀さんは、倒れて連絡がとれなくなったあとも、何かを託そう、あるいは伝えようとしてくれたのではないか。折に触れ、ノートを開いては思いを馳《は》せるが、その答えはいまだ見つからないままである。

志賀淑雄（しが よしお）
大正三（一九一四）年、東京生まれ。旧姓四元《よつもと》。旧制山口中学より海軍兵学校六十二期に進み、巡洋艦「神通」、第二十八期飛行学生を経て戦闘機搭乗員となる。昭和十三（一九三八）年、第十三航空隊分隊士として、中国大陸南昌上空で初陣を飾る。大東亜戦争では空母「加賀」分隊長として真珠湾攻撃、ラバウル攻略、「隼鷹」飛行隊長としてアリューシャン作戦、ガダルカナル島攻撃、南太平洋海戦などに参加。その後、海軍航空技術廠でテストパイロットとして「紫電改」「烈風」などを手がけ、終戦時は第三四三海軍航空隊飛行長、海軍少佐。戦後は皇統護持秘密作戦に従事したのち、警察装備を手がける会社を経営。また、全国の元零戦搭乗員で組織する戦友会「零戦搭乗員会」代表世話人（会長）を務めた。平成十七（二〇〇五）年十一月歿。享年九十一。

昭和14年、空母「赤城」時代、鹿児島県笠之原基地にて。左から志賀さん、所茂八郎少佐、相生高秀大尉、山下政雄大尉

昭和15年、大分空分隊長、大尉の頃

海軍戦闘機隊の名物パイロット・黒岩利雄一空曹（左）と。昭和13年、南京基地

昭和17年6月、アリューシャン作戦を終えた「隼鷹」戦闘機隊。2列め右から3人めが志賀さん

川西・局地戦闘機、紫電改（紫電二一型）の増加試作機

三菱・烈風。海軍側の初飛行は志賀さんが手がけた

三四三空戦闘三〇一飛行隊。前列右から２人め松村正二大尉、続いて志賀さん、司令・源田實大佐、１人おいて飛行隊長・菅野直大尉

昭和20年春、松山基地にて。志賀さん（右）と源田司令

昭和20年はじめ、松山基地にて。バックの小山は飛行機の掩体壕

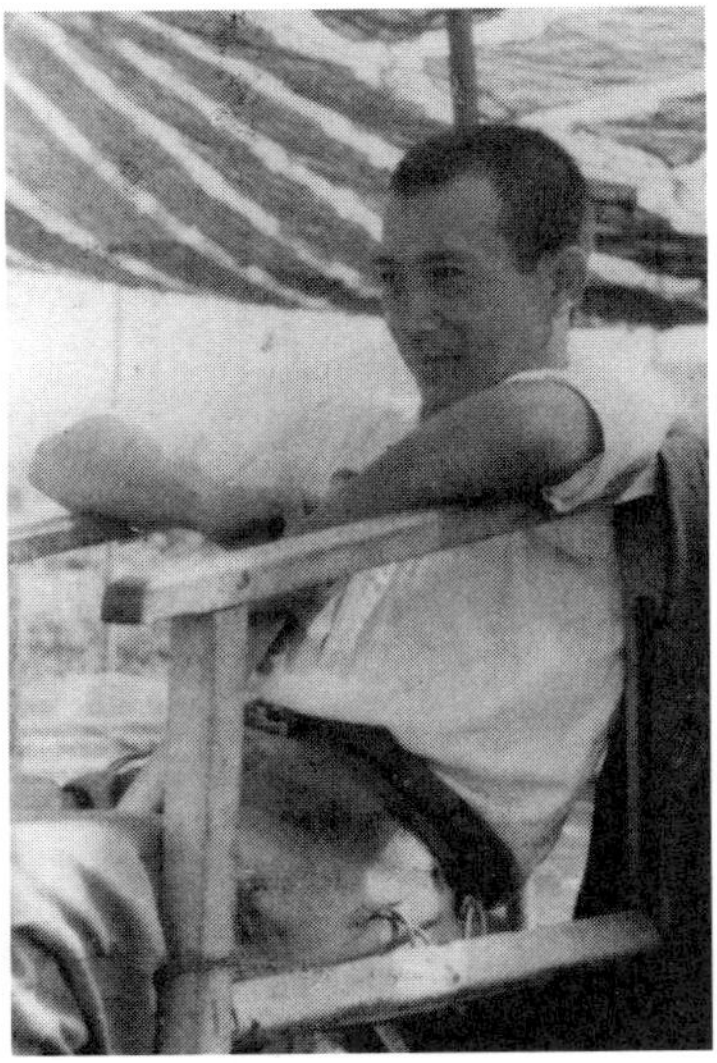

昭和20年夏、大村基地にて

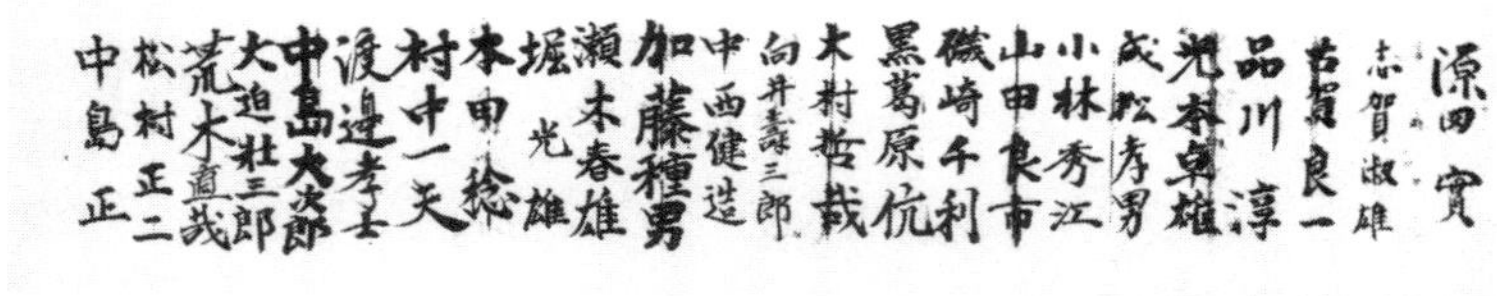
源田實
志賀淑雄
吉貫良一
品川淳
光本卓雄
成松孝男
小林秀江
山田良市
磯崎千利
黒葛原侃
木村哲哉
向井寿三郎
中西健造
加藤種男
瀬木春雄
堀光雄
本田稔
村中一夫
渡邉孝生
中島大次郎
大迫壮三郎
荒木直哉
松村正二
中島正

皇統護持秘密作戦に加わった三四三空有志の連判状。同じものが山田良市大尉の手で軍令部に届けられた。ただし、中島正の名は、後日、書き加えられたもの

昭和20年10月、大村基地で、米軍に引き渡される紫電改のテスト飛行。操縦席に乗っているのが志賀さんで、すでに機体の標識は米軍の星のマークに塗り替えられている

紫電改のテスト飛行のとき、米軍士官と記念撮影

第七章・山田良市《やまだりょういち》

ジェット時代にも飛び続けたトップガン

昭和19年、飛行学生時代

兵学校同期の飛行学生二百六十八名のうち百七十四名が戦死または殉職

二〇二〇年のオリンピックが東京で開催されることが決まり、また、平成二十六（二〇一四）年が、前回、昭和三十九（一九六四）年の東京オリンピックから五十周年にあたったことから、関連のテレビ番組などでその話題を目にすることが増えた。

なかでも、昭和の東京オリンピックを象徴する場面として印象的なのが、開会式のとき、国立競技場上空でみごとな五輪の輪を描いた航空自衛隊「ブルーインパルス」の妙技である。

敗戦国・日本が名実ともにふたたび世界の表舞台に立った平和の祭典。だが、この飛行の裏に、かつて帝国海軍でともに戦った上官と部下、二人の戦闘機乗りの尽力があったことはあまり知られていない。

その一人は、元第三四三海軍航空隊司令・海軍大佐で、戦後は航空幕僚長をつとめた源田實参議院議員。もう一人は、源田司令の第三四三海軍航空隊戦闘第七〇一飛行隊分隊長で、オリンピック当時は航空幕僚監部教育課飛行教育班長をつとめていた山田良市二等空佐である。

オリンピック開会式にブルーインパルスを飛ばすというのは、自らも昭和のはじめ、日本初の編隊アクロ

バット飛行チーム「源田サーカス」のリーダーをつとめた源田議員の悲願だった。源田氏は、これをオリンピック実行委員会に提案、実施することが決まり、じっさいの飛行にあたっての地上指揮官には山田二佐があたることになった。

「ブルーインパルスは当時、浜松基地にいて、浜松に関係があるのは教育課、しかもぼくは、その前に浜松でブルーインパルスの飛行隊長をやっていましたから。源田さんも、ブルーインパルスとなるとぼくが出てくることは承知の上で提案されたんでしょう。

はじめのうち、事故のリスクが委員会で問題にされましたが、ぼくが最初に決めたのは、エマージェンシー、要するに緊急の場合、飛行機が駄目になったらすぐに東京湾に飛んで行って機体を沈め、パイロットは落下傘で脱出せよと。それで了承させたわけです」

と、山田さんは回想する。

地上指揮官というのは、国立競技場の天皇陛下の天覧席の斜め後ろ、四十メートルほど上に設置された箱型の通信室に一人で入り、天候や会場の進行状況もにらみながら、無線で飛行機に指示を飛ばす役目である。

「このときは非常にうまくいきました。ぼくは無線で、『いま、順調にいっている。予定通り』と言うぐらいのものでしたが、飛行機が予定より五秒遅れて入ってきたんです。この五秒が、絶妙の間合いだった。天皇陛下が飛行機のほうをチラッと見られたんですね。それで皇后陛下に、『ほらほら、あっちだ』とおっしゃって。それで、きれいにスーッと五色の輪を描いた。

訓練中は、あれほどきれいに描けたことはなかったんだそうですよ。大気の状態も良かったんでしょうね、しばらくきれいに残っていました」

昭和二十（一九四五）年、大東亜戦争の敗戦により、いっさいの軍備、軍事行動を禁じられた日本は、その後、東西両陣営の対立が尖鋭《せんえい》化すると、否応なしに国際情勢の激動の渦《うず》に呑み込まれていった。

当初より非現実的との非難、反発が少なくなかった憲法九条をふくむ新憲法を押しつけてまで、日本の牙を折ることに熱心だったアメリカも、昭和二十五（一九五〇）年、朝鮮戦争が始まるや、一転して日本の再軍備の必要を認めざるを得なくなり、同年には警察予備隊の設立を指令してきた。

昭和二十七（一九五二）年には保安庁が新設され、保安隊（警察予備隊が改称、陸上自衛隊の前身）、および警備隊（海上警備隊が改称、海上自衛隊の前身）を配下におさめ、昭和二十九（一九五四）年に防衛庁が発足すると、陸上、海上、航空の三自衛隊が編成された。

自衛隊の発足当初、基幹になっていたのは、当然ながら旧陸海軍の将兵だった。

なかでも、航空自衛隊には、敗戦で翼をもがれ、空への思いを抑えかねていた陸海軍双方のパイロットが大勢志願し、旧日本軍に「空軍」という組織はなかったこともあいまって、陸軍でも海軍でもない、独自の気風をつくり上げていった。

山田良市さんは、昭和十九（一九四四）年、フィリピン戦線での初陣《ういじん》以来、敗色濃厚な戦局のなかを戦い抜き、戦後は航空自衛隊に入隊して空将、そして制服組トップである航空幕僚長まで勤めあげた人であり、戦中戦後を通じて二十八年半（ブランクの九年をのぞく）におよぶ戦闘機の操縦経験は、どんな古参パイロットにも劣るまい。

山田さんが私の取材に応じてくれたのは、平成七（一九九五）年、当時、零戦搭乗員会代表世話人（会長）を務めていた志賀淑雄さんの鶴の一声によるものだった。

私はあずかり知らないことだったが、志賀さんが、私の取材への協力を、各部隊、海軍兵学校の各クラスごとに要請してくれた。それを受けて、海兵七十一期は緊急クラス会を開き、かつて三四三空で志賀さんの部下だった山田さんを、いわば差し出す形になったのだ。

以後、私は、町田市の山田邸に何度か通い、また、航空自衛隊幹部学校で毎年、催されていた講演にも同行した。

「戦時中は、何機かの敵機を撃墜しました。でも誇れるような数じゃない。それより、壊した飛行機のほうがずっと多かった。確か九機、壊しています。悔しいから、航空自衛隊に入って一生懸命やったわけです」

山田さんは、大正十二（一九二三）年、福岡県の大牟田《おおむた》に生まれた。実父は山田さんが生まれる前に亡くなり、母の再婚先で継子となる。

少年時代は「良市じゃなく、悪市」と言われるほどの悪童で、近所のガキ大将だったが、不思議と学校の勉強だけはよくできたという。将来の夢は外交官。だが、外交官になるには大学を卒業しないといけない。当時、子供を大学にまで通わせられる家庭はあまり多くなかった。そこで山田さんは、官費で通える海軍兵学校と陸軍士官学校を受験する。

旧制戸畑中学校（現・県立戸畑高校）四年生のとき、海軍兵学校、陸軍士官学校の両方に合格。養父が船乗りで、海のほうにより親近感を抱いていたことから海兵を選び、昭和十四（一九三九）年、第七十一期生として入校した。

「もう二度と、ああいう厳しいところには行きたくありませんが、頭も体も休みなく、とにかく鍛えられました」

兵学校在校中、昭和十六（一九四一）年十二月八日には大東亜戦争が勃発。真珠湾攻撃にはじまり、緒戦の勝利に安堵したのもつかの間、昭和十七（一九四二）年六月五日、日本海軍が大敗を喫したミッドウェー海戦の話を少し遅れて聞かされて、これはただならぬ事態になったと思ったという。

七十一期生の就学期間は予定より一年短縮され、昭和十七年十一月に兵学校を卒業することになる。戦争で、遠洋航海もすでに廃止されている。少尉候補生になった山田さんは戦艦「武蔵」に乗り組み、艦務実習についた。

昭和十八（一九四三）年一月、こんどは敷設艦「津軽《つがる》」乗組。ソロモン諸島ショートランドに赴任し、対空機銃の指揮官としてまる五ヵ月の戦地勤務ののち、六月一日、少尉任官と同時に飛行学生を命ぜられ、霞ケ浦海軍航空隊に転勤した。

海兵七十一期の卒業生五百八十一名のうち、山田さんと同時に飛行学生（四十期）に採用されたのは二百六十八名。そのうち百七十四名が戦死または殉職している。

山田さんは、飛行適性はきわめてよく、特に視力は二・〇をはるかに超えていた。希望どおり戦闘機専修と決まり、大分海軍航空隊、筑波海軍航空隊を経て、昭和十九年六月末には零戦による訓練課程を修了。そのまま第三四一海軍航空隊戦闘第四〇二飛行隊附となり、愛知県の明治基地に着任した。

三四一空は、それまで水上機専門メーカーだった川西航空機（現・新明和工業）がはじめて手がけた陸上機、局地戦闘機「紫電」で編成された部隊で、司令は岡村基春大佐（十月、舟木忠夫中佐と交代）、戦闘第四〇一、四〇二の二個飛行隊からなり、のちに戦闘第七〇一飛行隊も加わった。

中尉になった山田さんは、飛行長を補佐する飛行士の役割を与えられ、その立場を生かして人よりも多く飛行機に乗った。

ところが、九月のある日、川西航空機の工場があった兵庫県の伊丹《いたみ》飛行場から宮崎基地まで紫電を空輸することになり、宮崎基地の横風が強いため鹿児島県の笠之原《かさのはら》基地に着陸したところ、ブレーキがかみついて車輪がロックしてしまい、機体は転覆、重傷を負ってしまう。頭の皮が二十五センチにわたってめくれ、十三針縫う大けがだった。

紫電は、川西航空機が全力を挙げて開発したとはいうものの、メーカーの陸上機に対する経験の浅さから、さまざまな問題が未解決のまま残されていた。

エンジンの「誉」は、零戦の「栄」とさほど変わらぬコンパクトな外寸で、出力は二倍の二千馬力をねらって開発されたが、材質、工作、潤滑油、燃料の不良で、せいぜい千七百馬力程度しか出ていなかった。

特に問題になったのは、潤滑油の漏洩《ろうえい》、すなわちオイル漏れで、油圧計が下がりだすと、ものの十分もしないあいだにエンジンが焼きつき、停止、プロペラも遊転《ゆうてん》せず固定した状態になってしまう。飛行中、プロペラが止まることを「ナギナタ」といった。

また、中翼のため主脚が長く、それを出し入れするさいに伸縮させる複雑な構造をとったために故障が多く、またブレーキもかみつきやすかったので、特に着陸時の事故が多かった。

G（重力加速度）と速力に応じて作動する自動空戦フラップは、故障が少なく画期的な機構だったが、いかんせん機体そのものの旋回性能が悪く、急激に操縦桿を引くと自転してしまう危険な癖をもっている。じっさいに、それで搭乗員が戦死した例もあったという。

「手加減して操縦桿を引かなければならないような飛行機は、戦闘機としては失格でした」

頭部に重傷を負った山田さんは、十日後には飛行を再開したものの、十月、米機動部隊の台湾来攻をうけて本隊が台湾に進出したときにはついてゆけず、十月十二日から十六日にかけて戦われ、日本側の惨敗に終わった台湾沖航空戦に参加することはできなかった。


三四一空は、台湾沖で大きな犠牲を出したが、米軍のフィリピン侵攻を迎え撃つため、主力三十六機は十月二十三日までにルソン島・マルコット基地に進出。翌二十四日のレイテ島敵上陸部隊に対する総攻撃に参加したが、ここで早くも戦力の過半を失った。

山田さんが、本隊の後を追ってマルコット基地に到着したのは十月二十七日。そして二日後の十月二十九日には早くも初陣を迎えることになる。十分な射撃訓練もおこなう余裕がないままの、いわばぶっつけ本番の実戦だった。

この日、来襲した敵艦上機に対し、三四一空紫電隊は十七機で邀撃した。

「ぼくは真っ先に飛行機に乗ったんです。それでエンジンをかけようとするんですが、何度かけても止まってしまう。泡をくって、燃料コックを停止のまま、切り替えるのを忘れてたんです。やっとそれに気づいて、離陸したときはいちばん最後になっていました。

すると、もう目の前を飛行機が墜《お》ちてゆく。おお、日本機は強いな、と思ってよく見たら、墜ちてゆくのはみんな日の丸の飛行機でした。グラマンF6Fヘルキャットが、離陸しようとする紫電に襲いかかってたんです。

こりゃいかん、と増槽をつけたまま低空を這《は》うように飛んで、スピードがついてから上昇しましたが、カーチスSB2Cヘルダイバーという艦爆の編隊を見つけて上から突っこみ、機銃を撃つんだけどもちっとも墜ちない。戦《いくさ》になりませんでした。あがってしまって、敵機が何機いるかもわからなかった。

一生懸命、周囲の見張りをしているつもりでしたが、着陸してみたら、尾部に六発、被弾している。見れども見えず、撃たれたことに全然気がつかなかったですね……」

すでに、フィリピンでは爆弾を搭載した飛行機もろとも敵艦に体当たり攻撃をかける「特攻」作戦が始まっている。

十一月に入ると、三四一空の搭乗員にも、特攻志願の用紙が配られた。

「『望』『否』の二者択一で、『否』なんて書けないから、ぼくは小さい字で『望』と書きました。『熱望』という選択肢はないんです。ただ熱心な人が『熱望』と書いて提出したことはあったようですが。『否』と書いたのは、ぼくの周囲ではいなかったんじゃないですか。当時の軍人はそんなものですよ。

本音を言うと、とにかく戦闘機乗りになったわけだから、特攻で死ぬんじゃなくて、何機かでも敵機を墜としてから死にたい。自信はないけど、そう思っていました」

結局、山田さんに対しては特攻の指名はこず、邀撃戦に明け暮れる日々が続く。

「二度めの空戦からは敵が見えるようになりました。

撃墜されないためにもっとも必要なことは、奇襲をうけないこと。撃墜された戦闘機の八割は、敵をまったく見ないまま、不意打ちで墜とされているというデータもあります。

敵機が見えて操縦している限りは、相手が射撃の天才でもない限り、格闘戦でもまず墜とされることはありません。腕はまずかったが、ぼくが生き残れたのは視力のおかげですよ。

不思議だったのは、古い人が戦い方を全然教えてくれなかったこと。分隊長も実戦経験がなかったから仕方ないけど、飛行隊長も古参の兵曹長も、尋ねれば教えてくれるが、そうでなければ何も教えてくれなかった。自分の頭で考えるしかありませんでした」

昭和十九年末のフィリピンでの邀撃戦は惨《みじ》めなものだった。レーダーもなく、通信設備も不足している上に、肝心の紫電に故障が多く、空戦中にエンジンが止まってしまうことさえあった。

山田さんは十二月一日付で大尉に進級するが、その直後のある日、空戦中にエンジンが故障、グラマンF6F四機に追いかけられながらも強引に着陸すると、またもブレーキがかみつき、転覆してしまった。

「ほんとうは、脚を出さずに胴体着陸すべきだったんですがね。

転覆した座席のなかでぶら下がったまま、出るに出られないでいると、追ってきたグラマンが、上空を一回りして銃撃に入ってきました。自決しようと思ったけど、無理な姿勢で拳銃が取り出せない。諦めていると、整備員が走ってきて、地面を掘って助け出してくれました。近くのタコツボ（一、二名用の塹壕）に飛び込んだ瞬間、愛機はグラマンの銃撃をうけて燃え上がりました」

山田さんは右脚を複雑骨折、二週間ほど飛べずにいるあいだに、横須賀鎮守府附の転勤命令が届く。輸送機で内地に帰り、横須賀鎮守府に出頭すると、待っていたのは第三四三海軍航空隊戦闘第七〇一飛行隊分隊長の辞令だった。

制空権奪還を目指す精鋭部隊で本土空襲に飛来する米機と死闘

第三四三海軍航空隊は、軍令部参謀・源田實大佐の発案により、制空権奪還のため新鋭機・紫電改で編成された、日本海軍最後の切り札的戦闘機隊だった。

司令は源田實大佐、副長・中島正中佐（のち相生高秀少佐）、飛行長・志賀淑雄少佐、主力は戦闘第七〇一（飛行隊長・鴛淵《おしぶち》孝大尉）、四〇七（同・林喜重大尉）、三〇一（同・菅野直大尉）の三個飛行隊で、山田さんは戦闘第七〇一飛行隊の先任分隊長として、三四三空が本拠を置く、愛媛県の松山基地に着任した。

「紫電改は、低翼になったほかは紫電とあまり変わらないように見えますが、全然別の飛行機でした。旋回性能は抜群、ブレーキは三菱製の改良品でかみつきもなくなり、最高速もグラマンF６Fより優速でした。

しかし、エンジンの『誉』には最後まで泣かされましたね。エンジンさえ良ければ、当時の世界最高の戦闘機だったと思うんですが」

三四三空では米戦闘機の編隊空戦に対抗するため、編隊空戦に主眼を置いた猛訓練が行われていた。

「はじめは紫電改が揃わないので、紫電をかき集めて訓練に使っていました。

二機対二機からはじまって、八機対八機の編隊空戦まで訓練したと思います。

でも、のちに自衛隊でいろいろやってみた経験から言うと、当時の編隊空戦というのは全然なってなかったですね。ただ、かたまって飛ぶだけで。

編隊空戦の基本は二機対二機で、四対四ができれば十分、要は二機だけは絶対に離れないことなんですが、それもうまくいっていなかった。非常に幼稚で、やらないよりまし、ぐらいのレベルでしたね」

昭和二十（一九四五）年二月になると、米軍は小笠原諸島の硫黄島に上陸し、日本本土からの反撃を封じるべく、機動部隊の艦上機をもって関東方面を空襲、さらに三月中旬には呉軍港を狙って四国沖に姿をあらわした。三月十七日、硫黄島が陥落。そして三月十九日、三四三空は初陣を迎える。

この日、呉に三百五十機を超える敵艦上機が来襲、三四三空は紫電改五十四機、紫電七機をもってこれを迎え撃ち、たちまち激しい空戦が繰り広げられた。

山田さんは紫電四機を率い、戦闘第四〇七飛行隊の市村吾郎大尉以下の紫電四機とともに、本隊の上空掩護のため先発することになっていたが、本隊離陸の十分前、離陸滑走しようとしたとたん、紫電の泣きどころである主脚がポッキリ折れてしまった。

「急いで四番機の搭乗員をひきずりおろして乗り換え、結局、紫電七機で発進しました。

われわれの役目は本隊離陸時のカバーと、空戦中は上空にあって、態勢の立て直しなどのため上がってくる敵機をたたく。いわゆるモグラたたきです」

全機、離陸を完了したのは午前七時。十五分後、山田さんは北上してくる敵艦上機約五十機を発見、鴛淵隊（戦闘七〇一）、林隊（戦闘四〇七）はただちに攻撃にうつった。菅野隊（戦闘三〇一）はそのまま北上、別の敵機編隊とぶつかっている。

山田さんも列機を引きつれ、空戦圏上空へ急いだが、初陣で緊張したのか、三番機がいつもと違って編隊を乱し、ピョンピョン跳ねるように飛んでいたという。

山田さんはこの空戦で一機を撃墜、ようやく落ち着きを取り戻した三番機も一機を仕留めている。立ち上がりこそ、正々堂々の隊形による大編隊での戦闘ではじまったこの日の戦いも、しまいには大乱戦になっていった。敵機はつぎつぎと撃墜されてゆき、三四三空は勝利の手ごたえを感じながら敵襲の合間を見て着陸、燃料と弾薬を搭載して、ふたたび飛び上がっていった。

山田さんの編隊三機も、午前八時に着陸、列機二機がエンジン不調のため、山田機のみが再度離陸する。

「松山の飛行場上空に、敵機の二機編隊がチラッチラッと見える。逃げるとかえって見つかるから、敵機の腹の下を飛んでスピードをつけ、中国山脈上空で高度をとった。途中、戦闘七〇一の分隊士・指宿成信《いぶすきしげのぶ》飛曹長――彼のお兄さんは、横須賀海軍航空隊の飛行隊長・指宿正信少佐でした――の紫電改を見つけ、二機でふたたび瀬戸内海を南下して、松山上空の敵機を求めて飛びました。

すると、今治市の沖で、呉軍港空襲から帰投中と思われる米軍戦闘機を発見、これに後方から攻撃をかけることにしたんです。

敵機は、ボートシコルスキーF4Uコルセアの八機編隊で、これが奇妙な編隊を組んでいたんですね。どういう格好かというと、二機ずつの編隊が四つ、高度差を百メートルぐらいとって、段々と、後ろにいくほど高度を下げた隊形で飛んでいる。このときはそんな知識はありませんでしたが、あとから勉強すると、これはスネーク・フォーメーション（Snake formation）という隊形なんです。

すなわち、蛇のように、頭を撃てば尾が上がり、尾を撃てば頭が上がり、真ん中を撃てば頭と尾が同時に反撃してくる、柔軟で攻めにくい隊形です。

いちばん低い最後尾の一機をねらって、五十メートルまで接近したときには、先頭の二機が右へ旋回を始めていました。一機だけを仕留めようと一連射を浴びせたら、紫電の二十ミリ機銃が二挺とも故障、七ミリ七（七・七ミリ）機銃の、豆を炒《い》るような頼りない射撃で、命中しているのは見えるんですが、敵機はびくともしない。オーバーシュート気味になり、右旋回でかわしました。ほんとうはこのとき、敵の一番機と反対方向の左に旋回すべきだったんですが――。

たちまち敵先頭編隊の二機に追いかけられ、松山基地の対空砲火の助けを借りようと松山上空を全速で通り抜けましたが、地上砲火は撃ってこない。Ｆ４Ｕの速度が速いとみえ、松山基地の隊員たちが見守るなかで、たっぷり七分間、実弾つきの劣位《れつい》（敵機より高度が低い）戦の訓練を受けるような羽目になりました。二機ずつ交互に攻撃してくるので、反撃の機会は一度もなかったですね。

攻撃を受けてるあいだじゅう、ぼくはフットバーを踏んで機体を滑らせ続けていました。そうすると、まず敵弾は当たらない。ところが高度が下がって、これ以上、同じことを繰り返していると海面に激突する、というときに急反転しようと一瞬、滑らすのを止めたら、とたんにカンカーンと数発被弾した。

それで、敵機とすれ違いになったから、そこでマフラーを振ったら、向こうも手を振った。というのは、彼らも呉を攻撃しての帰りで、いわば余計な空戦をやったわけだから、母艦に帰る燃料に不安があったんでしょう。攻撃をやめて、帰っていきました。

敵弾は作動油のパイプを撃ち抜いていたので、早めに脚を出し、松山基地から約七キロの興居島《ごごしま》の陰にかくれ、基地上空に敵機の姿が見えなくなったとき、超低空で海岸側から基地にすべり込みました。

機から降り、落下傘をかついだまま、源田司令のいる指揮所へ報告に向かったとき、冷たい汗が流れているのにはじめて気がついた。これがほんとうの冷や汗だな、と思いました」
のちに山田さんは、航空自衛隊で、Ｆ86Ｆ戦闘機を使い、このときの米戦闘機の戦法を徹底的に研究したという。

報告されたこの日の戦果は、撃墜五十二機（べつに地上砲火で五機）、損害は自爆、未帰還機十六機（偵察機一機をふくむ）、地上炎上または大破五機、戦死者十八名（偵察機の三名、および地上の搭乗員一名、整備員一名をふくむ）、負傷十名（うち地上で六名）だった。

「三月十九日はうまくいったほうですね。空戦の戦果はオーバーなものになりがちですが、ぼくの見た限りでも相当墜としているし、報告されたうちの少なくとも半分は墜ちていると思う。戦後、アメリカの指揮官と話をしたところ、こちらの報告以上に墜ちている例もあり、逆に何分の一くらいしか墜ちていないことも多かった。いまとなっては、突き詰めるのは無意味でしょうが。

三四三空で、紫電改と一緒に紫電を使ったのはこの日だけです。紫電のほうは使い物にならんもの。やっぱりつまらない飛行機だったですね、設計者は同じ人ですが」

山田さんは、その後も三四三空の中堅指揮官として戦い抜いたが、回を重ねるにつれ、部隊の戦力もジリ貧となり、出撃機数も三月十九日のようには揃えられなくなっていった。

つねに圧倒的多数の敵機と戦うなか、山田さんもあわや、ということが少なくなかった。

五月二十八日、鹿屋方面に来襲した敵小型機の編隊を邀撃するため、鴛淵大尉以下十八機の紫電改は、午前八時、大村基地を飛び立った。

約一時間後、霧島山の南東方に進入したところで約十機の敵戦闘機を発見、ただちに空戦を挑んだ。

「こっちの高度は六千メートル、敵機ははるかに低い高度二百メートルです。優位からの会敵で、われわれは高度を下げながら攻撃態勢に入りました。

ところが、まさに攻撃に入ろうとしたわずかな隙《すき》に、敵機は急に全力上昇をはじめ、鴛淵隊長は高度の優位を保とうと、続いて上昇に入った。

しかしこの敵機は、それまでに戦ったグラマンなどとはちがって、ものすごい上昇力でぐんぐん高度をとってゆく。その性能は、衝撃的でした。紫電改の戦闘高度のいいところは、せいぜい六千メートルまでです。懸命に追いかけて、八千メートルという高高度まで吊《つ》り上げられたときには、態勢は完全に逆転していました」

この敵機は、初めて日本上空に飛来した米陸軍のリパブリックP－47サンダーボルト戦闘機であった。ノースアメリカンP－51ムスタングとともに、高高度性能の特にすぐれた戦闘機である。劣位にまわってしまった鴛淵隊は、一転して苦戦を強いられることになった。

山田さんは、第二区隊長（四機編隊の長）として鴛淵区隊のすぐ後方に位置していたが、離陸時に気になっていたエンジンの振動が敵発見の頃にはますます大きくなり、油圧計の針も徐々に下がってきた。「誉」エンジンの最大の泣きどころ、オイル漏れである。

高度八千メートル、運を天に任せて突入したものの敵機との性能差は大きく、逃げ回るのが精いっぱい。そのうちエンジンの振動はさらに激しくなり、ついには白煙を吐いて止まってしまう。

エンジンが焼きつき、プロペラの回転も止まって、いわゆるナギナタの状態。なんとか逃げ切ろうと急降下旋転《せんてん》に入ったが、そのとき、列機が撃墜され、単機になった山田機に、敵二機がピッタリ追尾して射撃を加えてくる。

高度二千メートルで落下傘降下を決意し、機を水平に戻して後ろを振り返ると、山田機の白煙を見て仕留めたと思ったのか、敵機は引き揚げてゆくところだった。

「それを見て落下傘降下をとりやめ、鹿児島県の川内《せんだい》川の川岸の砂浜に胴体着陸をしました。われながら百点満点の不時着です。そうしたら、村の人たちが百人ぐらい、手に手に猟銃や日本刀、槍《やり》、大鎌、棍棒《こんぼう》なんか持って出てきて、ぼくの紫電改の周りを取り囲んだ。

みんな、日の丸をつけたグラマンが降りてきたと勘違いしているわけです。形が似ているせいもあるでしょうし、落ちてくるのはみんな敵機だと思いたいんでしょう。ちょうど、二月だったか、横須賀海軍航空隊の搭乗員が米艦上機の関東空襲のとき、被弾して落下傘降下したが、警防団に敵兵と誤認されて撲殺《ぼくさつ》されたことがある。それから急遽《きゅうきょ》、飛行服に日の丸をつけたり軍艦旗をつけたりしてたんですが……。

取り囲んだ人たちが口々に叫んでるけど、鹿児島弁でしょう、何をしゃべってるかわからないんですよ。それから、老齢の後備役の陸軍大尉が出てきて、この人は標準語でしたが、ようやくぼくが日本の軍人だとわかってもらえました。

そして、搭乗員席から機上無線で大村基地と連絡して。距離は意外に近くて百二十五キロぐらい、音声は明瞭《めいりょう》でした。

『まだ飛んでるんですか、燃料は大丈夫ですか』

と、掌《しょう》通信長に驚かれました。『掌』というのは、兵から累進した古い中尉ぐらいの特務士官で、その道の専門職ですね、この人に機体回収の手配を依頼しました。

戦闘機の無線電話は雑音が多くて使えない、というのが相場でしたが、その原因がエンジンのスパークの火花にあることがわかって、三四三空では、三月上旬、飛行作業を止めてエンジン回りのシールドをやった。だから電話が使えたんです」

六月に入ったある日、菅野大尉以下二十四機の紫電改が薩摩半島上空でグラマンF6F編隊とぶつかった空戦のときは、真うしろ、振り返ったら敵搭乗員の顔が見えたほどの近距離から撃たれ、両翼に三十数発被弾。敵が近すぎて両翼から発射した機銃弾の弾道が平行（二、三百メートル先で交わるようにしてある）だったおかげで命拾いしたこともあった。

そして七月二十四日。この日の空戦で、それまでつねに先頭に立って戦ってきた戦闘七〇一飛行隊長・鴛淵孝大尉が戦死した。

「朝、出撃前に整列、敬礼して飛行機に乗るときに、いつもと同じ隊長のマフラーが、やけに印象に残った。べつに悲壮な顔もしてないし、いつもと様子がちがうわけじゃないんですが、ありゃ、この人死ぬんじゃないかとふと思ったんです。

こちらは二十一機。佐田《さだ》岬上空に出たときに、呉の空襲から引き揚げてくる敵の大編隊、二百機いたか三百機いたかわかりませんが、延々と続く大編隊を発見、その最後尾の編隊に突入しました。

この日は、三〇一の指揮官は松村正二大尉、四〇七は光本卓雄大尉で、総指揮官が七〇一の鴛淵大尉です。このときは三〇一が上空支援にまわり、七〇一と四〇七がまず突撃、たちまち激戦になりました。

ぼくは四機を率いて、鴛淵隊の後方五百〜千メートルのところについていました。二撃めまでは一緒でしたね。しかしなにしろ、敵機の数が多すぎる。ぼくも四、五機の敵機に取り囲まれ、撃つには撃ちましたが、その成果は確認できていません。

空戦しながら、隊長機は？　と見ると、いつもついている二番機の初島《はつしま》二郎上飛曹機と二機で、敵の二機を追っているところでした。

『あっ、深追いしなきゃいいけどな……』と思ったんですが、これが隊長機を見た最後になりました。

大村基地に戻ると、やはり隊長は還ってこない。夕方まで飛行場で待ってみたんですが……。胸のなかにポッカリと大きな穴があいたような気持ちでしたよ。

ぼくは歌が苦手でね、いまでもカラオケなんか大嫌いで歌を歌うことなんてないんですが、このときは、〈あの隊長もあの友も、壮烈空に散ったのに、不覚や俺はまだ生き延びて……〉（「海鷲だより」作詞・作曲者不詳）という歌が、自然に口から出ました。しばらく口ずさんでたおぼえがありますよ」

鴛淵孝大尉は大正八（一九一九）年、長崎県生まれ。海軍兵学校六十八期、飛行学生三十六期を経て戦闘機搭乗員となり、第二五一海軍航空隊でラバウル、ソロモン方面、第二〇三海軍航空隊戦闘第三〇四飛行隊長としてフィリピンで、それぞれ激戦を戦い抜き、昭和十九年末、源田司令の指名で三四三空戦闘第七〇一飛行隊長に発令された。当時、満二十五歳だった。

「一緒にいたのは正味七ヵ月ほどでしたが、地上では温厚明朗、ぼくと四歳ぐらいしかちがわないのに、こうも人間ができるのか、と驚くほどの人物でした。頭もよく、上からも下からも信頼され、慕われていましたね。

部下の指導はしても、怒ったところを一度も見たことがありません。ぼくはその逆、ガミガミ言うほうだったから、いつも『君は鬼分隊長、俺は猫隊長』なんて言われてました。

タイプでいえば、長嶋茂雄と加山雄三の若い頃を足したような雰囲気で、眉目秀麗《びもくしゅうれい》、特に目がきれいでした。ところが、いったん空に上がると勇猛果敢、じつに負けず嫌いでしたね。

飛行学生のとき、朝早くに起きて整備員と一緒に暖機運転というのをやらされるんですが、隊長は、実施部隊でもずっとそれを実行してたんです。

『分ちゃん（分隊長）、俺は毎日出てんだぞ』

と言われ、一度だけ早起きしてやってみたけど、こりゃいかん、こんなことしてたら俺、死ぬ、とても付き合ってられん、と思って、

『やめました。悪しからず』

そういうこともありました。とにかく僕とは正反対の性質でしたね。

女性も知らないまま戦死したはずです。でも、品行方正だけど堅苦しくない。士官どうしの猥談《わいだん》、ぼくらは『ヘル談』と呼んでましたが、話の輪に加わっておもしろそうに聞いたりしてたから、興味がなかったわけじゃない。育ちがよかったということです。

ほんとうに、あれだけよくできた人とはその後もなかなか出会えません。誰もが理想とする海軍士官像、というか。

――でも、そういう人が結局、早く死んじゃうんですね」

あとで触れるが、山田さんの奥さん、光子さんは鴛淵大尉の八歳下の妹である。光子さんは兄のことを、

「年が離れているので、兄というより親のような感じでした。ものごころついた頃には、兄は兵学校に入っ

ていて、一緒に暮らしたということがなかったものですから、子供の頃の記憶はあまりないんですけど、やさしい人でしたね。

平戸《ひらど》の女学校で寄宿舎に入ったときには、いろいろと手紙を書いてよこしてくれて、私も文通していました。練習航海で上海に行ったときも、私に黒い長い靴下とか、チョコレートとか送ってくれて……。細かいところによく気のつく人でした。

でも兄は、皆さんいろいろとおっしゃってくださいますけど、ほんとうは軍人向きではなかったと思うんですよ。学者にでもなったほうが向いている人だったと思います」

と回想する。


航空自衛隊発足と同時に志願。海軍時代より戦闘機ひとすじ

鴛淵大尉が戦死してわずか三週間後の昭和二十年八月十五日、終戦の詔勅が発せられ、日本の降伏という形で戦争は終わった。

「十四日、輸送機で飛んできた民間人が、司令に会いたい、と。よほど偉い人かな、と思ったんですが、それが川南工業社長の川南豊作氏でした。

司令は、そのときに終戦を知ったんでしょう。ぼくは、当日になるまで知りませんでした。

十五日、終戦を知ったときは、

『やっぱり負けたか、もうやめるのか』と思ったですね。そのときは、よその情報が入ってこず、全体の状況がわからないもんだから、まだやれるのに、という気持ちもありました」

山田さんはこのとき、満二十二歳の誕生日を目前に控えていた。

そして、東京で皇統護持の任務を授けられた源田司令が大村基地に戻り、八月十九日、部隊解散の訓示ののち、皇統護持の同志を募るため、司令とともに自決と称して隊員たちが集められたことは、志賀淑雄さんの項で触れたとおりである。山田さんも、この場に参加していた。

「源田さんが腹を切る、というから、そうか、と。先輩、クラスメート、部下、みんな死んでしまって、自分だけ生き残っても仕方がない。ゲリラ戦をやってもはじまらん。

源田さんに心服していて、源田さんが死ぬんなら自分も死のう、と。ぼくは馬鹿だったかもしれん。いつでも戦《いくさ》で死ぬ覚悟はしてたから、そんなに深刻には考えなかったですね。

ピストルをもって集合場所の健民道場に行って、満天の星――その日はまた、特にきれいだった――を眺めながら、生死《しょうじ》一如《いちにょ》、というけど、そんな悟りも開けぬまま、とうとう死ぬわい、と。死ぬのは痛そうだけど仕方ないな、なんて思いながら、さばさばした気持ち。源田さんがあとで、お前、あのときニコニコしとったな、と言ってましたが。

各自、ピストルとか短刀とか持って集まって、別れの盃。この酒がうまかったのは妙に憶えています。それで、弾丸を込めていざ自決、というときに、『待て！』となったわけです。

死なずにすんだけど、そのときは『源田さんひどい。大石内蔵《おおいしくら》助《のすけ》の真似したな』、率直にそう思いましたよ」

皇統護持の密命をうけた源田大佐以下三四三空の有志二十三名は、ただちに行動を開始、それぞれの役割にしたがって、ほうぼうへ散っていった。しかし、山田さんら末端の実行部隊には、

「皇族の誰をかくまうとか、そういう具体的な話は何も聞かされなかった」

という。

山田さんは八月三十日、大村基地にあった零戦五二型丙《へい》に乗り、村中一夫少尉とともに横須賀へ飛んだ。東京の軍令部作戦部長・富岡定俊少将に連判状を届けるためである。

「零戦五二型にははじめて乗ったんですが、ブレーキの効きが悪く、横須賀基地の滑走路の端で機体をクルッと回されてしまい、ちょっと恥ずかしかった覚えがあります。

富岡少将からは、『しっかりやりたまえ』という言葉があったですね。用をすませたあとは、飛行機を横須賀に置いて、汽車で九州に向かいました」

九州では、ひとまず源田隊主力のいる熊本県砥用《ともち》に行き、そこから行在所《あんざいしょ》の候補地を調査するため、宮崎県米良《めら》などの山間の秘境を歩いてまわった。

「熊本、大分、宮崎の三県にまたがって歩きましたが、案外近いもんでした」

そして、翌昭和二十一（一九四六）年一月には、メンバーの数名とともに活動拠点として長崎の川南工業に就職、はじめは漁労部に配属され、トロール船の航海士となり漁に参加したりしたが、やがて文化部と称する、仕事の実体のない部署に移った。

「文化部は、ほんとうにわけのわからん部署。一生懸命、いろんな経済史とか戦史を勉強して給料をもらってました」

山田さんが川南工業にいたのは一年半ほどのことだったが、その間にも情勢はめまぐるしく動いていた。マッカーサーが天皇を認める姿勢を明確にし、天皇が戦犯として訴追されるおそれもなくなり、日本国憲法で象徴天皇制が明記されたことで、皇統護持作戦は事実上、意味を失った。

「ぼくはそのあたりあっさりしてますから。憲法は、ＧＨＱが日本に強いたインチキ憲法だということはわかりましたが、占領政策のもとで、私がこれはインチキだと言ってみてもはじまらない。しかしもう、皇統護持作戦の目的は、完全になくなった、そう思って、源田さんに『お世話になりました。東京に出ます』と。源田さんは何も言いませんでした」

東京に出た山田さんは、知人の水産会社を手伝ったが一年で倒産。その後、映画館の渋谷東宝、荻窪文化劇場の支配人をつとめ、さらに建築会社勤務を経て、昭和二十九（一九五四）年、航空自衛隊が発足すると即座に志願、旧軍での階級（大尉）に相当する一等空尉で入隊した。

「戦後九年間、いつも飛びたい、飛ぶなら戦闘機、と思い続けていましたから。戦争が終わったあとも、いつかまた空を飛べるようになると信じてました。そのために英語をものにしようと、映画館でシナリオを買って、休みの日は一日じゅう洋画を見て、英語を勉強しました」

ところで山田さんは、その間の昭和二十四（一九四九）年四月一日、結婚している。相手は、先に触れた通り、鴛淵孝大尉の妹・光子さんである。

「鴛淵隊長が戦死して、クラスメートの人が遺品を荷造りして鴛淵家に送ったんですが、終戦のごたごたで届かなかったらしい。それをきいて、何もないのも困るなあ、と思って、自分の持ってたロンジンの腕時計を、これ形見です、隊長が使ってました、と届けに行ったんです。そこで妹を見て、ドキドキッとしたわけですよ。

隊長とはそんなプライベートな話をしたことないですから、妹がいるということは知りませんでした。それからは手紙作戦です。人から借りた詩なぞ書いちゃって、水産会社の仕事で東京から九州に行くたびに立ち寄って、三度めぐらいに結婚を申し込みました。

しかし、兄貴が生きとったら結婚申し込めなかったですね。ぼくの悪いの知ってるから、ノーと言われたかもしれんしね。隊長を口説《くど》く勇気はないですね」

光子さんは、美男子だった兄の面影を受け継いでいるのか、金婚式をこえてもチャーミングな人だった。

光子さんの回想。

「戦争が終わってからも、兄の消息は全然わかりませんでした。やっと知らせがきたのは、昭和二十一年の春先だったと思います。

主人がはじめて来たときは、ただ戦友の方がみえたというぐらいで、あんまり印象はなかったですね。

婚約した頃は、母と一緒に町から離れたところに住んでおりましたが、十日に一度ぐらい、速達やら電報やらがきて、郵便局の方がその一通のために町から配達してくれるものですから、ずいぶん冷やかされました。その頃の手紙は、まだとってありますよ。

でも、母にきた結婚の申し込みの手紙、いろんなことを誓ってて、母がこれは一生大切にしてなさい、と言ってたんですけど、いつのまにかあれだけなくなってましたの。ずるいんですよ。結婚式もエイプリルフールでしたし……」

航空自衛隊に入った山田さんは、まずは浜松にあった幹部学校で三ヵ月、続いて操縦学校で、レシプロの練習機・T－34メンターとT－6での再訓練をうけた。T－6の教官は、朝鮮戦争を経験したアメリカ人が多く、九年間におよぶブランクもさることながら、

「むこうが激すれば、余計に言ってることがわからなくなる」

言葉の問題、教官との意思疎通の壁が大きかったという。

「それでも、戦争をしてた相手だ、コン畜生、という気持ちはなかったですね。向こうは愛情をもって教えますから、こっちもそれに応えなきゃな、と」

そして、福岡県の築城《ついき》基地で、はじめてジェット練習機・T－33に乗った。

「プロペラ機とジェット機、飛ぶ理屈は変わりませんが、最初は恐ろしいほど違うと思いました。というのは、着陸速度が、私がかつて乗っていた紫電改が八十ノット（時速約百四十八キロ）弱、T－6は六十ノット（同百十キロ）弱だったのに対し、T－33は百二十ノット（同二百二十キロ）、倍違うんです。それが、戦闘機のF－86Fになると百四十ノット（同二百六十キロ）、F－104は百七十ノット（同三百十五キロ）台ですからね、スピード感がまったく違います」

そして昭和三十（一九五五）年暮れから約半年間、アメリカ・テキサス州ラックランド基地に留学、T－33とF－86Fで一通りの訓練をうけ、昭和三十二（一九五七）年、三等空佐に昇任、戦闘機高等操縦課程（ファイター・ウェポンズ・スクール。いわゆるトップガンである）修了。昭和三十四（一九五九）年より北海道千歳《ちとせ》基地の第二航空団第三飛行隊長、昭和三十五（一九六〇）年、二等空佐に昇任。同年九月より、ファイター・ウェポンズ・スクールと、航空自衛隊制服組トップとなっていたかつての三四三空司令、源田

實航空幕僚長の肝いりで発足したばかりのブルーインパルスを担当する、浜松の第一航空団第二飛行隊長をつとめるなど、第一線の戦闘機パイロットとしての道を歩み続けた。

「なかでも飛行隊長のポストは、人生の華。いちばんおもしろく、やりがいのある仕事でした。特に第二飛行隊は、アクロバット飛行チーム（ブルーインパルス）を育てることと、一人前の戦闘機乗りのなかから選ばれた者の鼻っ柱をへし折って鍛えなおす（ファイター・ウェポンズ・スクール）という、一筋縄《ひとすじなわ》ではいかない任務が課せられてますから、その飛行隊長たる者には、つねにトップクラスの実力が求められていました」

千歳の第二航空団勤務の頃の、興味深いエピソードがある。

「千歳は実施部隊だから、領空侵犯機に対するスクランブルもあります。ぼく自身、飛行隊長として、昭和三十五年三月十六日と四月十二日の二度、スクランブルに上がってるんですが、そのどちらだったか、敵機を見つけに飛んでる途中、無線で聞こえてくる声がワンワン慌ただしいんです。そのうち、〈北海道の南西に行け〉と命令がきて、向かおうとしたら、すぐに〈帰投せよ〉と。基地に帰って聞いたら、三沢基地からスクランブル発進した米軍のF－102が、ソ連の爆撃機に機銃で墜とされたと。三沢の米軍戦闘機は、それまで単機で発進していたのを、これ以後は二機で上がるようになりました」

山田さんの証言に該当する米空軍の公式記録はない。ただ、この前年には、やはりスクランブル発進した米軍のF－100Dが、国籍不明機をソ連爆撃機と確認したのち消息を絶った記録が残っているという。米軍と日本の航空自衛隊は、一般にはあまり知られないところで、ソ連機による領空侵犯の脅威と日夜戦っていたのだ。

この頃の乗機は、ノースアメリカンF－86Fセイバー。朝鮮戦争で活躍した戦闘機だが、山田さんは、複葉の「赤とんぼ」（九三式中間練習機）からF－15イーグルまで、操縦経験のある多くの飛行機のなかでも、紫電改とこのF－86Fが特に好きだったという。

「この両機には、不思議と共通する感覚がありました」

浜松の第二飛行隊長の頃には、戦闘機による戦法、その他の研究も徹底的におこなった。三四三空時代、苦戦を強いられたF4Uの「Snake formation」の実証もその一つである。山田さんは言う。

「空戦訓練も徹底的にやりました。はじめは一対一、それができてはじめて、一対二、二対二に入ります。いちばん大切なのは一人一人の技倆、これは昔もいまも変わりません。

これまで、いつも戦争が終わるたび、次の戦争では空戦はないであろうとの予測が、専門家のあいだでもなされましたが、ことごとくはずれました。

ベトナム戦争でも、はじめのうち米軍のF－4ファントムはミサイルのみ積んで、機銃をもたずに出ていって、空戦でせっかく敵機を追いつめても撃てず――機体に大きなG（重力加速度）がかかるとミサイルにはその数倍のGがかかり、撃っても失速します――失敗しています。

これだけ進歩して、自動化されても、空戦の原則は変わりません。昔ばなしじゃないんです。むしろ、一生懸命やらなきゃいけない。

しかし、いくら昔の海軍に名人級が多かったといっても、昔のパイロットといまのパイロットをくらべたら、いまのほうがはるかに技倆は上ですよ。いろんな勉強を、昔とは比較にならないぐらいやってますからね」

昭和三十七（一九六二）年、山田さんは、「受験したら飛行隊長の任期を半年のばす」との上司の言葉に乗せられて、指揮幕僚課程（ＣＳ）を受験、合格した。これは、昔の海軍大学校、陸軍大学校に相当するものである。

「海軍兵学校のときは、砲術や航海といった実務的な兵学の基礎を学んでも、戦略や戦術についてはほとんど教わった覚えがありません。やったのは、せいぜい戦国時代に武田信玄と上杉謙信が戦った川中島の戦いぐらいで。ＣＳでは、そのへんをみっちり勉強しました」

昭和三十八（一九六三）年、指揮幕僚課程を修了、航空幕僚監部教育課飛行教育班長をつとめていた昭和三十九（一九六四）年十月十日、東京オリンピック開会式で、上空に五輪を描くブルーインパルスの地上指揮を、国立競技場の天覧席のうしろからとったことは、はじめに述べた通りである。

昭和四十（一九六五）年、第二航空団飛行群司令となり、ここでは超音速ジェット戦闘機・Ｆ－１０４に乗るようになった。

「Ｆ－１０４は翼面積も小さくて、紫電改やＦ－86Ｆとはまったく違います。旋回圏は大きいが、でも、そんなにひどいもんじゃない。腕のいいパイロットが乗れば、下手が乗るＦ－15に勝てるかもしれない。戦闘機ってそんなものですよ」

そして昭和四十一（一九六六）年、一等空佐に昇進。航空幕僚監部防衛班長となり、デスクワークに転じたが、自衛隊が旧軍と違うのは、それでも飛行機の操縦から離れることはなく、資格を保つために年間九十時間の飛行が課せられていたことである。山田さんも、みんなが忙しいウィークデーを避け、せっせと操縦に通っていたという。

航空自衛隊で、常についてまわるのはＦＸ、すなわち次期主力戦闘機選定の問題である。山田さんはそれまでの経歴を買われ、昭和四十二（一九六七）年十月より約五十日間、新戦闘機選定に関する資料収集のため、アメリカ、イギリス、フランス、イタリアに出張を命じられた。新聞には（第一次調査団長）と書かれたが、正しくは資料収集班長、次期戦闘機を事実上決定する役目である。

「まずアメリカに三十日、ここではＦ－４ファントムに乗り、つぎにイギリスでライトニング、フランスでミラージュに乗り、イタリアではＦ－１０４Ｓを視察しました。

結局、次期戦闘機はＦ－４ファントムに決まりました。Ｆ－４Ｅという、ガン（機銃）のついたモデルです。まあ、決まったというより、ファントムしかなかったですね、ほかにいい飛行機がなかったから。ファントムもでかいし、癖があって必ずしも乗りやすい飛行機じゃないんですが」

山田さんはその後、防衛研修所所員、防衛課長を経て、昭和四十七（一九七二）年には空将補に昇任、第五航空団司令になった。

ときに四十九歳。しかし戦闘機操縦の腕は健在で、この頃でもなお、射撃訓練で百発撃てば半分は命中させていたという。

さらに昭和四十九（一九七四）年に防衛部長、翌五十（一九七五）年、空将に昇任。保安管制気象団司令、西部航空方面隊司令官、航空総隊司令官などを歴任、昭和五十四（一九七九）年八月、制服組最高のポストである航空幕僚長（第十五代）に就任した。

「空幕長は一年半と十五日。べつになんということはありません。上へ行けばいくほど、仕事はおもしろくなくなります。その間にぼくがやったことといえば、スクランブルの戦闘機にミサイルを持たせることにしたぐらい。領空侵犯の敵機を追い払うのに、ガンだけではしようがないですからね」

また、この頃、新鋭戦闘機F－15イーグルにも搭乗している。

「でかいけどファントムとは別物。空戦性能はいいし、着陸もやさしい。じつにいい飛行機でした。ただ、ウェポンが進歩して、それを全部使いこなせなきゃせっかくの性能が発揮できませんから、人馬一体となるには時間がかかる、そういう印象でした」

昭和五十六（一九八一）年二月、退官。それまでの総飛行時間は四千二百四十時間。転勤につぐ転勤で、光子さんとともに引っ越した回数はちょうど三十回になるという。

航空幕僚長時代の昭和五十四年一月、アメリカ政府よりレジヨン・オブ・メリット（最高武勲）勲章をうけ、七十歳のとき、勲二等瑞宝章《ずいほう》を受章したが、それらが書棚の本のあいだにゴロンと挟《はさ》まっているところなど、ものに執着しない性格の面目躍如、といった趣がある。

山田さんはその後、株式会社トキメック（現・東京計器株式会社）、コーンズ・アンド・カンパニー・リミテッド勤務を経て、リタイア後は自宅で、戦史、軍事の研究三昧《ざんまい》の日々を送った。

「日米安保に反対する人もおるけどね、安全保障はもっと打算的に考えてもいいんじゃないですか。日米安保、守らないと高くつきますよ。

アメリカ出ていけ、というのならそれだけの軍備を持たなきゃいかん。でないと、どうぞ襲ってくださいと言ってるようなものでしょう。軍備を持てば戦争になるとか、こちらが手を出さなければ相手も手を出さないなんて、空想にすぎません。やられっぱなしでいいという人もいるのかもしれんが、ほんとうにそれでいいのか。戦後、日本が戦争をせずにここまできたのは、平和憲法のおかげじゃない、日米安保があったからです。こんなの当たり前でしょう？

脅威はあります。油断しちゃいけません。北朝鮮だって、理性的なら心配ないが、とてもそんな国じゃない。中国も、完全に覇権主義に向かっている。何も持たずに安心していられる状態じゃないんです。

戦争に負けたから、ダイレクトに軍備は悪、とされてしまいましたが、生きた世界情勢のなかで、それではやっていけません。軍事を避けていても、戦争を避けることはできない。──愚者は平和に学び、賢者は戦争に学ぶ、といわれます。

戦後のある時期から、日本の総理大臣以下、政治家は軍事のことを知らなさすぎる。軍事の中身は知らなくても、国の安全保障の意義を知らなくては、世界の笑いものにされますよ。

過去の戦争が侵略戦争かどうかなんて、議論してもはじまらんでしょ。何が悪かったか、誰が悪かったか、どうして巻き込まれてどういうことになったか、世界の歴史のなかで見ないと結論は出ません。歴史をよく咀嚼《そしゃく》できないまま、隣国の言いなりになってお詫びや反省を言い続けるのは、向こうの要求をエスカレートさせるだけで、何の進歩ももたらさないと思います。

日本人は、感情論でなくもっと大きな世界史の流れを勉強すべきです。進歩的文化人とよばれる人たちによる、諸外国への迎合論には大反対です」

山田さんは、平成二十（二〇〇八）年、現職の航空幕僚長・田母神俊雄《たもがみとしお》氏が、アパグループ主催の第一回「真の近現代史観」に応募した懸賞論文「日本は侵略国家であったのか」が最優秀藤誠志賞を受賞、〈大東亜戦争は侵略戦争ではない〉との主張が政府見解と異なるとして問題視されたとき、

「中国に対し、堂々と正論を述べているのがよかった。気にいったぜ」

とエールを送ったりもしている。

その後の政治活動で必ずしも支持が広がらず、後援者によるエキセントリックな応援などから、ややキワモノ的な印象がついた感のある田母神氏だが、山田さんは、自らの戦争体験や、つねに中国、ロシア、北朝鮮の脅威と対峙してきた第一線の現場の経験に照らして、その主張に共感をおぼえたのだ。

山田さんは晩年、ゴルフ場で転倒するなどして、負傷が絶えなかった。平成二十二（二〇一〇）年にも肩の骨を折り、療養生活を余儀なくされている。

この年の暮れ、山田さんから、リハビリでようやく手紙が書けるようになったとの便りをもらった。万年筆の達筆だった。外出がままならないので、毎日、禅の本を読んでいるという。

ちょうど、航空自衛隊の事務用品発注に関する官製談合事件が報じられ、外薗健一朗《ほかぞのけんいちろう》航空幕僚長が引責辞任したばかりの時期だったが、このことについても触れ、さらに、

「防衛官僚も政治家もシビリアンコントロールを全く理解していないと思います」

と一言、もどかしい思いが綴《つづ》られていた。

山田さんから最後に電話をもらったのは、平成二十三（二〇一一）年の夏のことだった。

「ぼくはもう寿命が近いと思う。だから話せるうちに、いまここで君にお別れを言います。もう会うことはありませんが、元気で、これからもよい仕事をしてください」

そんなことをおっしゃらないで長生きを、という私に、山田さんは、

「いや、自分でわかりますから。ぼくが死んでも、弔問《ちょうもん》、香典《こうでん》はいっさい無用。どうか誰にも知らせないでください。もし人が知ることになっても、何年か経って、そういえばあいつ、死んだのか、ぐらいに思われるのがちょうどいい。老兵は消えゆくのみ。では、失礼」

電話の切れぎわ、ありがとうございました、と言うのが精いっぱいだった。

平成二十五（二〇一三）年二月二十七日、死去。享年八十九。遺言にしたがって、私は山田さんの弔問をまだすませていない。

山田良市（やまだ　りょういち）
大正十二（一九二三）年、福岡県生まれ。昭和十七（一九四二）年、海軍兵学校を七十一期生として卒業。戦艦「武蔵」、敷設艦「津軽」乗組を経て第四十期飛行学生となり、戦闘機搭乗員になる。新鋭機「紫電」で編成された第三四一海軍航空隊戦闘四〇二飛行隊に配属され、昭和十九（一九四四）年十月、フィリピンに進出、初陣。負傷して内地に戻り、こんどは「紫電改」を主力とする第三四三海軍航空隊戦闘七〇一飛行隊分隊長となり、本土防空戦に活躍、終戦まで戦った。終戦時、海軍大尉。終戦後は皇統護持秘密作戦に従事のち、昭和二十九（一九五四）年、航空自衛隊に入隊。第一線の飛行隊長や航空幕僚監部の要職を歴任し、昭和五十四（一九七九）年より一年半、制服組最高位のポストである航空幕僚長を務めた。平成二十五（二〇一三）年二月歿。享年八十九。

飛行隊長・鴛淵孝大尉（右）と、昭和20年3月19日の空戦で戦死した松崎國雄大尉

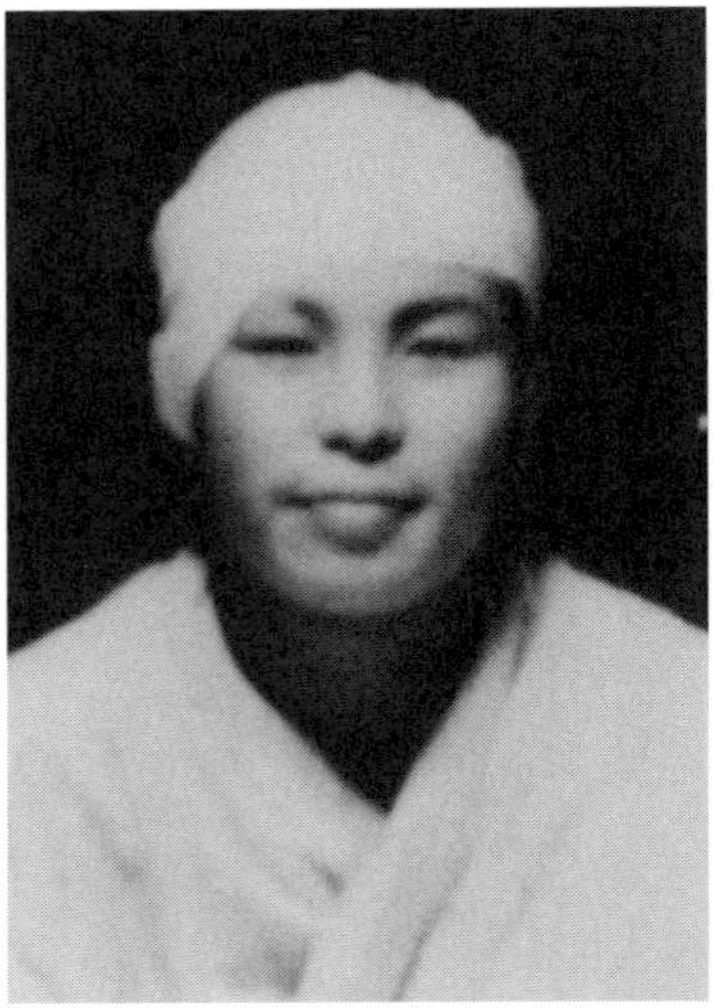

昭和19年9月、紫電の事故で負傷する

昭和20年3月、三四三空戦闘七〇一飛行隊。前列左から4人めから、飛行隊長・鴛淵孝大尉、副長・相生高秀少佐、司令・源田實大佐、飛行長・志賀淑雄少佐、山田さん

昭和20年7月末。左から山田さん、源田司令、志賀飛行長

昭和42年、ＦＸ視察のため渡米。Ｆ－４ファントムに試乗したときの一枚

昭和40年、航空自衛隊時代

あとがき

ＮＨＫの零戦特集番組の取材のため、かつて零戦隊の一大拠点であったニューブリテン島ラバウルの玄関口・トクア空港に到着した私と、番組ディレクター・大島隆之さんは、ラバウルの南東三十キロに位置するココポという町のホテルに投宿し、そこを拠点に零戦隊の面影をたどった。

零戦隊がおもに使っていたラバウル東飛行場は、戦後もラバウル空港として使われていたが、平成六（一九九四）年の花吹山《はなぶきやま》の大噴火で厚い火山灰層に覆われ、一面黒灰色の、まるでモノクローム写真のような世界になっている。だが、飛行場と花吹山の位置関係などから、どこに何があったか、どの写真はどこで撮られたものかは推定でき、遺構が何も残っていないぶん、かえって存分に往時を偲ぶことができた。飛行場の端、海岸のところには、かつて零戦搭乗員も入った海中温泉がある。もう一方の端には、陸軍の一式戦闘機「隼」と九七式重爆撃機の残骸が、灰に埋もれてまさに朽ち果てようとしている。

二五三空の小町定上飛曹や岩本徹三飛曹長がいたラバウル近郊のトベラ飛行場は、椰子のプランテーションになっていて、飛行場の姿は見る影もない。だが、滑走路の端にあたる場所に広場があり、そこには数機分の零戦の残骸が残っていて、昔、ここで何があったのかも知らぬであろう子供たちが、その上に乗って遊んでいた。現地の人たちには、これら零戦が歴史遺産だという意識は微塵《みじん》もない。だから、多くの部品が剥《は》ぎ取られ、リサイクルに回されてしまっている。私は、形あるものはいつか滅びる、このまま土に還るのも悪くないと思うけれど、胸の痛む思いがする人もいるかもしれない。

陸攻隊が使っていたブナカナウ飛行場（通称ラバウル西飛行場）は、地面がしっかりローラーで固められ、要所にはコンクリート舗装も残っているので椰子の木が生えず、当時の雰囲気を空間にとどめている。ガイドが、日本機の残骸があると連れて行ってくれた場所には人家があり、出てきた若い奥さんが、

「ああ、あれね？　リサイクルしちゃったわよ」

と、屈託なく笑った。こうして「歴史」は風化してゆくのだろうな、とそのとき思った。もっとも、日本とアメリカの勝手な都合で戦場にされた現地の人が、大戦中の遺物を大事にしていないからといって、彼らを責めることは誰にもできないだろう。

だが、モノは滅んでも、歴史のなかで戦いに殉じた若者たちがいたことは憶えておきたい。そして、その人たちの生命や「思い」の堆積の上に、いまのわれわれの平穏な暮らしがあるのだということも忘れたくない。

今年（二〇一五年）は終戦七十周年であるばかりでなく、零戦が海軍に制式採用され、中国大陸上空で鮮烈なデビューを飾ってから七十五年の節目の年にあたる。しかしこれらは、単なる数字の区切りにすぎない。私は、零戦隊が最後の一機になるまで見届け、今回、取り上げることができなかった多くのゼロファイターについても、いずれ、生きた証を形にする機会を持ちたいと願っている。

最後に、本書の取材にご協力くださったすべての皆様、出版の労をとってくださった講談社の今井秀美氏に、心より御礼申し上げます。大空に散った敵味方の戦士たちのみたま安かれと祈りつつ。

平成二十七年七月　　　　神立尚紀

【昭和12年】（1937）
■5月、海軍が十二試艦上戦闘機（のちの零戦）の計画要求書案を三菱、中島の両社に提示。のちに中島は試作を辞退。
■7月、北支事変勃発。8月、第二次上海事変勃発。支那事変（日中戦争）始まる。
【昭和14年】（1939）
■4月1日、十二試艦戦初飛行。
■航空本部、空母部隊、大村海軍航空隊が横須賀海軍航空隊に集結し、実施された昭和14年度の「航空戦技」で、戦闘機の空戦は編隊協同空戦を基本とし、単独戦果を認めないこと、日本海軍では「エース」等の称号を用いないことが決まる。
【昭和15年】（1940）
■3月11日、十二試艦戦二号機空中分解、奥山益美工手殉職。
■7月上旬、漢口の十二空分隊長進藤三郎大尉、新型戦闘機受領のため横空に出張。
■7月、横空の横山保大尉以下十二試艦戦6機、漢口に進出、十二空に編入。24日、十二試艦戦は零式艦上戦闘機（零戦）として制式採用される。
■9月13日、進藤大尉率いる十二空零戦隊13機、中国空軍戦闘機33機と空戦、一方的戦果でデビュー戦を飾る。日本側記録、撃墜27機。中国側記録、被撃墜13機、被弾損傷11機。
■10月4日、成都空襲で、零戦4機が敵飛行場に強行着陸。
【昭和16年】（1941）
■2月21日、昆明空襲で十四空の蝶野仁郎空曹長戦死、零戦の損失第一号になる。
■4月17日、フラッター試験飛行中の零戦135号機空中分解、下川万兵衛大尉殉職。
■9月15日、十二空、十四空は解隊され、対米戦準備のため中国大陸の零戦は全機内地に引き揚げ。ここまで1年間の中国大陸における零戦隊の戦果は撃墜103機、撃破163機、損失は地上砲火によるもの3機のみ。台湾で三空、台南空の戦闘機航空隊が相次いで開隊。

■12月8日、対米英開戦。真珠湾攻撃。台湾を発進した零戦隊、フィリピンの米軍基地を攻撃。太平洋戦争始まる。
■12月10日、マレー沖海戦、中攻隊、英東洋艦隊主力艦2隻撃沈。

【昭和17年】（1942）
■1月、日本機動部隊ラバウル攻略。
■4月5日、機動部隊、セイロン島コロンボ空襲。英軍戦闘機を殲滅。
■4月18日、日本本土初空襲。
■5月7日〜8日、珊瑚海海戦。日米機動部隊が激突。世界史上初、空母対空母の戦い。
■6月5日、ミッドウェー海戦、日本海軍第一機動部隊の空母「赤城」「加賀」「蒼龍」「飛龍」の4隻が撃沈される。
■6月5日、第二機動部隊、アラスカ州のダッチハーバー空襲。被弾、不時着したほぼ無傷の零戦が敵の手に渡り、以後、神秘のベールが剝がされてゆく。
■8月7日、米軍がソロモン諸島のガダルカナル島に上陸。日本軍はラバウルを拠点にこれを迎え撃つ。以後のソロモン・ニューギニア方面航空戦は、つねに陸上部隊の作戦に呼応して行われる。
■8月24日、第二次ソロモン海戦、空母対空母の海戦。
■10月26日、南太平洋海戦。米空母「ホーネット」撃沈。結果的に、日米機動部隊が互角に渡り合った最後の海戦になった。
■11月1日、海軍の制度改訂。航空隊の名称、階級呼称などが大きく変わる。

【昭和18年】（1943）
■2月1日、ガダルカナル島撤退作戦開始。
■3月3日、ニューギニアに増援する部隊を乗せた輸送船団、敵機の襲撃を受け全滅、3600名余りが戦死。零戦隊これを守れず。
■4月7日〜14日、「い」号作戦。ガダルカナル島（X作戦）、ポートモレスビー（Y作戦）、ラビ（Y1作戦）航空総攻撃。山本五十六聯合艦隊司令長官陣頭指揮。

■4月18日、山本五十六聯合艦隊司令長官戦死。
■6月7日、12日、ガダルカナル島へ戦闘機隊全力をもって空襲（「ソ」作戦）。
■6月16日、ルンガ沖航空戦（「セ」作戦）、戦爆連合約100機でガダルカナル沖敵艦船を攻撃、激しい空中戦で被害甚大。二〇四空飛行隊長宮野善治郎大尉戦死。以後、零戦隊がガダルカナル上空まで進撃することはなかった。
■10月6日、ウェーク島に米機動部隊のグラマンF6F初登場。二五二空の所在零戦隊は6機の撃墜と引き換えに空中で16機、地上で残る全機を失い、「零戦神話」に終止符が打たれる。

【昭和19年】（1944）

■2月17日、トラック島聯合艦隊泊地が敵機動部隊の急襲を受け、所在艦船、航空部隊壊滅。ラバウルの戦闘機隊は一部残留隊員をのぞきトラック島に後退。以後、ラバウルでは組織的な航空戦は行われず。
■6月15日、米軍がサイパン島に上陸を開始。
■6月16日、中国大陸より飛来したB－29、九州の八幡製鉄所を爆撃。
■6月19日～20日、マリアナ沖海戦。日本機動部隊飛行機隊壊滅。
■6月24日～7月4日、硫黄島上空で大空中戦。
■7月8日、サイパン島陥落。8月3日、テニアン島陥落、8月11日、グアム島陥落。
■8月中旬、必死必中の新型兵器（「桜花」「回天」など）の搭乗員募集。各航空部隊で志願者が募られる（この時点で、特攻は既定路線であった）。
■10月12日～16日、台湾沖航空戦で、内地からフィリピン決戦に向け増派された第二航空艦隊の戦力も壊滅的消耗。
■10月20日、神風特別攻撃隊命名式。
■10月21日、特攻隊初出撃。
■10月24日～25日、比島沖海戦で日本聯合艦隊壊滅。
■10月25日、特攻隊初戦果。特攻作戦の恒常化。

■11月24日、B－29東京初空襲。

【昭和20年】（1945）

■1月7日、フィリピン残存搭乗員、台湾に引き揚げが決まる。

■2月16日〜17日、関東上空に敵艦上機飛来、関東の航空部隊がこれを邀撃。敵に一矢を報いるも、横空の山崎卓上飛曹、落下傘降下時に敵兵と誤認され、民間人に撲殺される（以後、搭乗員の飛行服などに日の丸のマークをつけるようになる）。

■3月19日、米艦上機呉軍港空襲。三四三空の紫電改、紫電がこれを邀撃。

■3月21日、七二一空（神雷部隊）桜花隊、敵機動部隊攻撃に向かうも敵戦闘機の邀撃を受け全滅。

■4月1日、沖縄本島に敵上陸。

■4月6日、菊水一号作戦、特攻を主とした大規模航空攻撃が始まる。

■4月7日、B－29の空襲時、硫黄島飛行場よりP－51戦闘機が随伴するようになり、以後、防空戦闘機の動きが著しく制約される。

■6月22日、菊水十号作戦、沖縄方面への大規模航空攻撃が終わる。

■8月6日、広島に、9日、長崎に原爆投下。

■8月14日、在台湾全航空部隊に、翌15日、沖縄沖の連合軍艦船に対する特攻命令（魁作戦）発令される。

■8月15日、午前、敵機動部隊艦上機250機、関東を空襲。二五二空、三〇二空戦闘機隊がこれを邀撃。正午、終戦を告げる玉音放送。夜、三三二空零戦隊四国沖敵艦船攻撃に出撃。

■8月16日、厚木三〇二空徹底抗戦を叫び叛乱。抗戦呼びかけの使者を各部隊に派遣する。

■8月18日、関東上空に飛来した米軍B－32爆撃機を横空戦闘機隊が邀撃。1機撃破、米軍下士官機銃手1名戦死。

■8月19日、三四三空を中心に皇統護持秘密作戦が動き出す。

■11月30日、陸海軍解体。

本文中の表記・用語について

①戦争、事変等の呼称は、取材した元搭乗員たちが使用する当時の呼び方を使用した。（例：支那事変など）

②飛行機の型式名等については旧海軍の表記にしたがった。（例：ソ連製戦闘機E15など）

③階級については、それぞれの時点における階級を記した。

写真撮影、及び提供　神立尚紀

地図製作　白砂昭義（ジェイ・マップ）

［著者］

神立尚紀（こうだち・なおき）

1963年、大阪府生まれ。日本大学芸術学部写真学科卒業。1986年より講談社「FRIDAY」専属カメラマンを務め、主に事件、政治、経済、スポーツ等の取材に従事する。1997年からフリーランスに。1995年、日本の大空を零戦が飛ぶというイベントの取材をきっかけに、零戦搭乗員150人以上、家族等関係者500人以上の貴重な証言を記録している。著書に『零戦　搭乗員たちが見つめた太平洋戦争』（講談社・共著）、『祖父たちの零戦』（講談社文庫）、『零戦の20世紀』（スコラ）、『零戦　最後の証言Ⅰ/Ⅱ』『撮るライカⅠ/Ⅱ』『零戦隊長　二〇四空飛行隊長宮野善治郎の生涯』（いずれも光人社）、『戦士の肖像』（文春文庫）、『特攻の真意　大西瀧治郎　和平へのメッセージ』（文藝春秋）などがある。NPO法人「零戦の会」会長。

ゼロファイター列伝《れつでん》　零戦搭乗員《ゼロせんとうじょういん》たちの戦中《せんちゅう》、戦後《せんご》

二〇一五年七月一四日　第一刷発行

著者――神立尚紀《こうだちなおき》

装幀――門田耕侍

発行者――鈴木 哲　発行所――株式会社 講談社

東京都文京区音羽二丁目一二番二一号　郵便番号一一二―八〇〇一

電話　編集　〇三―五三九五―四五一九　販売　〇三―五三九五―三六〇六

業務　〇三―五三九五―三六一五

印刷所――豊国印刷株式会社　製本所――株式会社国宝社

定価はカバーに表示してあります。落丁本、乱丁本は購入書店名を明記のうえ、小社業務あてにお送りください。送料小社負担にてお取り換えいたします。なお、この本についてのお問い合わせは、右記編集（第二事業局）あてにお願いいたします。

ISBN978-4-06-219634-5